LEÇONS

DE PHYSIQUE

EXPÉRIMENTALE.

Par M. l'Abbé NOLLET, *de l'Académie Royale des Sciences, & de la Société Royale de Londres.*

TOME TROISIEME.

A PARIS,

Chez les Freres GUERIN, rue S. Jacques, vis-à-vis les Mathurins, à S. Thomas d'Aquin.

M. DCC. XLV.

Avec Approbation, & Privilége du Roy.

AVIS AU RELIEUR.

Les Planches doivent être placées de manière qu'en s'ouvrant elles puissent sortir entièrement du livre, & se voir à droite, dans l'ordre qui suit.

TOME TROISIÈME.

EXTRAIT DES REGISTRES
de l'Académie Royale des Sciences.

Du 6. Mars 1745.

MOnsieur de REAUMUR & moi, qui avions été nommés pour examiner *le troisième Volume des Leçons de Physique Expérimentale* de M. l'Abbé Nollet, en ayant fait notre rapport, l'Académie a jugé cet Ouvrage digne de l'Impression ; en foi de quoi j'ai signé le présent Certificat. A Paris, ce 6. Mars 1745.

GRANDJEAN DE FOUCHY.
Secrétaire perpétuel de l'Académie Royale des Sciences.

LEÇONS

LEÇONS
DE PHYSIQUE
EXPÉRIMENTALE.

✻✻✻✻✻✻✻✻✻✻✻✻✻✻✻✻✻✻✻✻✻✻✻

IX. LEÇON.

Sur la Méchanique.

APRÈS avoir enseigné, dans les Leçons précédentes, les propriétés & les loix du mouvement, tant pour les corps solides, que pour les fluides, il nous reste à parler dans celle-ci des moyens par lesquels on peut l'employer, ou plus commodément, ou avec plus d'avantage. Ces moyens font les *Machines*, c'est-à-dire, certains corps ou assemblages d'une construction plus ou moins simple, qui

Tome III. A

tranfmettent l'action d'une puiffance fur une réfiftance, & qui la font croître ou diminuer en variant les vîteffes.

La fcience qui traite des machines s'appelle *Méchanique* ; elle fuppofe, dans celui qui s'y applique, des connoiffances fuffifantes de Mathématiques & de Phyfique : car un Méchanicien doit non-feulement eftimer & mefurer des forces contraires relativement à leurs pofitions refpectives ; mais il faut encore qu'il fçache diftinguer quelle eft la nature de ces forces, ce qui peut s'y mêler d'étranger, par la qualité des matiéres qu'on employe, par la circonftance du lieu, du tems, &c. Celui qui ne poffederoit que la partie phyfique, pourroit faire des machines durables, & bien afforties, quant à l'affemblage des piéces & à leur maniére de fe mouvoir ; mais il courroit rifque de fe tromper fouvent dans les proportions, & les effets fe trouveroient rarement tels qu'il les auroit attendus. Celui qui n'auroit que des connoiffances purement mathématiques, & qui ne confidéreroit que des lignes & des points dans les quantités dont

il voudroit faire usage, trouveroit sans
doute beaucoup de déchet après l'e-
xécution. Enfin celui qui ne seroit
ni Géométre, ni Physicien, travail-
leroit absolument en aveugle, & ne
pourroit se flatter de réussir que par
un pur hazard ; souvent après bien
des tentatives inutiles, pénibles &
presque toujours dispendieuses. C'est
une vérité que l'expérience prouve
depuis long-tems, & qui devroit corriger bien des gens dont le travail est
infructueux. Mais de même que l'a-
mour propre, & l'envie d'être Auteur, fait imprimer quantité de mau-
vais Ouvrages malgré la critique, les
mêmes motifs, & souvent l'appas du
gain, font faire aussi les frais d'un
nombre prodigieux d'inventions qui
ne verroient pas le jour, si ceux qui
les imaginent en sçavoient assez pour
en bien juger.

Les mauvaises machines naissent
plus fréquemment que les bonnes ;
& c'est ce qui décrédite un peu la
Méchanique dans l'esprit de plusieurs
personnes qui confondent injustement
le Machiniste avec le vrai Méchanicien : on revient aisément de cette

A ij

idée, quand on fait attention que des
Sçavans du premier ordre, Archy-
tas, Ariftote, Archimédes, &c.
parmi les Anciens; MM. Mariotte,
Amontons, de la Hire, Varignon,
&c. parmi les Modernes, fe font appliqués particuliérement à la fcience
des machines utiles, & fe font ren-
dus recommandables par les progrès
qu'ils y ont faits. Les découvertes de
ce genre font autant d'honneur, &
ne méritent pas moins d'applaudiffe-
mens que celles de toute autre efpéce : l'objet de cette fcience n'eft-il pas
très-utile en lui-même ? & là fociété
n'en retire-t-elle pas des avantages
confidérables ? Jugeons de ce que
nous en pouvons attendre par les
productions dont nous jouiffons actuellement : les moulins qui nous
préparent la farine, ceux qui foulent
nos étoffes, ou qui nous tirent l'huile
des végétaux, les différentes pompes qui élévent l'eau pour nos ufages & pour la décoration de nos jardins, les voitures qui nous épargnent
tant de fatigues, & qui rendent les
tranfports fi faciles & fi commodes ;
les poulies, les grues, les cabeftans

dont l'application eft fi avantageufe
& fi fréquente dans l'architecture &
dans la navigation : les ponts-levis ,
& quantité d'autres moyens dont on
fe fert pour défendre les places , ne
font-ils pas autant de machines dont
nous fentons tous les jours l'utilité ,
& qui deviennent même néceffaires
felon les circonftances ? On doit af-
furément fçavoir bon gré à ceux qui
veulent bien fe refufer aux attraits fé-
duifans de la haute Géométrie , pour
fe donner le loifir d'en appliquer les
principes à des recherches de cette
nature : elles font moins brillantes ,
que la folution des grands problêmes ;
mais elles ne m'en paroiffent pas
moins eftimables , parce qu'elles tendent plus directement au bien de la
fociété , & qu'elles ont , pour l'ordinaire , des applications plus promptement , & quelquefois plus généralement utiles.

On diftingue communément deux
fortes de machines ; celles qui font
fimples , & celles qui font *compofées :*
les premiéres font comme les élémens des autres , & ce font elles qui
vont faire principalement le fujet de

cette Leçon ; car la multiplication
& l'assemblage des machines simples
dans un même tout, n'apporte aucun changement essentiel à leurs propriétés, & nous ne devons pas en-
treprendre de faire une énumération
complette de toutes les machines
composées qui ont été mises au jour
pour faire connoître toutes les applications qu'on y a faites de celles qui sont
simples. Nous nous contenterons
d'indiquer celles qui sont le plus en
usage, dont la construction pourra
s'entendre plus facilement, & qui
n'auront pas besoin de ces descrip-
tions longues & détaillées qui ne
peuvent avoir place dans cet Ouvrage.

Le nombre des machines simples
varie selon la manière d'estimer leur
simplicité ; les uns regardant comme
simple ce que d'autres considérent
comme étant déja composé, c'est
une chose assez arbitraire & peu importante : pour moi sans désapprou-
ver les opinions qui différent de la
mienne à cet égard, je ne compte
que trois sortes de machines simples ;
sçavoir, le *Lévier*, le *Plan incliné*, &

les *Cordes*. Mais avant que d'entrer en matiére, il eſt à propos d'établir quelques notions générales, qui rendront notre théorie plus facile à faiſir, & de prévenir auſſi quelques difficultés qui pourroient naître dans le cours de nos explications.

Dans une machine, il y a quatre choſes principales à conſidérer ; la puiſſance, la réſiſtance, le point d'appui ou centre de mouvement, & la vîteſſe avec laquelle on fait mouvoir la puiſſance & la réſiſtance.

On appelle *puiſſance* une force quelconque, ou pluſieurs enſemble, qui concourent à vaincre un obſtacle, ou à ſoutenir ſon effort ; ainſi les hommes ou le cheval qui remontent un bateau contre le courant de la riviére, le poids d'un tourne-broche, ceux d'une horloge ou d'une pendule, doivent être regardés comme la puiſſance ou force motrice.

Quand la puiſſance qu'on employe dans une machine eſt l'effort d'un animal, on doit l'eſtimer relativement à la nature & à la durée du travail. Car quoiqu'un cheval puiſſe vaincre pour un tems fort court une force de

500 ou 600 livres , & qu'un homme
foutienne pendant quelques inftans
un fardeau de 100 ou 150 livres ,
quand il s'agit de travailler de fuite ,
on ne doit pas compter fur un effort
qui excéde 25 ou 30 livres de la part
d'un homme , & environ 180 livres
de la part d'un cheval ; encore faut-
il qu'ils agiffent avec liberté , & qu'ils
ne foient pas gênés , foit par la difpofition de la machine à laquelle on
les applique , foit par la fituation du
terrain , ou autrement.

Si la puiffance eft un poids ou un
reffort , il peut arriver qu'elle ne foit
pas d'une valeur conftante : car , 1°.
à mefure qu'un reffort fe déploye ,
fon effort diminue ; & fi la machine
n'eft point faite d'une maniére qui
fupplée à cette diminution, les efforts
ne peuvent pas être auffi grands à la
fin qu'au commencement. 2°. Nous
avons fait voir , en parlant de la péfanteur, que l'accélération augmente
la force des corps qui tombent librement , c'eft-à-dire , avec une vîteffe
très - fenfible ; ainfi dans tous les
cas où le mouvement eft imprimé
par le choc d'un corps qui tombe, la
machine en reçoit d'autant plus que

le moteur defcend de plus haut.

La *réfiftance* eft une autre force ou la fomme de plufieurs obftacles qui s'oppofent au mouvement de la machine que la puiffance anime ou fait mouvoir ; tel eft un bloc de pierre ou de marbre qui réfifte par fon poids à l'action des hommes qui font effort pour le traîner ou pour l'enlever, par le moyen d'un treuil, d'un cabeftan, d'une grue, &c.

La réfiftance n'eft pas toujours une quantité conftante comme un poids qu'on veut enlever ; fouvent ce font des refforts à tendre, des corps à divifer, des fluides à foutenir ; & en pareils cas, la puiffance a plus ou moins à faire au commencement de fon action qu'à la fin. Pour n'être point pris en défaut, on doit proportionner la machine de façon, que la réfiftance, étant la plus grande qu'elle puiffe être, fe trouve encore inférieure à la force motrice. Ainfi lorfqu'il s'agit, par exemple, de faire monter l'eau, par le moyen d'une pompe, on doit confidérer le tuyau montant comme étant toujours plein, quoiqu'il ne le foit véritablement qu'après un certain nombre de coups de piftons , pendant lefquels la force motrice eft plus que fuffifante.

On appelle *Point d'appui* , *Centre de mouvement* , ou *Hypomochlion* , cette partie d'une machine , autour de laquelle les autres fe meuvent ; c'eft dans une balance , l'endroit de la chaffe fur lequel repofe l'axe du fleau ; c'eft dans une roue de carroffe , l'extrémité du rayon qui touche actuellement le terrain , lorfqu'elle roule : c'eft la penture d'une porte , l'axe d'une poulie , &c.

Le centre du mouvement n'eft pas toujours un feul point fixe ; dans bien des occafions , c'eft une fuite de points qui forment une ligne , tel eft l'axe d'une fphére , telles font les charniéres , & tout ce qui en fait l'office.

Le point d'appui , bien fouvent , n'eft fixe que relativement à la révolution dont il eft le centre : il peut être mobile d'ailleurs ; tel eft , par exemple , l'effieu d'une charrette qui eft emporté dans une direction paralléle au terrain , pendant qu'il eft le centre du mouvement des roues ; quelquefois même c'eft l'action d'un corps animé qui fert d'appui, comme lorfque deux hommes portent enfemble quelque fardeau fur un bâton dont ils foutiennent chacun un bout ; l'un des deux, indifféremment, peut être regardé ou comme puiffance, ou comme point d'appui.

Les vîteffes fe mefurent par les efpaces que parcourent la puiffance & la réfiftance, ou qu'elles parcourroient, eu égard à la difpofition de la machine, fi l'une emportoit l'autre. Un homme, par exemple, qui tire un fardeau par le moyen d'un cabeftan, décrit, en marchant, la circonférence d'un cercle ; & pendant qu'il parcourt ce chemin, le fardeau s'approche d'une certaine quantité : ce font ces efpaces parcourus de part & d'autre qui déterminent les vîteffes relatives ; car le tems eft égal pour l'un & pour l'autre. De même quand les deux baffins d'une balance font en repos par caufe d'équilibre, on connoît leurs vîteffes, par le chemin qu'ils feroient en même-tems, l'un en montant, l'autre en defcendant, fi le mouvement avoit lieu.

La péfanteur eft une force qui

s'employe fouvent en méchanique comme puiffance ou comme réfiftance : quoiqu'elle appartienne également à toutes les parties de matiére renfermées fous un même volume ; pour plus de fimplicité , nous la confidérerons comme réfidante en un feul point, que nous nommerons , *Centre de gravité.*

Ce centre de gravité, ou de péfanteur, n'eft pas toujours celui de la figure ; c'eft un point par lequel un corps étant fufpendu , toutes fes autres parties demeurent en repos, & avec lequel elles fe meuvent toutes lorfqu'il ceffe d'être appuyé. De-là il eft aifé de comprendre que ce point ne fe trouve juftement au milieu que dans les corps parfaitement homogénes , & qui ont une figure réguliére. Dans une boule bien ronde , par exemple , & d'une denfité bien uniforme , il eft évident que tous les rayons, ou demidiamétres , font égaux & de même poids ; égaux, à caufe de la figure parfaitement fphérique ; de même poids , à caufe de l'homogénéite des parties : tout eft donc en équilibre autour d'un point qui eft en même-tems centre de gravité & de figure. Il n'en eſt pas de même d'une fléche dont le bout eſt ferré ; ou d'une plüme à écrire ; ſi l'on partage ſa longueur en deux parties égales, l'une ſe trouvera plus péſante que l'autre, & la ſection n'aura point paſſé par le centre de ſa péſanteur, quoiqu'elle ſe ſoit faite à celui de ſa figure.

De la même maniére que l'on conçoit toute la péſanteur d'un corps réunie dans un ſeul point, on conſidére pareillement, dans un eſpace infiniment petit, celle de pluſieurs corps qui concourent à une même action par leurs poids. Quand pluſieurs maſſes péſent ſur une même corde par des fils qui les y attachent, on peut regarder le nœud commun de ces fils comme le centre des péſanteurs particuliéres. *A*, *B*, *Fig.* 1. étant donc les centres de gravité des deux corps ſuſpendus, leurs actions ſe réuniſſent en *C* ou dans tout autre point que l'on voudra choiſir de la ligne *Cd*, pourvû que le poids *A* ſoit égal au poids *B*; car ſi l'une des deux boules étoit de bois, & l'autre de pierre, le centre de la plus péſante s'approcheroit davantage de la ligne *c D*, & la ligne *a b* seroit partagée par la direction *c D* en deux parties inéga- les, dont la plus longue seroit à la plus courte, comme le plus grand poids au plus petit.

Quel que puisse être le nombre de ces corps pésans, si l'on connoît le centre de gravité de chacun d'eux, on détermine facilement l'endroit où se réunissent leurs forces, parce que les distances sont connues ; mais ceci s'entendra mieux quand nous aurons expliqué la théorie du lévier.

La pésanteur a une intensité diffé- rente lorsque les corps sont plus ou moins éloignés du centre de la terre où ils tendent ; mais dans la suite de cette Leçon, nous n'aurons point é- gard à cette différence, parce qu'elle n'est jamais sensible dans l'étendue que peut avoir une machine ; ainsi nous supposerons qu'un poids dont la chûte n'est point accélérée, exerce toujours la même force ou la même pression dans toute sa direction. Un seau plein d'eau qui pése 100 livres sur la pou- lie du puits, lorsqu'il est en haut, est donc censé péser autant lorsqu'il est

50 ou 60 pieds plus bas , (abftraction faite du poids de la corde ;) &
celui qui fonne une cloche fait toujours le même effort , foit que la
corde ait beaucoup ou peu de longueur.

Nous regarderons auffi comme paralléles les directions de deux poids
diftans l'un de l'autre , quoiqu'à la
rigueur elles foient un peu inclinées
entr'elles , puifque tous les corps graves tendent à un même point qui eft
le centre de la terre ; mais nous en
fommes trop éloignés , pour avoir à
craindre aucun mécompte , en négli-
geant cette inclinaifon.

Pour écarter tout ce qui eft en
quelque façon étranger à notre objet
préfent , dans toute cette Leçon
nous ferons abftraction des frottemens & de la réfiftance des milieux;
obftacles cependant dont on doit bien
tenir compte dans la pratique , & qui,
lorfqu'on les néglige , ou qu'on manque à les eftimer felon leur valeur ,
caufent des erreurs confidérables dans
les calculs que l'on fait fur le produit
des machines , comme nous l'avons
fait voir dans la troifiéme Leçon , en

PREMIERE SECTION.

Du Lévier.

UN lévier confidéré mathémati-quement n'eft autre chofe qu'une li-gne droite fans péfanteur qui régle les diftances & les pofitions de la puiffance, de la réfiftance & du point d'appui. Si dans la pratique cette li-gne devient péfante & courbe, fon poids doit être confidéré comme fai-fant partie de la puiffance ou de la réfiftance, & fa courbure peut tou-jours fe réduire à la diftance qu'elle met entre ces deux forces, eu égard à leurs directions, ou bien entre l'une des deux & le point d'appui : ainfi EFG, *Fig.* 2. équivaut à eg ; & fi les deux parties EF, FG, font de fer, ou de quelque autre matiére fenfible-ment péfante, chacune fait partie de la maffe E, ou G, qu'elle foutient.

On diftingue ordinairement trois genres de léviers par les différentes pofitions

pofitions que l'on peut donner à la puiffance, à la réfiftance & au centre du mouvement ou point d'appui. On pourroit, en fuivant l'exemple de quelques Auteurs célébres *, regarder comme deux autres puiffances, ce que j'ai nommé réfiftance & point d'appui ; & alors la diftinction des léviers en trois genres n'auroit plus lieu : mais il m'a femblé qu'il y avoit quelque avantage à fuivre la méthode la plus ufitée dans une leçon, qui eft moins un traité de méchanique, qu'un fimple expofé des principes de cette fcience. Pour repréfenter donc ces trois fortes de léviers, je défignerai la puiffance ou force motrice par une main *A*, la réfiftance par un poids *B*, & le point d'appui par un pivot *C*. *

Traité de Méchanique de M. de la Hire.

Les léviers du premier genre font ceux où le point d'appui eft entre la puiffance & la réfiftance. *Fig. 3.*

Ceux du fecond genre ont la réfiftance entre le point d'appui & la puiffance. *Fig. 4.*

Dans ceux du troifiéme genre, la puiffance eft placée entre le point d'appui & la réfiftance. *Fig. 5.*

* *Fig. 3, 4, 5, 6.*

Tome III.   B

Les espéces de chaque genre se distinguent par la distance qu'il y a de la puissance au point d'appui, relativement & par comparaison à celle qui est entre ce même point & la résistance. Si, par exemple, le pivot, au lieu d'être en *C* étoit en *c*, *Fig. 3*. ce seroit toujours un lévier du premier genre, mais l'espéce seroit différente; ainsi pour s'exprimer exactement sur quelque lévier que ce puisse être, on dira : « Il est de tel ou tel genre, » & les distances des forces résistantes » & motrices au point d'appui, sont » entr'elles dans le rapport de 2 à 3, » ou à 4, ou à 5, &c. »

La distance de ces deux forces au point d'appui détermine le chemin qu'elles ont à faire, & par conséquent leurs vîtesses ; car, puisque l'une ne peut se mouvoir sans l'autre, il est évident que la puissance, *A Fig. 6*. n'employera pas plus de tems à parcourir l'arc *A a*, que la résistance en consumera pour achever le sien *B b*. Quand les tems sont égaux, les vîtesses doivent se comparer par les espaces parcourus ou à parcourir ; comme nous l'avons enseigné *, en parfant des propriétés du mouvement. Ainsi comme les arcs *A a*, & *Bb*, suivent entre eux le rapport de leurs rayons *AC*, & *BC*, il est certain qu'en connoissant ces deux derniéres distances, on sçait la vîtesse de la puissance & celle de la résistance. D'où il suit :

1°. Qu'un poids agissant comme puissance ou comme résistance, par un lévier placé horizontalement, a d'autant plus de force qu'il est plus éloigné du point d'appui.

2°. Que deux masses égales opposées l'une à l'autre sur un semblable lévier, ne peuvent être en équilibre, que quand elles sont à égales distances du point d'appui, & qu'elles agissent en sens contraires.

3°. Que deux poids inégaux y exercent l'un contre l'autre des forces égales, quand leurs distances au point d'appui sont réciproquement comme les masses.

Ces trois propositions deviendront sensibles par des expériences.

⁂

PREMIERE EXPERIENCE.

PREPARATION.

La *Figure* 7. repréſente un plan vertical élevé ſur une baſe, & percé à jour par une raînure *H I*; la piéce *K* eſt une eſpéce de chaſſe qui peut ſe placer à différens endroits de la raînure par le moyen d'une queue à vis qui traverſe celle-ci, & qui s'arrête par derriére avec un écrou. *L M*, eſt une petite boëte de métal qui ſe meut ſur deux pivots dans la chaſſe, & dans laquelle on fait gliſſer le lévier *NO*, pour l'arrêter à tel endroit qu'on ſouhaite de ſa longueur : par ce moyen le point fixe change de place, non-ſeulement ſur le plan, mais même ſur le lévier ; les extrémités de ce lévier ſont percées pour recevoir des poids qui portent chacun une petite boucle en-deſſous pour en recevoir d'autres. *P* eſt une maſſe qui eſt enfilée par le lévier, & que l'on y arrête à tel endroit qu'il convient, pour le mettre en équilibre avec lui-même, dans les cas où le point d'appui n'eſt pas placé au milieu de ſa longueur. *Q* eſt une poulie très-mobile fur fon axe, dont la mouffle fe place en fourchette, & à telle diftance que l'on veut fur le haut du plan vertical; cette poulie eft embraffée par un cordon qui porte d'un côté un poids, & de l'autre un crochet pour foutenir le lévier, dans les cas où le point fixe fe trouve placé à l'une des deux extrémités.

Avec cette machine ainfi préparée, on peut mettre en expérience les léviers de tout genre & de toutes efpéces, varier la puiffance & la réfiftance, non-feulement quant à leurs diftances au point d'appui, mais encore quant à leurs maffes, ou quantités abfolues; & par le moyen du contre-poids P, le lévier peut toujours reffembler à une ligne mathématique, inflexible & fans poids.

Ces moyens étant donc fuppofés, nous nous abftiendrons de les faire reparoître dans nos figures, & nous repréfenterons chaque expérience par des lignes, afin d'écarter de nos explications ce qui eft étranger, & de n'occuper l'attention du Lecteur que de l'objet dont il fera queftion.

Ayant donc difposé le lévier de maniére que fon point fixe fe trouve entre deux poids comme il eft repréfenté par la *Fig.* 8. on remarquera ce qui fuit.

EFFETS.

1°. Si le point fixe eft en *a*, c'eft-à-dire, qu'il partage le lévier en deux bras égaux, une puiffance d'une livre foutient une réfiftance de même poids.

2°. Si le point fixe eft en *b*, le bras de la puiffance eft deux fois auffi long que celui de la réfiftance ; une livre en *P* foutient deux livres en *R*.

3°. Si le point fixe eft en *c*, il y a trois fois auffi loin de *c* en *p*, que de *c* en *r* ; la même livre employée en *P* en foutient trois placées en *R*.

II. EXPERIENCE.

PRÉPARATION.

Il faut difpofer la machine que * Fig. 7. nous avons décrite *, de maniére que le point fixe fe trouve à l'une des deux extrémités du lévier, & que l'anneau dans lequel paffe le lévier foutenu par la puiffance P, puiffe fe placer d'abord au point 2, & enfuite au point 1. *Voyez la Fig.* 9.

E F F E T S.

Dans le premier cas, R péfant une livre, fait équilibre à P, dont le poids eft une livre $\frac{1}{2}$.

Dans le fecond cas, pour avoir équilibre, il faut mettre les deux poids dans le rapport de 3 à 1, c'eft-à-dire, que la maffe P qui n'eft éloignée du point d'appui que d'un efpace, doit péfer 3 livres pendant que l'autre R qui eft à la troifiéme diftance, n'en péfe qu'une.

Ce lévier qui eft du troifiéme genre, repréfente auffi celui du fecond, fi l'on confidére comme réfiftance, ce que nous avons regardé comme puiffance.

E X P L I C A T I O N S.

Les principes que j'ai établis d'abord, laiffent peu de chofes à dire pour expliquer les faits qui font rapportés dans ces deux premiéres expériences. L'action ou la force d'un corps fe mefure par la quantité de mouvement qu'il a, ou qu'il auroit, s'il n'étoit pas retenu ; or la quantité du mouvement résulte de la masse multipliée par la vîtesse. Sur un même lévier la puissance & la résistance ne peuvent se mouvoir qu'en même-tems ; leurs vîtesses, c'est-à-dire, celles qu'elles ont, ou qu'elles auroient, si le mouvement avoit lieu, ne peuvent donc différer que par les espaces. S'il y a équilibre entre 1 livre & 1 livre, sur un lévier horizontal partagé en deux bras égaux par le point d'appui, comme on l'a vû dans le premier résultat de la première expérience, c'est que ce lévier ne peut se mouvoir, sans que les deux poids parcourent des arcs égaux en même-tems, ou (ce qui est la même chose) sans qu'ils ayent la même vîtesse ; égalité de vîtesses, & égalité de masses de part & d'autre, produisent des efforts égaux, qui se détruisent réciproquement, parce qu'ils se font en sens contraires, ce que l'on appelle équilibre.

Dans le second résultat, on voit une livre qui en soutient deux, parce qu'elle est tellement placée qu'elle

auroit

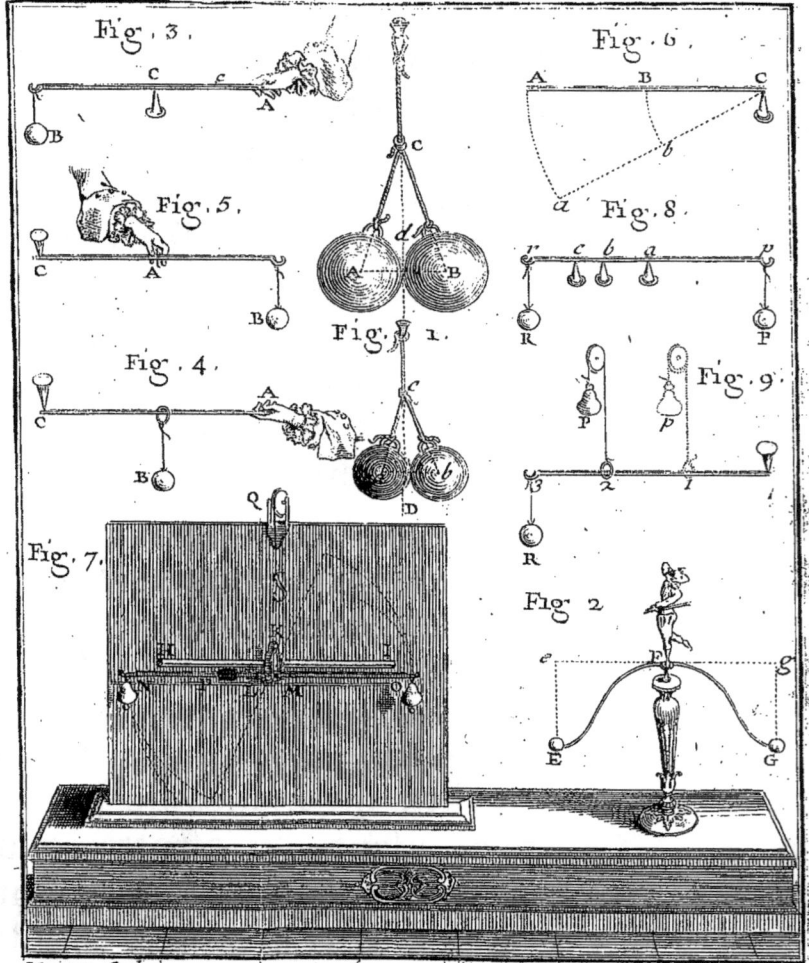

Fig. 3.

Fig. 6.

Fig. 5.

Fig. 8.

Fig. 1.

Fig. 4.

Fig. 9.

Fig. 7.

Fig. 2.

Moreau Sculp.

auroit deux fois plus de vîteſſe que le poids oppoſé ; 1 de maſſe multiplié par 2 de vîteſſe , équivaut à 1 de vîteſſe multiplié par 2 de maſſe. Il eſt facile d'appliquer ce calcul aux autres effets.

COROLLAIRE.

Puiſqu'une puiſſance appliquée à un lévier croît toujours à meſure qu'elle s'éloigne du point d'appui, comme on l'a pû voir par les expériences précédentes ; on doit en tirer cette conſéquence, qu'une très-petite force , par le moyen d'un lévier aſſez long , peut faire équilibre, ou vaincre une autre force infiniment plus grande. Archimédes avoit donc raiſon de dire qu'il enleveroit la terre entiére , s'il avoit un point fixe qui en fût ſéparé : car en établiſſant ſur cet appui un lévier dont le bras du côté de la puiſſance , ſurpaſſât en longueur celui auquel il auroit attaché le globe terreſtre, autant ou plus que le poids de ce globe ne l'emporte ſur la force d'un homme , il eſt évident par les principes établis ci-deſſus, qu'il eût acquitté ſa promeſse, par une démonstration, sans doute ; car il est inutile de dire, que le lévier dont il faudroit faire usage dans une telle opération, ne peut jamais passer que pour un être de raison, comme le point fixe qu'il demandoit.

Applications.

Les léviers sont d'un usage si commun, non-seulement dans les Arts, mais même dans la vie civile & dans le méchanisme de la nature, qu'on les rencontre presque par-tout, pour peu qu'on y fasse attention. Nous nous bornerons à quelques exemples, pour ne point entrer dans un détail trop long & superflu.

Les Charpentiers, les Maçons & autres Ouvriers qui ont à remuer de grandes pierres, ou de grosses piéces de bois, se servent très-souvent d'une barre de fer arrondie dans presque toute sa longueur, un peu coudée, & applatie par un bout. Cet instrument qu'ils appellent communément *pied de chévre*, s'employe principalement de deux maniéres. Quelquefois après avoir engagé l'extrémité applatie, qu'on nomme *la pince*, en

tre la piéce qu'on veut mouvoir , &
le terrain fur lequel elle repofe , on
fait porter le coude *A* , *Fig.* 10. fur
quelque corps dur , & alors en appuyant fur l'autre bout de la barre *B* ,
on fouléve le fardeau , d'une petite
quantité à la vérité , mais affez pour
donner la liberté de glifer deffous
une corde , un rouleau , &c. ce qui
fuffit le plus fouvent. D'autres fois
auffi on avance un peu plus la pince fous la piéce qu'on veut remuer ,
& en foulevant la barre , on fait effort contre la partie *C* qui repofe deffus. *Fig.* 11.

Le pied de chévre , comme l'on
voit , n'eft autre chofe qu'un lévier ,
qui eft du premier genre dans l'ufage
que nous avons cité d'abord ; car le
point *A* , qui eft l'appui , fe trouve
placé entre la puiffance & la réfiftance. Dans l'autre ufage , il eft du fecond genre , puifque la réfiftance fe
fait au point *C* , entre la puiffance &
le bout de la pince qui eft appuyé
par terre.

Comme cet inftrument s'employe ,
pour l'ordinaire , à foulever de grands
fardeaux , l'endroit du coude qui fert

de point d'appui, ou qui reçoit l'effort de la résistance, est toujours fort loin du bout que l'on tient à la main ; ainsi la puissance, toujours beaucoup plus éloignée du point d'appui, que la résistance, a sur elle un avantage considérable par cette position.

Les rames des Bateliers sont des léviers du second genre, dont on appuye un bout contre l'eau, pendant que la puissance appliquée à l'autre bout porte son effort à l'endroit du bateau où la rame est attachée : cet endroit partage la longueur de la rame en deux parties, dont l'une frappe l'eau, pendant que l'autre est mise en mouvement par les bras du Batelier : il seroit sans doute avantageux que l'une & l'autre fussent fort longues ; la premiére, parce qu'elle répondroit à un plus grand volume d'eau, & que le point d'appui en deviendroit plus fixe ; la seconde, parce qu'elle mettroit une plus grande distance entre la puissance & le point d'appui : mais il y a aussi des raisons qui obligent de borner cette longueur de part & d'autre selon les circonstances.

On ne peut allonger les rames du côté de la puiſſance ſans exiger d'elle un plus grand mouvement ; celui d'un homme eſt borné à une certaine éten-due , au-delà de laquelle il travaille avec trop de fatigue : on en peut ju-ger par la manœuvre des forçats lorſ-qu'ils ſont quatre ou cinq appliqués à la même rame ; ceux qui ſont au bout , quoique les plus robuſtes , peuvent à peine réſiſter quelques années à ce violent exercice. Dans les petits ba-teaux où un ſeul homme fait agir deux rames , cette même longueur eſt en-core bornée par le peu de diſtance qu'il y a d'un bord à l'autre ; car le Ba-telier qui eſt aſſis au milieu de cet eſ-pace , eſt la puiſſance commune à l'u-ne & à l'autre rame.

Les rames qui ſont fort allongées du côté de l'eau , exigent une navi-gation fort libre ; on ne peut guéres en faire uſage dans les petites rivié-res , dans celles qui ont beaucoup de ſinuoſités , qui ſont remplies d'iſles & de rochers , ou même dans les ports qui ſont très-fréquentés , à cau-ſe des embarras qui s'y trouvent ; c'eſt par ces raiſons ſans doute que les ra-

C iij

mes varient & de formes & de dimensions, suivant les circonstances des lieux, & les différentes maniéres de les employer.

Le couteau du Boulanger est encore un lévier du second genre, lorsqu'arrêté par un bout sur une table, & tournant autour d'un point fixe, il est porté par la main qui tient le manche, contre un pain qu'il entame.

La bascule est un lévier du premier genre qu'on reconnoît d'abord, lorsqu'on se représente une longue piéce de bois, appuyée par son milieu, & chargée à ses extrémités de deux personnes, dont l'une est enlevée par l'autre, lorsqu'en touchant le terrain, du pied ou autrement, elle soulage d'une partie de son poids le bras du lévier où elle est.

Les ciseaux, les pinces, les pincettes, les tenailles, ne sont encore que des léviers assemblés par paires; l'effort de la main ou des doigts qui ménent les deux branches, doit être considéré comme la puissance; le clou, ou ce qui en tient lieu, est un point fixe commun aux deux; & ce que l'on coupe, ou ce que l'on serre, devient la résistance.

Ceux de ces inftrumens qui font deftinés à faire de grands efforts , comme les cifailles des Chaudroniers , ou des Ferblantiers , qui coupent des métaux , ont les branches fort longues par comparaifon aux parties tranchantes qu'on nomme les *Couteaux* : de cette maniére la puiffance agiffant par un bras de lévier très-long , eft capable de vaincre une réfiftance fort grande. Par la raifon du contraire , dans les pincettes qu'on nomme *Badines* , & qui n'ont d'autre effort à faire , que de tranfporter quelques charbons , cette légére réfiftance fe fait aux extrémités de deux longues branches , qui font des léviers du troifiéme genre ; l'endroit où ils fe joignent par une charniére ou par un reffort foible , doit être regardé comme le point d'appui ; & la main qui les fait agir , eft la puiffance.

Les cifeaux dont on fe fert pour découper , ont les branches fort longues , & les lames très-courtes ; ce n'eft pourtant pas qu'on ait befoin d'une grande force pour couper du papier mince : mais comme dans la découpure on a fouvent de petites

C iiij

parties à réserver, il faut que l'on puisse arrêter à propos les ciseaux; & cela se peut faire facilement, quand le mouvement des doigts qui meut les branches, a beaucoup plus d'étendue que celui des lames.

Enfin les bras, les doigts, les jambes des animaux sont encore des léviers ou des assemblages de léviers, par lesquels la force des muscles est employée de la manière la plus convenable & la plus avantageuse, soit pour transporter le corps, soit pour approcher de lui tout ce qui lui est nécessaire ou utile, soit pour en écarter tout ce qui lui seroit nuisible. Un Auteur célébre * a fait connoître en détail, & dans un ouvrage exprès, ce qu'il y a de plus remarquable dans cet admirable Méchanisme; ceux qui ont du goût pour l'Anatomie y trouveront de quoi le satisfaire.

* *Borelli, de motu Animalium.*

Dans les deux premiéres expériences, le lévier étant soutenu horizontalement, nous avons employé pour puissance & pour résistance des corps pésans dont les efforts se faisoient dans des directions verticales, c'est-à-dire, qu'elles faisoient des angles droits avec la longueur du lévier au moment que ces forces commençoient à agir. Mais il peut arriver, & il arrive très-souvent soit par la situation du lévier, soit par la nature des puissances qu'on employe, que leurs efforts se font obliquement ; & comme en général toute force qui agit obliquement, a moins d'effet que celle dont l'action est directe, il est important de connoître ce qu'on doit attendre de cette obliquité dans l'usage des léviers.

Lorsque les directions de la puissance & de la résistance sont obliques à la longueur du lévier, il peut arriver qu'elles le soient toutes deux également ; il peut se faire aussi que ces directions reçoivent différens degrés d'obliquité, & que l'une ou l'autre soit plus ou moins inclinée au lévier : dans ces différens cas, voici ce qu'il y a de plus important à sçavoir.

1°. L'effort d'une puissance est le plus grand qu'il puisse être, lorsque sa direction est perpendiculaire au bras du lévier, par l'extrémité duquel elle agit. Ainsi le poids B, *Fig.* 12. ne suffiroit plus pour soutenir celui qui eſt en *A*, ſi, au lieu de péſer dans la direction *b B*, il faiſoit ſon effort obliquement, comme *b D*, ou *b E*.

2°. Deux forces qui agiſſent l'une contre l'autre, par les deux bras d'un même lévier, gardent entr'elles le même rapport, ſi leurs directions, de perpendiculaires qu'elles ſont, deviennent également obliques au lévier. C'eſt-à-dire, que ſi les poids *P*, *R*, *Fig.* 13. ſont en équilibre, cet état ſubſiſtera entr'eux, ſi leurs directions, s'inclinant au lévier, demeurent paralléles l'une à l'autre comme *a p*, *b r*.

3°. Si ces directions reçoivent différens degrés d'obliquité, de ſorte que l'une des deux faſſe avec le bras du lévier, un angle plus ou moins grand que l'autre; celle des deux qui s'écartera davantage de l'angle droit, toutes choſes égales d'ailleurs, rendra la puiſſance plus foible. Une force qui ne ſeroit donc que ſuffiſante pour ſoutenir la maſſe *Q*, en agiſſant ſelon la direction *P p*, *Fig.* 14. ne le ſeroit plus ſi elle ſortoit de cette ligne; & elle le ſeroit d'autant moins, qu'elle s'éloigneroit davantage en se plaçant aux points *c*, *d*, *e*, *f*. Trois expériences rendront ces propositions évidentes.

III. EXPERIENCE.

PREPARATION.

La *Figure* 15. représente un plan bien uni, & élevé verticalement sur une base; en *F*, on a fixé une chasse assez semblable à celle d'une balance, pour servir de soutien à un lévier *G H*, qui s'y meut librement sur deux pivots; *I K*, est une régle qui glisse dans une coulisse, & qui porte en son extrémité une poulie qui est très-mobile. On fait passer sur cette poulie un cordon fort menu qui tient d'une part à l'extrémité *H* du lévier, & qui est garni par l'autre bout d'un petit crochet qui sert à suspendre un poids. Par le moyen de la poulie & de la régle mobile sur laquelle elle est fixée, on peut varier comme l'on veut la direction du cordon, & par conséquent celle de la puissance qu'on y attache.

On met d'abord en équilibre deux

poids dans des directions perpendiculaires aux bras du lévier ; & ensuite
en faisant passer le cordon sur la poulie , on rend oblique la direction de
l'un des deux poids comme *a P* , ou
a D , *Fig.* 16.

E F F E T S.

Lorsque la direction du cordon n'est
plus perpendiculaire au lévier, l'effort de la puissance *P* , ne suffit plus
pour soutenir le poids de l'autre part,
& l'équilibre ne se rétablit point, jufqu'à ce que le cordon revienne dans
la direction *a C*.

E X P L I C A T I O N S.

Le poids étant en *C* , fait équilibre
à la résistance *E* , parce qu'il agit directement contr'elle ; car sa direction
a C , étant parallèle à *b E* , c'est comme si ces deux forces étoient toutes
deux opposées dans la même ligne.
Ce lévier du premier genre dont les
bras sont égaux , ne fait rien autre
chose que de mettre les deux forces
en opposition : si l'une des deux *E* ,
tendoit naturellement de bas-en-haut,
on pourroit la placer en *a* , & l'é-

quilibre subsisteroit de même entr'elles, pourvû que leurs directions restassent directement contraires. Cette opposition directe est donc une condition absolument nécessaire : par conséquent, lorsque l'une des deux forces a sa direction perpendiculaire à l'un des bras du lévier, toutes choses égales d'ailleurs, il faut que l'autre pour lui être égale fasse aussi un angle droit avec l'autre bras ; & si elle s'écarte de cette direction d'un côté ou de l'autre, son effort doit être moins grand. Supposons, par exemple, que la puissance agisse selon la ligne $a\,d$; il est évident que la résistance E, ne seroit nullement soutenue : elle le sera donc d'autant moins, que la direction de la puissance sera plus inclinée au bras du lévier par lequel elle agit, ou qu'elle s'écartera davantage de la ligne $a\,C$, perpendiculaire à ce même lévier.

IV. EXPERIENCE.

PREPARATION.

Il faut mettre le lévier $G\,H$, de la machine représentée par la *Fig.* 15.

dans une position oblique comme
_b i_, & suspendre aux extrémités deux
poids égaux.

EFFETS.

La direction de la puissance & de
la résistance, étant celle qui est naturelle à tous les corps graves, est la
même de part & d'autre; elle forme
avec le lévier incliné, des angles semblables, _l i F_, _b F k_; cette égalité d'angles subsiste, quelque degré d'incli-
naison qu'on fasse prendre au lévier,
& les deux poids conservent toujours
leur équilibre.

EXPLICATIONS.

Lorsque le lévier étoit horizontal
Fig. 15. comme _G H_ *, la distance perpendiculaire à la direction des puissances,
étoit la même que la longueur des
bras _F G_, _F H_, qui étoit égale de
part & d'autre; le lévier s'étant incliné comme _b i_, cette distance à la
direction perpendiculaire de chaque
poids, a diminué des quantités _l H_,
_k G_; mais ces quantités sont égales
entr'elles, par conséquent les restans
_l F_, _k F_, conservent entr'eux le mê-

me rapport qu'auparavant ; c'eft pourquoi l'inclinaifon du lévier n'a rien
changé à l'équilibre des deux poids.

V. EXPERIENCE.

PREPARATION.

Par le moyen de la machine * qui   * Fig. 15.
a fervi dans les deux expériences précédentes, on met en équilibre deux
poids égaux aux bras d'un lévier horizontal ; enfuite on fait paffer le
cordon qui fufpend l'un des deux
poids fur la poulie K , que l'on fait
avancer plus ou moins, pour donner
à ce poids fucceffivement les directions, $a d$, $a f$, Fig. 17.

EFFETS.

Plus la direction de la puiffance devient inclinée au lévier, plus il faut
ajouter à fa maffe pour la maintenir
en équilibre avec celle de l'autre part :
c'eft-à-dire, que fi elle étoit d'une
livre lorfqu'elle étoit dans une direction perpendiculaire au lévier, il
en faut une & demie quand la direction eft $a d$, & trois quand elle eft
$a f$.

EXPLICATIONS.

Puisque l'effort de la puiffance eft le plus grand qu'il puiffe être, lorf-qu'elle agit felon la direction *a p*, perpendiculaire au lévier, comme nous l'avons prouvé par la troifiéme expérience ; c'eft une conféquence néceffaire qu'elle ait moins de force, lorfqu'on l'employe dans toute autre direction : & comme elle n'avoit qu'u-ne force égale à la réfiftance, étant dans la pofition la plus avantageufe ; elle doit être infuffifante, lorfqu'elle reçoit les directions obliques *a d*, *a f* ; c'eft pourquoi l'on ne peut alors en-tretenir l'équilibre qu'en compenfant par une augmentation de maffe dans la puiffance, cè qu'elle perd par l'o-bliquité de fa direction.

Pour juger de cette diminution qu'il faut compenfer, ou pour con-noître de combien la puiffance s'af-foiblit par les différens degrés d'obli-quité qu'on fait prendre à fa direc-tion, prolongeons ces directions par des lignes indéfinies *a i*, *a k*. Imagi-nons enfuite que le bras du lévier *a c*, tourne fur fon point d'appui, & qu'il

décrit

décrit une portion de cercle, *a g h i k*; il y aura un point dans sa longueur *m* ou *n*, sur lequel la direction prolongée tombera perpendiculairement: c'est donc sur ce point que la puissance exerce toute sa force; mais ce point, comme l'on voit, n'est plus à l'extrémité du bras du lévier; sa distance au point d'appui est beaucoup moindre; en un mot, quand la direction de la puissance est oblique comme *a d*, c'est comme si elle étoit perpendiculaire au point *b*; & lorsqu'elle agit par la ligne *a f*, elle n'a que la force qu'elle auroit, si elle étoit suspendue au point *e*: or ces deux points *e*, *b*, partagent ce bras du lévier en trois parties égales, & puisque l'autre bras est de même longueur, il a trois parties semblables à celles-ci. La masse *R*, étant d'une livre multipliée par trois de distance au point d'appui, donne 3, qui est la valeur de la résistance; si nous suspendons une autre masse en *b*, pour servir de puissance, il faut qu'elle soit d'une livre & demie, qui multipliée par deux de distance, égalera le produit de l'autre part: & si nous la plaçons en *e*, la distance au point d'appui n'étant plus que 1 , il faut nécessairement 3 de masse pour faire équilibre.

Ces masses 1 livre $\frac{1}{2}$ & 3 liv. sont comme l'on voit en raison réciproque des distances *b c*, *e c*, que l'on met entr'elles & le point d'appui ; elles ont aussi le même rapport avec les lignes *c m*, & *c n*, qui sont doubles l'une de l'autre ; & comme celles-ci sont les sinus des angles *c a m*, *c a n*, on peut comprendre d'une maniére plus générale tout ce que nous venons d'expliquer, par cette proposition : *les différens efforts d'une puissance appliquée à l'extrémité d'un bras de lévier selon différentes directions, sont entr'eux comme les sinus des angles que font ces directions avec le lévier.*

Il suit aussi de cette proposition, que l'effort de la puissance est le plus grand qu'il puisse être quand la direction est perpendiculaire au lévier, comme nous l'avons déja prouvé * : *III. Exp. p. 35.* car alors, elle fait un angle droit *P a c*, dont le sinus est *a c*, c'est-à-dire, le rayon même ou le bras entier du lévier.

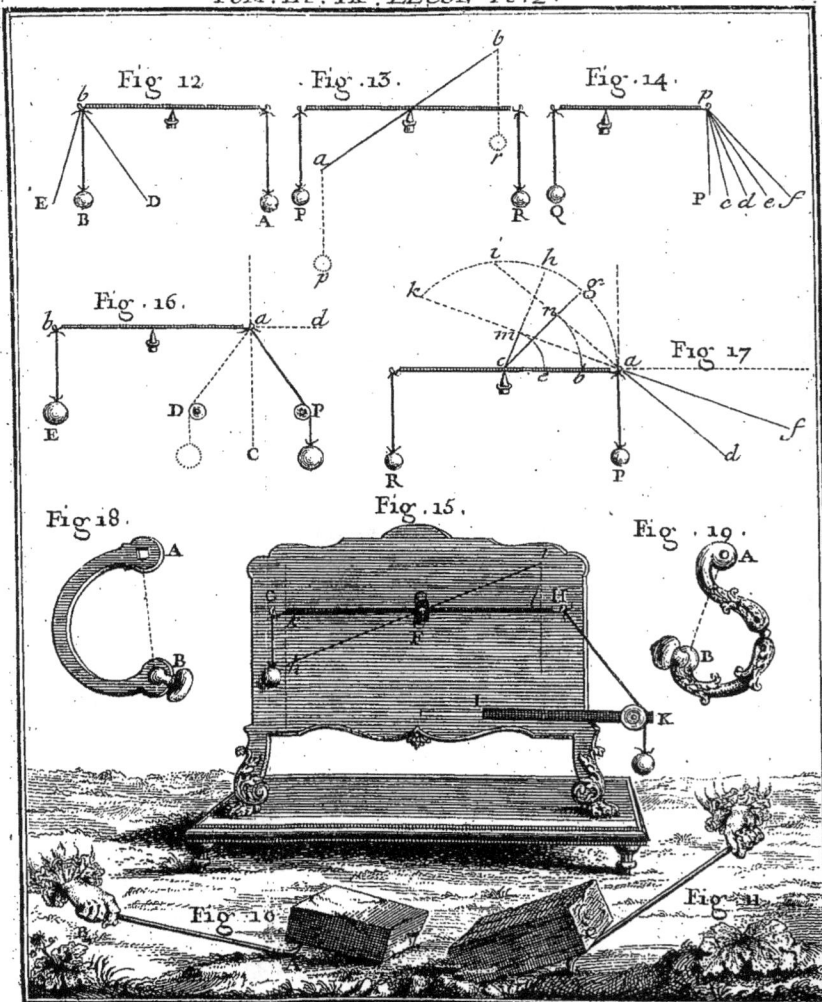

Fig. 12.

Fig. 13.

Fig. 14.

Fig. 16.

Fig. 17.

Fig. 18.

Fig. 19.

Fig. 15.

Fig. 10.

Fig. 11.

Brunet fecit

Il y a quantité de machines & d'inftrumens, qu'on fait mouvoir par le
moyen d'un bras de lévier, qu'on
nomme *manivelle.*

Quelque figure qu'on lui donne,
foit qu'on la courbe comme celle du
gagne-petit, *Fig.* 18. & la plûpart de
celles des rouets qu'on fait tourner
avec le pied, foit qu'on la façonne en
S, *Fig.* 19. comme le font ordinairement celles des vielles ; elle fe réduit
toujours à un bras de lévier droit,
dont la longueur eft déterminée par
la diftance qu'il y a entre le manche
B & l'œil *A*, qui reçoit le bout de
l'arbre tournant.

Dans les cas où la réfiftance n'eft
pas bien confidérable, il importe
peu quel angle faffe la direction de
la puiffance avec la ligne *A B*; mais
lorfqu'il faut mener de grandes manivelles, avec beaucoup de force, on
s'apperçoit bien-tôt que l'effort avec
lequel on agit, n'a pas un avantage
égal dans tous les points de la révolution. Cette inégalité vient des différentes maniéres dont la puiffance

se trouve dirigée, au bras du lévier pendant qu'il tourne : c'est ce que l'on concevra facilement, si l'on imagine que la manivelle *C H*, *Fig.* 20. reçoit son mouvement circulaire d'une régle *D H*, qui lui est jointe, & qui la pousse & la tire alternativement. Car selon ce que nous avons prouvé par la troisiéme expérience, cette régle agit avec tout l'avantage qu'elle peut avoir, lorsqu'elle fait avec la manivelle un angle droit comme *C H D*, ou *C i k*, soit en poussant soit en tirant. Mais lorsque la manivelle est aux points *b*, ou *e*, on voit que la direction de la puissance, représentée par la régle fait avec elle des angles, de plus en plus aigus, & que cette obliquité diminue beaucoup de l'effort.

Ce que nous disons de la régle *D H*, il le faudroit dire du bras d'un homme, appliqué à une manivelle, s'il ne faisoit que tirer & pousser dans la même direction : mais il fait plus ; lorsque son effort s'affoiblit par une direction désavantageuse en poussant, il avance son corps, de sorte qu'une partie de son poids se porte

dans la direction bf, ou eg ; lorfqu'il
tire , il fe baiffe & fe renverfe un peu ;
& par ces différens moyens , il re-
dreffe, pour ainfi dire , la direction de
la puiffance , & l'angle qu'elle fait
avec la manivelle demeure plus ouvert qu'il ne le feroit , fans ces mouvemens du corps, qui fe font fans attention , & par des ouvriers les plus
groffiers, qui n'ont pris fur cela que
les leçons de la nature.

Mais ces fortes de mouvemens ne
fe font pas fans fatigue, il eft toujours
vrai de dire , que celui qui tourne la
manivelle , n'eft en pleine force que
dans certaines parties de la révolution : c'eft apparemment pour cette
raifon que dans les machines qui fe
meuvent avec deux manivelles , on
eft dans l'ufage d'oppofer la longueur
de l'une à celle de l'autre , comme
EF, & GH, *Fig.* 21. afin que des
deux hommes qui les ménent , l'un
fe trouve dans une pofition favorable , pendant que l'autre travaille
avec défavantage : mais cette difpofition ne me paroît pas la meilleure
qu'elle puiffe être ; j'aimerois mieux
que les deux manivelles fiffent en-

femble un angle droit , que d'être oppofées directement. Car fi l'on partage la révolution entiére en quatre quarts, on peut voir par la *Figure* 20. qu'un homme qui éléve la manivelle d'*l* en *m* par l'action des mufcles , ou qui l'abaiffe de *b* en *n* par l'effort de fon poids , a beaucoup plus de force que quand il la porte en avant d'*m* en *b* , ou qu'il la tire à lui d'*n* en *l* : mais ces deux derniéres parties comme les premiéres, font directement oppofées entr'elles ; quand on oppofe de même les deux manivelles , ceux qui les font agir , fe trouvent donc en même tems en pleine force , & en même tems auffi dans les pofitions les moins favorables : la même chofe n'arriveroit pas , fi les manivelles faifoient entr'elles un angle droit ; l'un des deux parcourroit l'arc *l m* , pendant que l'autre pafferoit par l'efpace *m b*.

Pour changer la direction du mouvement , il arrive fouvent , qu'aulieu d'employer un lévier droit , on difpofe les deux bras de maniére qu'ils font un angle au point d'appui , comme *I K L, Fig.* 22. Ces léviers angulai-

res , qu'on nomme auſſi *manivelles*
coudées , ſont fort en uſage pour les
pompes , pour les mouvemens des
ſonnettes qu'on place dans les appartemens , pour la ſonnerie des horloges & des pendules , & dans une infinité d'autres occaſions où l'action
du moteur ne peut ſe tranſmettre que
par des voies indirectes. Ils ont les mêmes propriétés qu'un lévier droit ;
car lorſqu'en tournant , ces deux bras
diſpoſés en équerre ſe trouvent obliques aux directions *m l*, *i n*, de la puiſſance & de la réſiſtance , cette obliquité eſt égale de part & d'autre ;
o K l, *i K h*, ſont ſemblables ; en un
mot, les diſtances du point d'appui
K, aux directions perpendiculaires ,
m o, *i h*, ſont entr'elles dans les mêmes rapports que *L K*, & *I K*.

CE que nous avons nommé juſqu'ici, le point d'appui, doit être
conſidéré comme une troiſiéme puiſſance qui fait équilibre à la force motrice ou à la réſiſtance , ou qui concourt avec l'une des deux pour porter l'effort de l'autre : dans les léviers du premier genre , par exemple , le point d'appui ſoutient l'effort

des deux forces qui font oppofées de part & d'autre ; dans ceux du fecond & du troifiéme genre , il ne porte qu'une partie de l'une des deux.

Ce n'eft pas toujours un point fixe & inébranlable qui fert d'appui ; le plus fouvent ce font des corps fléxibles ou qui peuvent s'écrafer , ou bien des corps animés , dont la réfiftance n'eft point à l'épreuve de tout effort. Lorfqu'une poutre , par exemple , repofe par fes extrémités fur les deux murs d'un bâtiment , fon propre poids ou celui dont elle eft chargée , les feroit s'écrouler s'ils n'étoient bâtis affez folidement. Les mulets qui portent des brancarts fuccombent fous la charge quand elle excéde leurs forces. Il eft donc important de fçavoir de combien eft chargé le point d'appui , ou ce qui en fait l'office , lorfque deux autres forces agiffent l'une contre l'autre fur le même lévier , afin de le pouvoir mettre en proportion avec l'effort qu'il doit foutenir. Et comme ce point d'appui pourroit bien être de nature à ne pas réfifter également dans toutes fortes de directions , il faut examiner

miner auſſi comment ſe dirige l'effort
qu'il ſoutient par les différentes directions qu'on peut donner à la puiſſance & à la réſiſtance. Nous avons
fait voir précédemment , que l'action d'une puiſſance quelconque appliquée au bras d'un lévier , réſulte
de deux choſes : 1°. De ſa maſſe ,
ou du poids auquel elle équivaut,
ſi c'eſt un reſſort , l'effort d'un animal , ou toute autre force qui n'agit
point en vertu de la péſanteur. 2°. De
ſa diſtance au point d'appui ; & nous
avons fait connoître d'où il faut
compter cette diſtance. * L'effort   * V. Exp;
Fig. 17,
qui vient de la maſſe & qu'on peut
nommer *abſolu* , eſt limité ; une livre ,
ou l'action d'une puiſſance équivalente à une livre , lorſqu'elle péſe
ſur le bras d'un lévier , dans la direction la plus avantageuſe , ne peut
que faire équilibre à un pareil poids
qui lui eſt oppoſé avec les mêmes
circonſtances. Mais l'effort qui vient
de la diſtance au point d'appui peut
croître à l'infini ; de ſorte que ſi l'un
des deux bras étoit 100 fois auſſi long
que l'autre , une livre deviendroit
équivalente à 100. Quelle ſera donc

Tome III.   E

la charge fur le point d'appui, premiérement, s'il y a équilibre avec égalité de maffe ; fecondement, fi les
maffes ou les forces font en équilibre
par l'inégalité de leurs diftances au
point d'appui ?

Pour répondre à la premiére queftion, je dis que fi les directions de
la puiffance & de la réfiftance font paralléles entr'elles, le point d'appui
fe trouve chargé de la fomme des
deux forces abfolues, & fon effort fe
fait dans une direction paralléle à
celles de la puiffance & de la réfiftance.

Mais fi les directions de deux forces oppofées font inclinées l'une à
l'autre, le point d'appui ne porte
qu'une partie de leur effort abfolu ;
il en porte d'autant moins qu'elles font
plus inclinées au lévier ; & fa réfiftance tend au point de concours de
ces deux directions : deux expériences ferviront d'éclairciffemens & de
preuves.

VI. EXPERIENCE.

PREPARATION.

Au revers de la machine qui eft re-

préfentée par la *Figure* 15. on a fixé,
à deux pouces de diftance du plan,
les poulies *A* & *B*, *Fig.* 23. qui font
très-mobiles fur leurs axes ; & par le
moyen defquelles on fufpend horizontalement un lévier d'acier *D E*,
que l'on tient en équilibre avec les
deux petits poids *p*, *r* ; on fufpend enfuite au point *C* un poids de 4 onces,
& aux bouts des cordons deux autres poids, *P*, *R*, qui péfent chacun
2 onces.

EFFETS.

Tout étant ainfi difpofé, le poids
qui eft en *C* tient les deux autres *P*, *R*,
en équilibre ; fi l'on ôte les deux petits, *p*, *r*, le poids de 4 onces defcend par la ligne *C I* ; il remonte au
contraire par la ligne *CF*, fi l'on ajoute également aux maffes *P*, *R*.

VII. EXPERIENCE.

PREPARATION.

Cette expérience fe prépare comme la précédente ; excepté que le lévier *I K*, *Fig.* 24. eft plus court que
D E, *Fig.* 23. & que le poids *L* n'eft
que de 3 onces.

E ij

EFFETS.

Les deux directions KN, IQ, des deux puissances P, R, étant obliques au lévier, à quelque degré d'obliquité que ce soit, le poids L est toujours moindre que 4 onces pour faire équilibre aux deux autres qui pésent chacun deux onces : si les directions KN, IQ, deviennent moins obliques au lévier, comme NO, QS, il faut augmenter la masse L pour conserver l'équilibre ; & quand ce poids descend ou remonte, c'est toujours par la ligne LM.

EXPLICATIONS.

Dans ces deux derniéres expériences, on peut regarder le poids P comme la puissance, R, comme la résistance ; & la masse qui est suspendue au point C, ou L, comme la valeur de l'effort qui se fait au point d'appui lorsque tout est en équilibre ; car il est évident, que sans ce dernier poids, le lévier seroit emporté de bas-en-haut par les deux autres puissances. Or il faut 4 onces au point C, quand les deux masses P, R, sont chacune

de deux onces , & que leurs actions
font toutes deux dans des directions
perpendiculaires au lévier , comme
AD , *B E* ; * nous avons donc eu rai-   * Fig. 23.
fon de dire , qu'en pareil cas le point
d'appui est chargé de la fomme totale de la puiffance & de la réfiftance ; & puifque le poids qui repréfente
l'effort du point d'appui fe meut dans
la ligne *I F* quand il devient plus fort
ou plus foible ; c'eft une marque qu'il
agit fuivant cette direction , qui est ,
comme nous l'avons annoncé , pa-
rallele à celles de la puiffance & de la
réfiftance.

Dans l'autre expérience , on voit
encore la preuve de ce que nous
avons avancé ; le poids qui fuffit pour
arrêter le point *L* du lévier contre les
efforts qui fe font en *I* & en *K* , n'eft
jamais de 4 onces , comme il faut
qu'il le foit , quand les directions des
puiffances font perpendiculaires au
lévier ; ce qui prouve bien que le
point d'appui n'eft plus chargé de la
fomme entiere des deux maffes *P* , *R* ,
& cela doit être ainfi , puifque , comme nous l'avons prouvé & expliqué ,
l'action d'une puiffance eft d'autant

E iij

diminuée , que fa direction eft oblique au bras du lévier par lequel elle
agit : enfin l'effort du point d'appui
fe dirige au point *M* , parce que c'eft
là que fe réuniffent , par leurs tendan-
ces , les deux forces aufquelles il réfifte.

Quant à la feconde queftion , fçavoir quel eft l'effort qui fe fait fur le
point d'appui lorfque la puiffance &
la réfiftance fe mettent en équilibre
par des diftances inégales entr'elles
& le point d'appui : je réponds que cet
effort n'eft jamais plus grand que la
fomme des forces abfolues ou des
maffes qui font oppofées , c'eft-à-dire , que fi le poids d'une livre en foutient un de 12 , parce qu'il agit par
un bras de lévier qui eft douze fois plus
long que celui de l'autre part , le
point d'appui ne peut jamais être
chargé que de 13 livres , & non pas
de 24 ; & fon effort fe dirige comme
dans les cas précédens , parallélement aux directions des forces qu'il
foutient , fi ces directions font paralléles entr'elles , ou bien directement au
point de leur concours , fi elles font
inclinées l'une à l'autre.

VIII. EXPERIENCE.

PRÉPARATION.

Sur une même base *A B*, *Fig.* 25. on a élevé deux piliers qui gliffent dans deux mortaifes, de maniére qu'ils peuvent s'approcher & s'écarter l'un de l'autre ; *C*, *C*, font deux poulies, fur chacune defquelles paffe un petit cordon pour foutenir une petite tringle d'acier *E E*, par le moyen des deux petits poids *D*, *D* ; la piéce *F G*, eft une verge de fer qui eft un peu entaillée en-deffous aux $\frac{3}{4}$ de fa longueur, & qui, par le moyen d'un poids que l'on attache en *F*, fe met en équilibre avec elle-même, & avec les petits poids *D*, *D*, que l'on augmente autant qu'il le faut pour cet effet.

On fufpend d'abord en *F*, un poids de 6 onces, en *G*, un autre poids de 2 onces ; & l'on ajoute aux petits contre-poids qui font en *D*, *D*, deux maffes de 4 onces chacune. Voyez la *Fig.* 26. où l'on a repréfenté, par des lettres de mêmes noms, celles de ces quantités feulement qui intéreffent la théorie. E iiij

EFFETS.

Il y a équilibre par-tout : 1°. Entre les deux masses inégales qui sont appliquées au lévier *f g*. 2°. Entre ce lévier qui est ainsi chargé, & les deux poids *d*, *d*, qui soutiennent le point d'appui *e e*, ou plutôt, qui représentent son effort ; & si l'on souléve un peu ces deux derniers poids, aussitôt le point d'appui descend par la ligne *e K*.

IX. EXPERIENCE.

PREPARATION.

Il faut écarter l'un de l'autre les deux piliers *A*, *B*, de la machine que nous avons décrite *, ensorte que la direction du cordon de chaque côté devienne oblique au lévier, comme *c e*, *c e*, Fig. 27. ensuite la verge *f g*, ayant été avancée jusques aux deux tiers de la longueur de la tringle d'acier *e e*, on met en *L* & en *M* des masses telles qu'il les faut pour tenir le tout en équilibre.

EFFETS.

Alors le poids *L* se trouve être de

8 onces, & celui qui eft en *M*, de 4 onces, ce qui fait en fomme 12 onces de maffe ; & lorfqu'on diminue cette quantité, ou qu'on fouléve ces deux poids, le point d'appui *H* defcend en fuivant la ligne *H I*, ce qui s'apperçoit facilement, fi l'on place derriére un fil à-plomb. La même chofe arrive, fi l'on met en *H* un poids de 8 onces au lieu du lévier *f g* chargé de fes deux poids.

EXPLICATIONS.

Dans la huitiéme expérience, il y a équilibre entre une maffe de 6 onces & une autre de 2 onces ; parce que celle-ci qui n'eft que le tiers de l'autre eft trois fois autant éloignée qu'elle du point d'appui ; & nous avons fait voir qu'en pareil cas l'excès de vîteffe d'une part, compenfe l'excès de la maffe de l'autre part : mais quoiqu'une puiffance augmente à mefure que le bras du lévier devient plus long, il ne paroît pas que cet accroiffement charge aucunement le point d'appui, puifque l'effort qui fe fait en *g* *, quoiqu'équivalent au poids de * *Fig. 26*

6 onces qui péfe en *f* , ne produit point en *e* la fomme de 12 , mais feulement celle de 8 , exprimée par les deux poids *d* , *d* , de 4 onces chacun, & égale aux deux maffes qui font en équilibre aux bras du lévier *f g*. La même chofe fe prouve encore plus directement par la neuviéme expérience, puifqu'en fubftituant en *H* * un feul poids qui égale en maffe celle du lévier chargé , les mêmes effets fubfiftent.

* Fig. 27.

* Fig. 26.

Si rien ne foutenoit le lévier * , que les deux puiffances reftaffent en équilibre entr'elles , & perpendiculaires aux extrémités *f* & *g* ; il eft évident que tous les points compris entre ces deux derniers , tomberoient par des lignes paralléles à celles des puiffances ; & c'eft ce que l'on voit arriver lorfqu'on fouléve un peu les deux poids *d* , *d* : le point d'appui defcend par la ligne *e K* ; cette ligne exprime donc fa tendance de bas-enhaut , ou la direction de fon effort.

On peut dire auffi que fi ces puiffances cédoient de part & d'autre à l'effort qui fe fait au point *H* * , pourvû qu'en cédant elles ne changeaffent

* Fig. 27.

point de rapport, les deux extrémités du lévier décriroient en descendant, les paralléles *e N*, *e O*, & le
point d'appui se trouveroit toujours
dans la ligne *HI*; son effort se fait donc
dans cette ligne où les directions des
puissances se joignent, lorsqu'elles
sont inclinées entr'elles.

APPLICATIONS.

Puisque l'on peut sçavoir combien
il se fait d'effort sur un appui, ou sur
tout ce qui en fait l'office, lorsque
l'on connoît la valeur absolue des
puissances & leurs directions à l'égard
du lévier, par lequel elles agissent ;
on peut donc prévenir les accidens qui
pourroient naître des disproportions,
ou mettre à profit des forces qu'on
regarderoit comme insuffisantes, si
l'on ne sçavoit pas les appliquer avec
tout l'avantage qu'elles peuvent
avoir.

Que l'on place, par exemple, une
charge de 200 livres au milieu d'un
lévier dont les extrémités reposent
sur les épaules de deux hommes ; ces
deux appuis suffiront au fardeau, si
chacun des porteurs est capable de

soutenir 100 livres. Mais si l'un des
deux n'en peut porter que 50 , quand
bien même l'autre pourroit suffire à
un effort de 150 livres, le plus foible ne succombera pas moins , tant
que le fardeau sera à égales distances
entre son collégue & lui ; & tous
deux deviendront inutiles pour l'ouvrage qu'on en attendoit. Mais que
l'on place la charge plus loin du porteur le plus foible , & que les bras du
lévier devenus inégaux , soient en
raison réciproque des efforts dont les
deux hommes sont capables ; & alors
le fardeau sera soutenu , comme il auroit pû l'être d'abord par deux autres
hommes qui auroient pû suffire chacun à un effort de 100 livres.

Qu'un Charpentier porte une soli-
ve , c'est toujours à peu près par le
milieu de la longueur qu'il la pose sur
son épaule : en la plaçant ainsi , il ne
porte que le poids de la piéce de
bois , parce que les deux bouts qui
passent de part & d'autre , se font é-
quilibre réciproquement ; & le point
d'appui n'est chargé que de la somme
totale des deux masses. Mais s'il la
posoit aux deux tiers , ou aux trois

quarts de fa longueur, il feroit obligé, pour l'empêcher de tomber, de
la retenir avec fes bras par le bout le
plus court; & cet effort feroit équivalent à un poids qui feroit équilibre
avec l'excès de longueur que la fo-
live auroit du côté oppofé : l'épaule
du porteur feroit donc inutilement
chargée de cette quantité de plus.

Ces deux exemples que je viens de
citer font fi fimples, & fe rencontrent fi fréquemment, que la plûpart
de ceux qui nous donnent lieu de les
remarquer, fuppléent au raifonnement par l'habitude & par le feul inf-
tinct de la nature. Mais il y a une infinité de cas où l'on a befoin d'être
inftruit, & de réfléchir, & où l'on ne
réuffit que par une application raifon-
née de ces mêmes principes dont
nous avons naturellement une idée
confufe.

Ce n'eft auffi qu'en réfléchiffant fur
ces loix de la nature, qu'on peut fe
rendre compte d'un nombre infini de
précautions & d'ufages que nous a-
doptons dès l'enfance, ou que nos
befoins & la feule induftrie ont fait
naître.

Pourquoi, par exemple, un homme qui tire un bateau ou quelque fardeau attaché au bout d'une corde, se penche-t-il en avant ? c'eft qu'il joint à l'action des mufcles une partie du poids de fon corps pour vaincre la réfiftance contre laquelle il agit. Mais s'il manque de point fixe, fi celui qu'il a ne l'eft point affez, foit par fa nature, foit par une direction défavantageufe, s'il marche fur un plan mobile, tel qu'un bateau qui n'eft point arrêté, s'il eft fur un terrain gliffant ou incliné ; toutes ces caufes, qui fe réduifent à un défaut d'appui, rendent fes efforts inutiles, ou en diminuent les effets.

C'eft pour prévenir des inconvéniens de cette efpéce, que l'on jette de la cendre ou du fumier, fur les endroits fréquentés qui font couverts de verglas, & que dans les grands hyvers on met des pointes aux fers des chevaux ; ce que l'on nomme, *ferrer à glace :* fans cette pointe ou talon que l'on pratique aux patins pour piquer la glace, où pourroit-on prendre fon point d'appui pour s'élancer, fur un plan dont l'avantage le plus

confidérable eft de n'avoir aucune
inégalité qui puiffe arrêter le pied ?
Les peuples du Nord qui font obligés le plus fouvent de voyager fur la
neige, marcheroient fur un appui qui
ne feroit point affez fixe, s'ils ne pre-
noient la précaution de fe mettre aux
pieds des efpéces de raquettes, beaucoup plus larges que la femelle de
nos fouliers ; par ce moyen ils s'appuyent en marchant fur une plus grande partie du plan, ce qui fupplée à
fon défaut de folidité.

Quand des chevaux tirent une voiture en montant, ce qui les fatigue,
n'eft pas feulement le poids de la
charge qui eft alors moins foutenue
par le terrain, c'eft encore l'inclinaifon de ce terrain qui leur préfente le
point d'appui dans une direction fort
oblique à celle de leur effort ; car leurs
jambes, en fe roidiffant contre le
terrain, s'inclinent dans le même
fens que lui ; & l'on conçoit bien que
plus elles approchent du parallélif-
me, moins les pieds font appuyés :
c'eft pourquoi l'on pratique fouvent
dans ces fortes de chemins certaines
inégalités qui facilitent le tirage ; fem-

blables à peu près aux marches de nos escaliers, qui préfentant un plan hori-zontal à l'effort du pied qui fe fait dans une direction prefque verticale, réfiftent beaucoup mieux que ne pourroient faire des portions du plan incliné fur lefquelles elles font éta-blies.

Ceux qui font dans l'ufage de tour-ner doivent fçavoir combien il eft néceffaire qu'un lévier foit bien ap-puyé, pour foutenir les efforts oppo-fés de la puiffance & de la réfiftance; car qu'eft-ce qu'un cifeau, une gouge, un burin, finon un lévier du premier genre appuyé fur un fupport, & dont la main du tourneur porte le tran-chant ou la pointe contre un morceau de bois, de cuivre, de fer, &c? Si le fupport n'eft pas bien ferme par lui-même, s'il n'eft pas proportionné aux efforts qu'il doit foutenir, fi fa pofition, ou celle de l'outil qu'il fou-tient, donne à fa réfiftance une di-rection défavantageufe, il en réfulte, comme l'on fçait, beaucoup de mau-vais effets; les matiéres dures fe tour-nent par ondes, (ce qu'on appelle, *guillocher*,) celles qui font tendres s'ar-rondiffent

rondiffent imparfaitement , l'outil s'engage , & fait de faux traits ; en un mot , c'eft un défaut effentiel dans un tour , lorfque ce qui doit fervir d'appui aux outils , manque ou de fo-lidité ou des mouvemens néceffaires pour lui donner les directions les plus convenables ; & celui qui ne fçait pas placer le fupport avantageufement , n'eft point un habile tourneur.

DES MACHINES

Qui font compofées de Léviers , ou qui agiffent comme des Léviers.

Les léviers entrent dans la conf-truction d'un fi grand nombre de ma-chines , qu'il ne feroit pas poffible de les y faire remarquer par un détail exact. Les Auteurs qui ont traité le plus amplement des méchaniques , fe font difpenfés avec raifon , de cet exa-men fuperflu , & fe font contentés , après avoir établi les principes , d'in-diquer par quelques exemples choi-fis , l'application qu'on en fait dans les Arts : les bornes que nous nous fommes prefcrites , exigent que nous en ufions avec encore plus de réfer-

ve ; c'eſt pourquoi nous ne parlerons
ici que des machines les moins com-
poſées, de celles qui s'éloignent ſi
peu de la ſimplicité du lévier, qu'on
les compte quelquefois au nombre
des machines ſimples.

De la Balance commune, & de la Romaine.

La balance ordinaire repréſentée
par la *Figure* 28. eſt une machine qui
ſert à mettre en équilibre deux quantités égales de matiére, de ſorte que
ſi l'on connoît le poids de l'une, on
ſçait, par ce moyen, combien péſe
l'autre.

Cette machine eſt compoſée d'un
fleau A B, dont la longueur eſt partagée en deux parties égales par un *axe*;
de deux *baſſins, C, D*, ſuſpendus aux
deux extrémités des bras du fleau; &
d'une *chaſſe E F*, qui ſert d'appui à
l'axe, où eſt le centre du mouvement.

On reconnoît facilement que cette
balance n'eſt autre choſe qu'un lévier partagé en deux bras égaux par
ſon appui, & chargé des efforts d'u-

ne puiffance & d'une réfiftance dont les directions font paralléles entr'elles, & perpendiculaires à fa longueur, lorfqu'il eft horizontal comme *A B*; ou faifant avec elle des angles égaux de part & d'autre, lorfqu'elle eft inclinée comme *a b*; de forte que s'il étoit poffible de faire une balance d'une matiére inflexible & fans péfanteur, nous aurions peu de chofes à ajouter à ce que nous avons dit & prouvé précédemment. Mais comme la néceffité où l'on eft de faire le fleau de quelque matiére dure, telle que du fer ou du cuivre, & de lui donner une figure & des dimenfions qui l'empêchent de plier, fait quelquefois perdre de vûe ce que prefcrit la théorie ; je crois qu'il eft à propos d'examiner en peu de mots ce qui peut rendre une balance jufte ou défectueufe.

Les qualités effentielles d'une balance font, 1°. d'être bien mobile, c'eft-à-dire, que la plus petite différence entre les deux quantités de matiére dont elle eft chargée faffent trébucher le fleau, afin qu'on puiffe regarder fon état d'équilibre, comme

F ij

le signe certain d'une égalité parfaite
dans les masses de part & d'autre. 2°.
Que ses bras soient toujours bien é-
gaux ; car s'ils ne le font pas, ils mesu-
reront des distances inégales du point
d'appui aux points de suspension où
se font les efforts des puissances, &
deux masses égales ne pourront point
s'y mettre en équilibre. 3°. Que les
bras soient dans une même direction;
car autrement il sera difficile de juger
s'ils font des angles égaux de part &
d'autre avec les directions des puissances. Il n'est point facile de concilier ensemble ces trois points de
perfection ; il se rencontre, dans la
construction de l'instrument, plusieurs
difficultés à vaincre ; & dans l'usage
même, une balance exige des atten-
tions sans lesquelles la plus exacte
cesse de l'être.

La mobilité d'une balance dépend
principalement de trois choses ; sçavoir, du plus ou moins de frottement
qui se fait à l'axe ; car on sçait que
c'est un obstacle au mouvement ; de
la position du centre de pésanteur qui
peut être placé hors du centre de
mouvement ; & de la longueur des

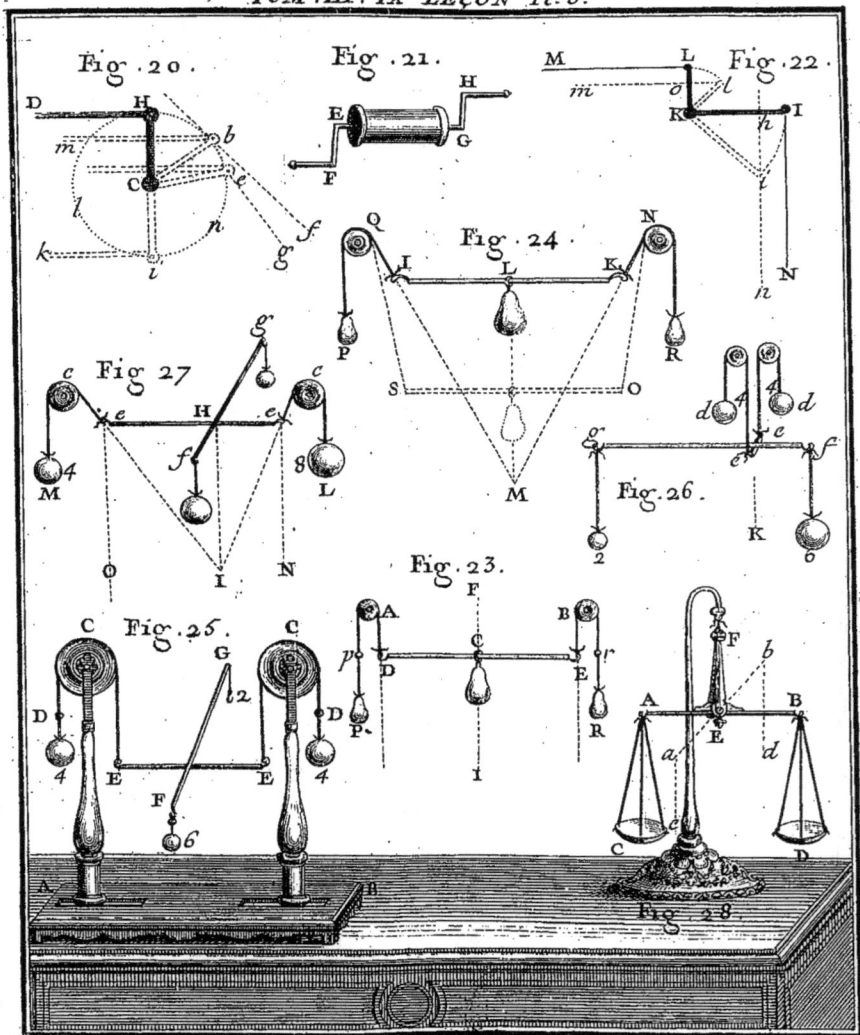

Fig. 20.

Fig. 21.

Fig. 22.

Fig. 24.

Fig. 27.

Fig. 26.

Fig. 23.

Fig. 25.

Fig. 28.

Brunet fecit

bras, puisqu'un très-petit poids peut faire un grand effort, étant fort-éloigné du point d'appui.

Pour rendre la balance plus mobile par la diminution du frottement, il faut que la pression au point d'appui soit la moindre qu'il est possible ; & c'est pourquoi l'on fait très-léger le fleau des balances d'essais, où l'on a besoin d'une très-grande mobilité : mais il faut prendre garde aussi qu'étant trop foible il ne plie sous la charge des bassins ; car sa courbure auroit d'autres inconvéniens dont nous ferons bien-tôt mention. C'est encore dans la vûe de diminuer le frottement de l'axe, qu'on le fait un peu en couteau : & cette pratique est bonne, pourvû cependant que l'endroit du trou sur lequel il porte, soit, comme lui, très-dur ; car autrement, ou il se creuseroit avec le tems, ou il s'écraseroit lui-même ; & sa mobilité, au lieu d'être augmentée, diminueroit considérablement.

Si le fleau de la balance est suspendu par le centre de sa pésanteur, ses deux bras seront toujours en équilibre, dans quelque situation qu'on les

mette ; & pour peu que l'un des deux
soit plus chargé que l'autre, la balance trébuchera : cette extrême mobilité devient incommode dans l'usage
ordinaire, parce qu'il faut beaucoup
de tems & d'attention pour charger
les bassins avec une égalité aussi
parfaite qu'il le faudroit pour les tenir en équilibre ; c'est pourquoi l'on
a coutume de placer le centre du
mouvement au-dessus de celui de la
pésanteur. On peut voir, par la *Fig.*
29. avec quelle réserve il faut user de
ce correctif, qui n'est, à proprement
parler, qu'une imperfection mise à
dessein : car si le triangle *A B C* représente un fleau de balance mobile sur
le point *C*, & qu'on lui fasse prendre
une situation inclinée comme *a b*, le
centre de pésanteur qui est dans la ligne *C D*, quand les deux bras sont
dans un plan horizontal, se trouvera
alors dans la ligne *C d*, & fera effort
pour revenir dans la ligne verticale
qu'il a quittée ; s'il est libre d'y revenir, l'accélération de sa chûte le fera
passer outre, il viendra en *f* ; & c'est
ce qui cause ces balancemens qu'on
remarque à tous les fleaux, & qui

n'auroient pas lieu fi le centre de péfanteur n'étoit plus bas que le centre
de mouvement.

Puifque de tels fleaux ne peuvent
s'incliner fans que le centre de péfanteur fe déplace , & que ce déplacement ne peut fe faire fans un effort
particulier , il eft évident que cette
conftruction ôte à la balance une partie de fa mobilité , & qu'on ne doit
éloigner le centre du mouvement que
le moins qu'il eft poffible de celui de
la péfanteur , fur-tout lorfque cet inftrument doit fervir à péfer des mar-
chandifes précieufes dont les moindres quantités intéreffent.

La longueur des bras contribue
auffi à la mobilité de la balance , par
la raifon que nous avons dite : c'eft
un moyen qui pourroit par lui-même
rendre fenfible le poids des plus petites portions de matiére ; mais un
fleau de balance ne peut acquérir une
plus grande longueur , qu'en devenant ou plus péfant ou plus flexible ;
l'un & l'autre font à craindre : le premier , parce qu'il augmente le frottement par une plus grande preffion à
l'axe : le fecond , par des raifons que
nous allons rapporter.

La feconde condition que nous avons exigée pour faire une balance exacte, c'eft que fes deux bras foient parfaitement égaux ; or ce n'eft point affez qu'ils le foient quand on conf-truit l'inftrument, il faut de plus qu'ils ne ceffent point de l'être dans l'ufa-ge. Si le fleau n'a pas toute la roi-deur néceffaire, il fe courbe fous la charge des baffins ; & cette courbu-re, quelque petite qu'elle foit, dimi-nue la mobilité, & jette de l'incerti-tude fur les effets de la balance. Car, premiérement, fi la ligne droite *A B*, *Fig.* 30. devient courbe comme *a C b*, les courbures de part & d'autre fe ré-duifent aux deux lignes droites *a C*, *C b*, & forment, avec la ligne *a b*, un triangle auquel on peut appliquer ce qui a été dit de celui qui eft repré-fenté par la *Figure* 29. Secondement, les directions des puiffances *a f*, *b g*, ne font plus des angles droits avec les bras courbés du fleau. A la véri-té, ceci n'eft point un inconvénient, fi ces angles, quoique différens de ce qu'ils étoient, font toujours fem-blables entr'eux ; & c'eft pour s'en affurer qu'on éléve une aiguille à an-gles

gles droits fur le milieu du fleau. Si
la chaffe eft fufpendue librement ,
elle prend d'elle-même une direction
verticale qui fait connoître quand
l'aiguille eft perpendiculaire au plan
de l'horizon, & alors on juge que les
deux bras de la balance font des angles femblables , avec les directions
des puiffances dont ils font chargés ;
mais cela fuppofe , comme l'on voit,
ou que le fleau eft demeuré droit, ou
qu'il s'eft courbé également de part
& d'autre ; car fi la partie *C b* a plié
davantage que celle de l'autre part ,
la ligne fera plus courte que *a C* , &
fon inclinaifon ne fera pas la même.

Cette différence d'inclinaifon qu'on
doit appréhender fi le fleau eft flexible , & la difficulté d'en eftimer le
plus & le moins dans la pratique,
font des raifons fur lefquelles j'établis
la troifiéme condition : fi , par le
choix de la matiére , par la façon de la
travailler, par une figure ou par des
dimenfions bien ménagées , on conf-
truit une balance de maniére que fes
bras foient inflexibles , fans préjudi-
cier aux autres qualités néceffaires , ils
feront toujours dans une même di-

Tome III. G

rection , & leur équilibre dépendra uniquement de l'égalité des masses dont ils seront chargés : cela ne doit s'entendre cependant que du fleau seul , & lorsqu'il n'est pas chargé de ses bassins ; car les points de suspension changent de places quand le fleau s'incline , & par cette raison l'une des puissances s'approche , & l'autre s'éloigne du point d'appui , comme on le verra par la *Figure* 31.

Soient *A* , *B* , les deux trous où l'on attache les crochets ou anneaux qui suspendent les bassins : tant que le fleau est horizontal , les points de suspension sont en *a* & en *b* à égales distances du centre de mouvement ; mais s'il s'incline comme *DE* , les anneaux glissent , & l'un des deux se trouve en *d* plus loin , & l'autre en *e* plus près qu'il n'étoit du centre de mouvement. C'est par cette raison qu'un fleau seul fait beaucoup de balancemens , & qu'il en fait moins quand il est chargé de ses bassins , sur-tout s'il s'incline considérablement , parce qu'alors il perd entiérement son équilibre.

On peut remarquer aussi que com-

me on fait ordinairement de grands
trous pour donner plus de liberté aux
anneaux, quoique leurs centres soient
dans la même ligne que celui de l'a-
xe, les deux bras du fleau, qui font,
à proprement parler, les deux lignes
a c, *b c*, ne font pas pour cela dans
la même direction; & c'est une chose
à laquelle on doit avoir égard dans la
construction des balances, puisque
cela seul peut être cause que le centre
de pésanteur se trouve hors du centre
de mouvement.

L'aiguille que l'on place sur le fleau
pour connoître quand il est dans une
direction horizontale, pése en partie
sur l'un des deux bras, quand la balance s'incline, comme il paroît par
la *Figure* 32; & par cette raison, toutes les fois qu'elle passe la ligne verticale d'un côté ou de l'autre, elle
seroit cause d'erreur si l'on ne préve-
noit cet inconvénient par un contre-
poids *h i*, que l'on ménage dans la
partie opposée sous le fleau; mais ce
contre-poids n'empêche qu'une partie du mal, s'il n'est d'une pésanteur
parfaitement égale à celle de l'aiguille, ce qui n'est point facile, quand

le fleau *m n*, l'aiguille *k l*, & le contre-poids *h i* font d'une même piéce,
comme cela se fait ordinairement.

La balance la mieux faite pourroit
manquer d'exactitude par la maniére
dont elle seroit mise en usage : elle
pourroit, par exemple, n'être plus
assez mobile, & même devenir fausse,
par inégalité de longueur dans ses
bras, si l'on ne proportionnoit pas à
la force du fleau les masses dont on
charge les bassins ; car alors une grande pression à l'axe y causeroit trop de
frottement, & les bras pourroient se
courber, ce qui seroit équivalent aux
défauts qui naîtroient d'une mauvaise construction. On courroit risque
aussi de prendre pour équilibre ce qui
ne le seroit pas, si la chasse mal suspendue, ou gênée, ne prenoit pas une
direction verticale ; car alors le fleau
pourroit n'être pas horizontal sans
qu'on s'en apperçût ; & l'on a pû voir,
par tout ce qui a été dit ci-dessus,
que cette position est celle où il y a
le moins à craindre d'équivoque : elle
n'en est pourtant pas absolument
exempte ; on peut faire une balance
fausse à qui l'on conservera cette pro-

priété d'être en équilibre avec elle-même dans une direction horizonta-le : un des deux bras peut être plus court, mais aussi pésant que l'autre : tant que les bassins seront vuides, l'é-quilibre subsistera ; mais s'ils sont char-gés de quantités égales de matiére, celui qui sera suspendu au plus long bras l'emportera sur l'autre ; car des poids égaux ne peuvent point être en équilibre, qu'à des distances égales du point d'appui.

La balance Romaine, ou péson qu'on a représenté par la *Fig. 33.* est encore un lévier du premier genre, qui différe de la balance ordinaire en ce qu'il met en équilibre deux puis-sances fort inégales entr'elles : un seul poids *P* que l'on met à différentes dis-tances de l'axe ou point d'appui *C*, sert à péser des quantités beaucoup plus grandes les unes que les autres, que l'on attache au crochet *R*, parce que le bras de lévier *C H* étant gra-dué, & la puissance *P* étant connue, on sçait combien la résistance a plus de masse, par la différence qu'il y a dans les distances comprises entre l'u-ne & l'autre & le point d'appui.

G iij

Nous ne nous arrêterons pas beaucoup à cet inſtrument, parce qu'on y peut appliquer preſque tout ce qui a été dit ci-deſſus touchant la balance ordinaire ; on remarquera ſeulement que le péſon eſt d'un uſage commode, en ce que n'ayant beſoin que d'un ſeul poids qui n'eſt pas conſidérable, il eſt très-portatif en petit ; & quand on l'employe en grand ſur des maſſes qui ſont très-péſantes, & qu'on ne peut pas diviſer, on eſt diſpenſé d'avoir un grand nombre de poids difficiles à raſſembler, & le point fixe en eſt beaucoup moins chargé ; mais il faut obſerver auſſi que cet inſtrument ne peut pas ſervir à péſer exactement de petites quantités, parce qu'il n'eſt point aſſez mobile, ce qui vient principalement de ce qu'un de ſes bras eſt fort court.

DES POULIES.

La poulie, *Fig.* 34. eſt un corps rond & ordinairement plat, mobile ſur ſon centre *C*, & dont la circonférence extérieure eſt creuſée *en gorge*, pour recevoir une corde ou une chaîne à laquelle on applique d'une part la puiſſance *E*, *F* ou *G*, & de l'autre la réſiſtance *R*.

Il faut ou que la corde méne la poulie, ou que la poulie méne la corde ; c'eſt pourquoi quand on a lieu de craindre que celle-ci ne gliſſe ſur l'autre, on creuſe la gorge en forme d'angle, ou bien on la garnit de pointes. *Fig. 35.*

Le corps de la poulie ſe meut pour l'ordinaire dans une chappe *CD*, qui ſoutient l'axe : on eſt dans l'uſage de fixer les deux bouts de l'axe dans la chappe, & de faire tourner la poulie deſſus ; il vaudroit mieux fixer l'axe à la poulie, & faire tourner le tout enſemble dans les trous de la chappe, parce que le mouvement ſe faiſant ſur moins de ſurface, il y auroit moins de frottemens ; & quand bien même les trous de la chappe s'aggrandiroient avec le tems, comme il n'y a que la partie inférieure qui reçoit l'effort, la poulie n'en tourneroit pas moins rondement, ce qui ne ſe peut faire, quand le centre de la poulie eſt trop ouvert.

Les expériences que nous allons rapporter feront connoître, 1°. qu'une

G iiij

poulie peut être employée comme
un lévier du premier genre, dont les
bras font égaux, & fur lequel deux
puiſſances, dont les forces abſolues
font égales, demeurent toujours en
équilibre, quelques directions qu'elles prennent. 2°. Que les puiſſances
qu'on y applique, agiſſent d'autant
plus fortement que leur diſtance à l'axe
eſt plus grande. 3°. Que l'axe eſt chargé de la ſomme totale de la puiſſance
& de la réſiſtance, & que ſon effort
ſe fait dans une direction paralléle aux
leurs, & qui tend à leur point de
concours.

X. EXPERIENCE.

PREPARATION.

La *Figure* 36. repréſente une machine compoſée de deux piliers élevés & fixés ſur une tablette plus longue que large; l'un porte une poulie à jour, de métal, & l'autre un lévier en équerre dont les bras ſont
égaux, & qui tourne très-librement
ſur ſon clou & dans le même plan
que la poulie.

On fait paſſer d'abord ſur la poulie

un cordon aux bouts duquel on attache deux poids égaux P, R, qu'on laiffe agir dans des directions parallèles
& verticales comme AP & BR.

Enfuite on tranfporte le poids R au
cordon qui tient au bras D du lévier
angulaire, & l'on place le cordon de
la poulie, comme PA, FE.

Enfin le poids R étant remis à fa
première place, & le lévier angulaire
étant tourné de manière que D foit
en d, & E en e, on attache le poids
P au bout d'un cordon dp, & le cordon de la poulie qui le portoit, au
bras e du lévier tournant.

E F F E T S.

Les deux poids P, R, font toujours
en équilibre, non-feulement quand
ils font tous deux dans des directions
parallèles & verticales, mais encore
lorfque l'un des deux agit horizontalement fur la poulie, foit que la corde embraffe les trois quarts de la poulie, foit qu'elle n'en embraffe qu'un
quart.

E X P L I C A T I O N S.

La poulie AFB, peut être regar-

dée comme un affemblage de léviers
du premier genre, dont les bras font
égaux, & qui ont un point d'appui
commun au centre *C* où eft l'axe. Lorfque le cordon eft vertical de part &
d'autre, s'il ne peut pas gliffer fur la
poulie, il doit avoir le même effet que
s'il étoit de deux piéces, dont une
fût attachée en *A*, & l'autre en *B*.
Il y a donc équilibre entre les deux
poids *P*, *R*, parce qu'ils agiffent à des
diftances égales du point d'appui, &
que chacun d'eux fait fon effort dans
une direction perpendiculaire au bras
du lévier *A C*, ou *B C*.

L'équilibre fubfifte par les mêmes
raifons dans les deux autres cas; les
rayons *G C* & *F C* font égaux aux deux
premiers, *A C*, *B C*; & les directions
E F & *e G* leur font perpendiculaires
comme *R B* l'eft à *B C* : toute la différence qu'il y a, c'eft que les deux
puiffances agiffent d'abord par un lévier droit *A B*, & qu'enfuite elles
font comme appliquées à des léviers
angulaires *A C G*, ou *A C F*; ce qui
eft la même chofe, quant aux effets,
comme nous l'avons fait voir ci-
deffus. *

* Page 47.

XI. EXPERIENCE.

PRÉPARATION.

La *Figure* 37. repréfente une poulie compofée de plufieurs plans circulaires qui laiffent entr'eux des épaif-
feurs, & dont les circonférences font
creufées en gorge ; les diamétres,
& par conféquent les rayons de ces
cercles, font entre eux comme les
nombres 1, 2, & 3. Sur la plus petite des trois circonférences on a placé une corde à laquelle font fufpen-
dus deux poids de 6 onces chacun ;
& l'on a fixé en *a* & en *b* deux autres
cordes qui embraffent les deux autres
circonférences, & qui pendent perpendiculairement aux points 2 & 3.

EFFETS.

Quand les deux poids font en *H*
& en *I*, il y a équilibre entre 6 onces
d'une part, & 6 onces de l'autre. Si
l'on ôte celui qui eft en *H*, un autre
poids de 3 onces fait la même chofe
en *K* ; & quand celui-ci eft ôté, 2
onces placées en *L* foutiennent le
poids de 6 onces en *I*.

EXPLICATIONS.

Le rayon C 1 étant éga là Cd, il y
a équilibre entre deux poids égaux,
parce que leurs efforts se font à égales distances du point d'appui. Mais
C 2, étant double de Cd, l'équilibre
doit naître entre deux masses qui font
en raison réciproque de ces deux longueurs ; ainsi 3 onces en soutiennent
6 : & par la même raison 2 onces suf-
fisent à une distance qui égale trois
fois Cd.

XII. EXPERIENCE.

PREPARATION.

La poulie GH, *Fig.* 38. est suspendue par son axe dans deux petites
boucles de métal qui font soutenues
de part & d'autre par des cordons qui
passent sur deux petites poulies,
& qui se réunissent à deux poids
égaux B, D, de sorte que la grande
poulie a deux mouvemens ; car elle
tourne sur son axe à l'ordinaire, &
son axe peut descendre avec elle d'une
certaine quantité, lorsque la résistance des poids B, D, vient à céder.

EFFETS.

Ces deux poids cédent, & la poulie tombe d'environ deux pouces, lorsque deux autres poids *E*, *F*, qui pésent ensemble & avec la poulie un peu plus que *B*, *D*, se trouvent dans des directions parallèles & verticales : & la poulie remonte en partie, lorsqu'ayant ôté le poids *F*, on retient avec la main le cordon dans la direction *AC*.

EXPLICATIONS.

Quand les deux poids *E*, *F*, sont suspendus parallèlement, leurs efforts sont perpendiculaires à *G*, *H*, qu'on doit regarder comme les extrémités d'un lévier droit ; & nous avons fait voir qu'en pareil cas le point d'appui porte la somme totale des deux masses ; l'axe qui le représente, souffre donc de haut en bas un effort qui égale les deux poids *E*, *F*, & celui de la poulie pris ensemble ; les deux autres *B*, *D*, qui s'opposent à sa chûte, & qui représentent sa résistance de bas en haut, sont un peu plus foibles que cette somme ; c'est pourquoi la poulie descend. Mais elle se relé-

ve, quand un des côtés de la corde
cesse d'être parallèle à l'autre; car alors
l'effort qu'il soutient se fait selon la ligne *IK*, & ne porte plus qu'obliquement contre les puissances *B*, *D*.

APPLICATIONS.

La poulie employée comme lévier du premier genre, est un moyen
simple & commode, & dont on se
sert fréquemment pour changer la direction du mouvement. Car de quelque manière que se présente une puissance dans le plan où est la poulie,
elle se trouve toujours perpendiculaire à quelqu'un des rayons, ce qui
lui conserve toute son intensité. Ainsi
quoiqu'un cheval ou un bœuf exerce
naturellement sa force dans une ligne
horizontale, on peut néanmoins par
des renvois de poulies appliquer ses
efforts à des résistances qui sont diri-
gées verticalement; quoiqu'un poids
tende toujours à tomber, il peut être
élevé, si par le moyen d'une poulie
on le met en opposition avec un plus
fort.

Les léviers coudés ou angulaires,
comme nous l'avons déja fait remar-

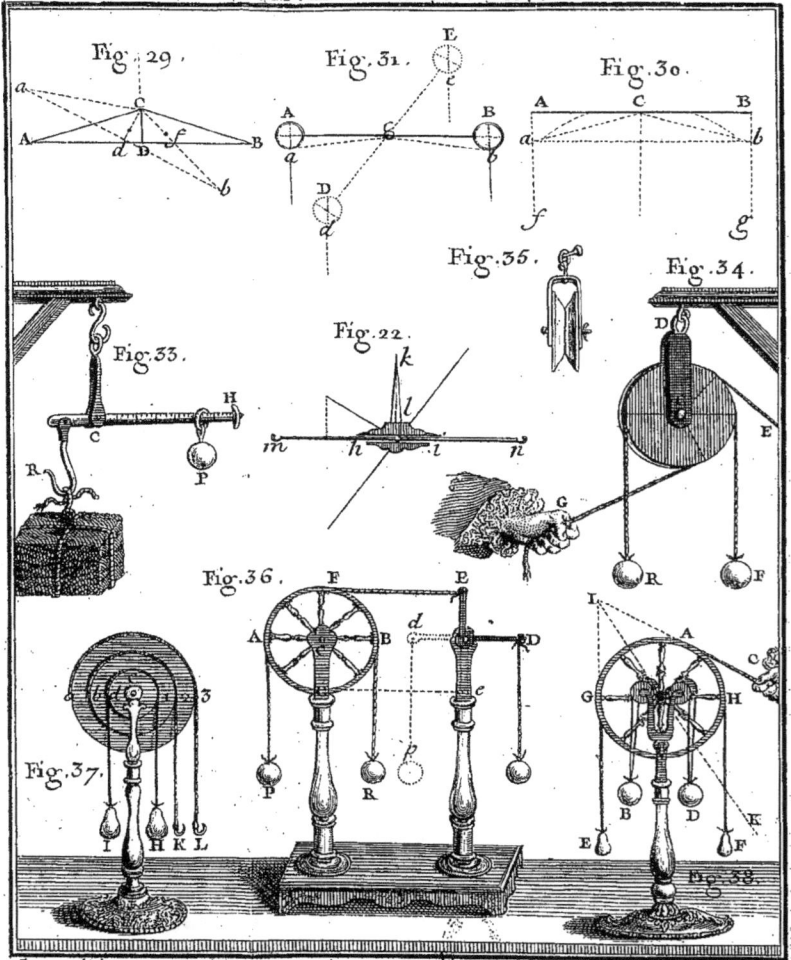

Fig. 29.

Fig. 31.

Fig. 30.

Fig. 35.

Fig. 34.

Fig. 33.

Fig. 22.

Fig. 36.

Fig. 37.

Fig. 38.

Brunet fecit

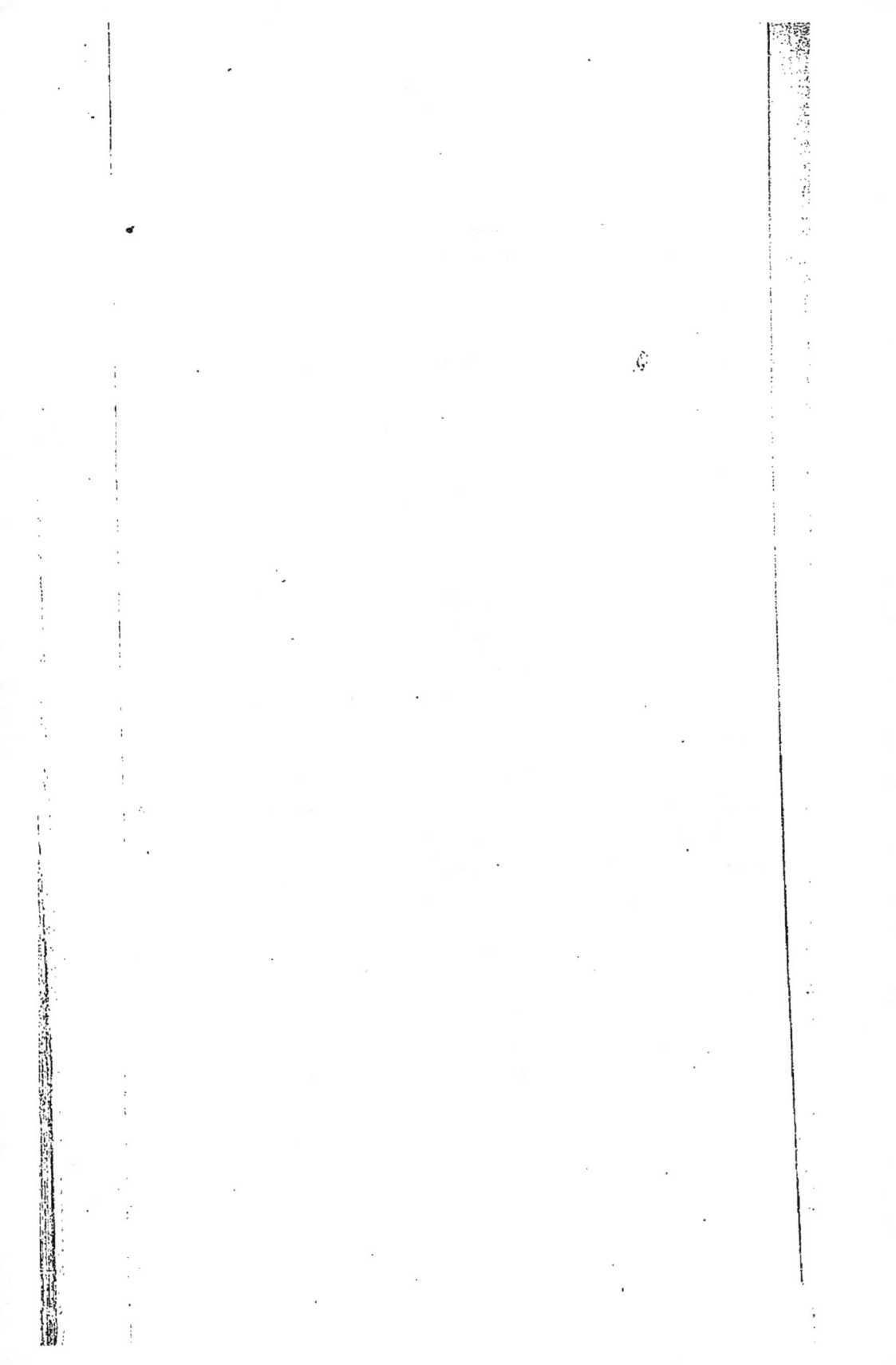

quer, changent bien aussi les directions ; mais la poulie a cet avantage
sur eux qu'elle rend le mouvement
continu , & qu'elle conserve les puissances toujours dans les mêmes directions qu'on leur a fait prendre d'a-
bord. Cette différence s'apperçoit aisément par la seule inspection des *Figures* 22. & 36.

Comme une poulie qui a plusieurs
gorges concentriques * , peut servir   ★ *Fig.* 37.
à égaler des forces qui sont différen-
tes entr'elles , lorsque les diamétres
de ces gorges sont dans des rapports
convenables ; on peut conséquemment entretenir l'équilibre, ou bien un
rapport constant , entre deux puissances dont les forces relatives changent
continuellement. Car au lieu de plusieurs gorges concentriques , on peut
n'en faire qu'une qui ne rentre pas
sur elle-même , mais qui prenant la
forme spirale , s'éloigne peu à peu du
centre , suivant la proportion dont
l'une des deux forces s'affoiblit.

Une des plus heureuses applications qu'on ait faites de cette conséquence , c'est d'avoir rendu uniforme l'action des ressorts qui ani-

ment les montres & les pendules.
Nous avons dit dans la seconde leçon *, que ces ressorts comme tous
les autres, agissent toujours de plus
en plus foiblement à mesure qu'ils se
détendent; le rouage qu'ils mettent
en mouvement, leur opposant toujours la même résistance, il est évident que la montre ou la pendule
iroit toujours en retardant, pendant
tout le tems que le ressort mettroit
à se développer, si l'on n'avoit pas
trouvé un moyen de prévenir cet inconvénient. Au lieu d'envelopper sur
un cylindre la chaîne qui sert à tendre le ressort, on la reçoit sur une
fusée, dont la figure * est telle, que
les tours vont toujours en diminuant
de diamétre, comme la tension du
ressort augmente. Tout l'art consiste
à trouver ce rapport ; car la théorie ne peut servir qu'à en approcher,
les Horlogers sont toujours obligés
d'en venir à des épreuves, parce
que les ressorts ne sont jamais ré-
guliérement flexibles & élastiques
dans toutes les parties de leur étendue.

Quand on sçait de combien l'axe
d'une

*N.B. Tom. I.
p. 135. Fig.
12.*

Fig. 39.

d'une poulie doit être chargé, on
est en état de lui donner les dimensions les plus convenables : ce qu'on
doit avoir principalement en vûe,
c'est, premièrement, qu'il soit assez
fort : secondement, qu'il n'ait que la
grosseur nécessaire, afin d'éviter les
frottemens d'une trop grande surface. Mais comme la chappe d'une poulie est toujours attachée à quelque
point fixe, il faut aussi faire attention que ce qui la soutient soit assez
stable pour résister aux efforts qui
se font sur l'axe : il faut même avoir
égard aux différentes directions que
peuvent prendre ces efforts ; car tel
appui résisteroit dans un cas, qui céderoit dans l'autre.

On peut aussi considérer la poulie
simple comme un lévier du second
genre ; elle en a effectivement les
propriétés, lorsque la résistance R,
Fig. 40. étant attachée à la chappe, un des bouts de la corde tient à
un point fixe a, ou g, pendant que
l'autre est tiré ou soutenu par la puissance P, ou d. Et alors ou les directions
de la puissance & de la résistance sont
paralléles entr'elles comme $c I$, $d E$,

ou elles font inclinées l'une à l'autre comme *P k, c k*.

Dans le premier cas , la puiffance ne porte que la moitié du poids de la réfiftance ; dans le fecond , l'effort de la puiffance diminue , & le point d'appui fe dirige au point de concours des directions de la puiffance & de la réfiftance , c'eft-à-dire , en *k*.

XIII. EXPERIENCE.

PREPARATION.

A , B , Fig. 41. font deux petites broches longues de trois pouces , qui gliffent dans deux rainures à jour , pratiquées aux deux bras du fupport *G* ; la première fert de point fixe à un cordon qui embraffe une poulie chargée d'un poids *D* , & dont l'autre bout s'attache au bras d'une balance dont on a ôté un baffin , & que l'on a mife en équilibre avec elle-même , par le moyen d'un petit poids attaché en *H* ; & cette balance eft fufpendue à l'autre broche *B*.

On met d'abord les deux petites

broches à telle diſtance l'une de l'autre , que les deux bouts de la corde
venant de la poulie ſoient paralléles
entr'eux.

Enſuite en écartant les deux broches , on fait prendre aux deux bouts
de la corde , des directions inclinées
en ſens contraires ; & dans l'un &
dans l'autre cas on charge le baſſin
de la balance , autant qu'il le faut
pour tenir le fleau dans une ſituation
horizontale.

E F F E T S.

La poulie & ſon poids *D* , péſant
enſemble 8 onces , il n'en faut que 4
dans le baſſin de la balance pour faire
équilibre , lorſque les deux bouts de
la corde ſont paralléles entr'eux , &
dans une direction verticale ; mais
lorſqu'ils ſont inclinés comme *Pl*, *gm*,
de la *Fig.* 40. il faut charger davantage le baſſin de la balance pour la
tenir en équilibre.

E X P L I C A T I O N S.

En conſidérant le bras *H* de la balance comme la puiſſance qui ſou-

tient la poulie & fa charge, après
que l'autre bout de la corde eft fixé en *A*, le poids que l'on met dans
le baſſin exprime ſans équivoque l'effort qui ſe fait ſur la puiſſance, lorſque tout eſt en équilibre. Or on
voit par les réſultats la preuve de ce
que nous avons avancé ci-deſſus ;
ſçavoir, 1°. que les directions des
forces oppoſées étant paralléles, la
puiſſance ne ſoutient que la moitié
de l'effort de la réſiſtance ; car dans
le premier cas où les deux bouts de

Fig. 40. la corde ſont paralléles entr'eux, *c i* *,
direction de la réſiſtance, eſt auſſi
parallèle à *d e* qui eſt celle de la puiſſance, & 4 onces dans le baſſin de
la balance, en ſoutiennent 8 en *D*.
2°. Que les directions des forces oppoſées n'étant plus paralléles, la puiſſance n'eſt plus égale à la moitié de
l'effort de la réſiſtance, & que la direction du point d'appui paſſe au point
de concours des deux autres directions ; car dans le ſecond cas de l'expérience, où la puiſſance agit obliquement comme *P k*, 4 onces dans
le baſſin de la balance ne ſuffiſent
plus pour faire équilibre, & l'angle

g k c, est égal à celui de l'autre part
P k c.

Quand les deux bouts de la corde
font parallèles comme *a b*, *d e*, on
peut les confidérer comme étant attachés aux deux extrémités du diamétre *b e* ; lorfqu'ils font obliques
comme *P l*, *g m* ; on peut les concevoir comme tenant aux points de
tangence *l*, *m* : mais les deux lignes
e b, *m l*, font deux léviers du fecond
genre partagés l'un & l'autre en deux
bras égaux par la direction *c i* de la réfiftance; le cordon fufpendu en *a*, ou en
g, tranfportant le point fixe en *b* ou en
m; on voit tout d'un coup, que la puiffance appliquée en *e* ou en *l*, agit
toujours à une diftance *e b* ; ou *l m*
du point d'appui, double de celle
de la réfiftance placée en *c* ou en *i*.
Or fuivant ce qui a été enfeigné touchant le lévier, 4 onces à une diftance
double du point d'appui, font capables d'en foutenir 8.

Mais quand la puiffance fe dirige
obliquement, elle ne fuffit plus aux
mêmes effets qu'auparavant ; parce
que la direction perpendiculaire au
bras du lévier, eft, comme nous

l'avons fait voir , la plus avantageuſe
de toutes , & que par conſéquent
toutes les autres le ſont moins. Il eſt
vrai que Pl eſt perpendiculaire au
rayon lc ; mais ce rayon par qui l'on
peut concevoir que la puiſſance agit,
eſt oblique à ci , direction de la réſiſtance , ce qui revient au même.

Enfin le point d'appui dirige ſon
effort par gm , quand la puiſſance
s'incline comme Pl ; parce que dans
l'inſtant de cette inclinaiſon la poulie n'étant point ſoutenue du côté
de la puiſſance , elle roule juſqu'à ce
qu'elle le ſoit également de part &
d'autre , ce qui n'arrive que quand
l'angle gkc eſt égal à celui de l'autre
part Pkc.

APPLICATIONS.

Puiſque quand on a fixé la corde
de la poulie en A , *Fig.* 41. il ne faut
plus en H , qu'une force de 4 onces
pour en ſoutenir une autre de 8 en
D ; & qu'une force de 4 onces eſt
toujours la même , ſoit qu'elle agiſſe
de haut en bas , ſoit que ſon effort ſe faſſe de haut en bas par le
moyen d'une balance ; on peut donc

fubftituer au fleau *H K*, une autre poulie *L* ou *l*, *Fig.* 42. qui fera comme lui l'office d'un lévier du premier genre, & il n'y aura jamais en *M* ou en *m*, qu'un effort de 4 onces à foutenir.

Si, pour réfifter à cet effort de 4 onces, on prolonge la corde de *M* en *N*, *Fig.* 43. & qu'on la faffe paffer fous une troifiéme poulie *N O* ; celle-ci femblable à la premiére deviendra un lévier du fecond genre où la puiffance *O*, une fois plus loin du point d'appui *N*, que la réfiftance qui charge l'axe, n'aura befoin que d'une force abfolue qui foit moitié de la fienne ; il ne faudra donc plus qu'un effort de 2 onces de bas en haut, & s'il eft plus commode de tirer de haut en bas, une quatriéme poulie donnera, comme la deuxiéme, cette direction.

La feconde & la quatriéme poulies qui fervent de renvoi pour changer la direction, peuvent être placées dans une même chappe ; & fi cette chappe eft fixée par en haut, fa partie inférieure pourra elle-même fervir de point fixe au premier bout

de la corde que nous avons fuppofé
être attachée en F.

Cette maniére de placer ainfi dans
une même chappe plufieurs poulies
ou parallélement entr'elles, ou les
unes au-deffus des autres eft connue
depuis long - tems fous le nom de
mouffles, ou *poulies moufflées*. Ces machines font fort en ufage pour élever de grands fardeaux, & elles font
commodes en ce qu'elles occupent
peu de place, & que l'on peut fans
embarras augmenter à fon gré l'action
d'une même puiffance ; mais cela ne
fe fait, comme dans toutes les autres
machines, qu'aux dépens d'une plus
grande vîteffe dans la puiffance : car
fi la poulie qui eft chargée de la réfiftance, *Fig.* 40. s'éléve jufqu'à la ligne *d a*, il eft évident que la puiffance qui produit cet effet, parcourt
deux fois autant de chemin dans le
même tems, puifque les deux parties *a b*, *d e*, de la corde par laquelle
elle agit, doivent fe trouver au-deffus de la ligne *d a*, quand le centre
de la poulie y fera parvenu ; or ces
deux longueurs *a b*, *d e* égalent deux
fois la hauteur *c b*.

L'avantage

L'avantage que les poulies moufflées donnent à la puissance, ne peut
pas être augmenté à l'infini ; quand
une fois les mouffles contiennent une
certaine quantité de poulies, les frottemens inévitables causent ensuite un
déchet dans le produit des forces motrices, qui surpasse ce qu'on pourroit
gagner en augmentant encore le nombre des poulies.

On doit aussi disposer les mouffles
de façon que les directions des cordes se trouvent parallèles le plus qu'il
est possible ; car nous avons fait voir
que les puissances qui agissent obliquement, en ont moins de forces,
toutes choses égales d'ailleurs.

DES ROUES.

Une *roue* est, comme la poulie,
un corps rond, ordinairement plat,
& mobile sur son centre : la circonférence, au lieu d'être creusée en
gorge, reçoit le mouvement qu'on
lui communique, ou transmet celui
qu'elle a reçû, par son frottement, ou
par certaines parties saillantes qu'on
y réserve, ou qu'on y ajoute, & que

Tome III. I

l'on nomme *dents*, *chevilles* ou *vannes*.

Les roues se meuvent de deux façons ; ou elles tournent toujours dans le même lieu , avec un axe qui est attaché à leur centre , & dont les pivots tournent dans des trous qui servent d'appui , comme on voit dans les horloges , tournebroches , moulins , &c. ou bien roulant sur leur circonférence , elles portent leur centre , & l'axe qui le traverse , dans une direction parallèle au plan ou au terrain qu'elles parcourent : telles sont celles que l'on met aux carrosses & aux autres voitures.

Les roues qui n'ont qu'une sorte de mouvement , dont les axes ne font que tourner , doivent être considérées comme des léviers du premier genre , qui servent de même que la poulie , à changer la direction du mouvement , à le transmettre au loin , à égaler des puissances fort différentes l'une de l'autre , à augmenter la vîtesse dans l'une des deux.

1°. Les deux dents *A*, *B*, *Fig.* 44. peuvent être prises pour les extrémités d'un lévier partagé en deux bras égaux par le point fixe ou centre de

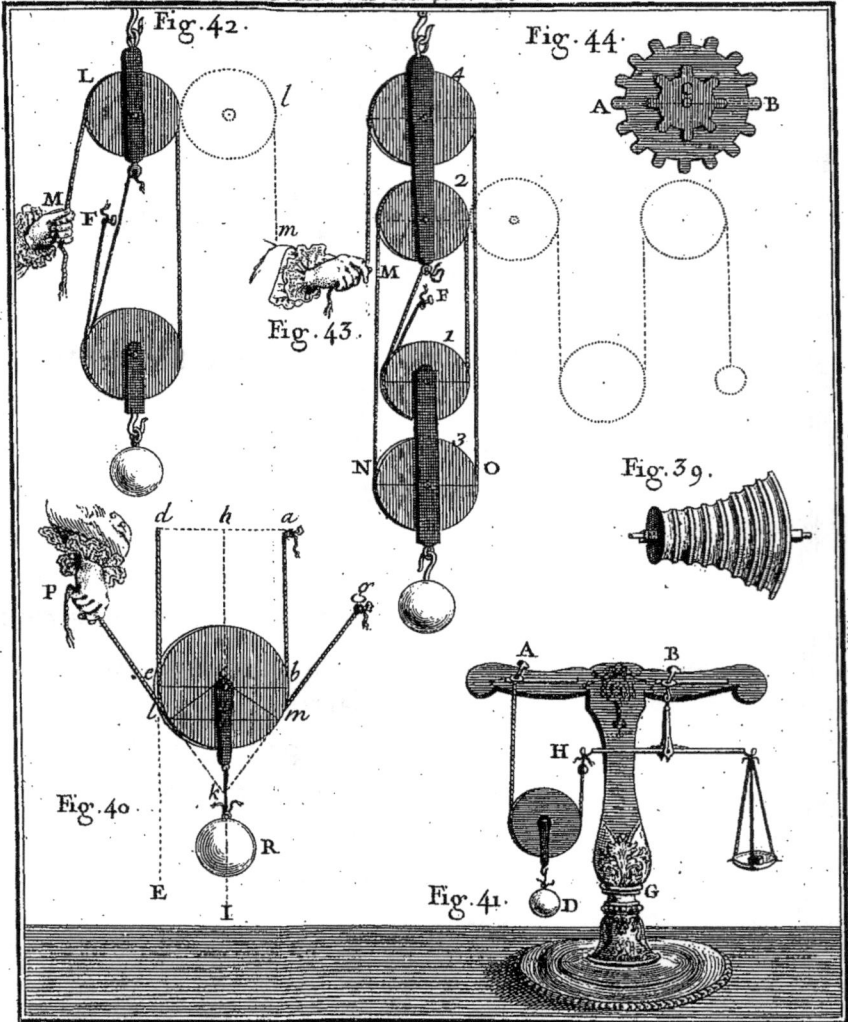

Fig. 42.

Fig. 44.

Fig. 43.

Fig. 40.

Fig. 39.

Fig. 41.

Brunet fecit.

mouvement C; & fi l'on place fur le même axe une autre roue une fois plus petite, celle des deux puiffances qui agit par la dent a, étant une fois plus près du centre que l'autre, devient par cette raifon une fois plus foible. On peut donc par ce moyen égaler la force d'une livre à celle de deux.

2°. On auroit encore le même effet, fi la petite roue, au lieu d'être immédiatement appliquée fur la grande, étoit à l'autre bout de l'axe; de cette maniére le mouvement de la grande roue H, *Fig.* 45. fe peut tranfmettre à une grande diftance par la petite roue ou pignon D, qui tient au même arbre.

3°. Si ce dernier pignon engréne une autre roue E, qui ait des dents paralléles à fon axe, le mouvement qui lui fera tranfmis changera de direction, & deviendra horizontal de vertical qu'il étoit.

4°. Enfin fi la roue E a quatre fois plus de dents que le pignon D, comme celui-ci ne peut fe mouvoir fans la roue verticale H, il faut que l'une & l'autre faffent quatre tours, pour

faire tourner une fois la roue horizontale *E* : & réciproquement si l'on
tourne une fois celle-ci, on fera tourner quatre fois, le pignon, l'arbre &
la roue verticale. Si l'on suppose donc
à chacune des deux grandes roues
une manivelle *F*, ou *G*, menée par un
homme, qui lui fasse faire un tour
dans une seconde ; le mouvement
aura quatre fois plus de vîtesse, lorsqu'il fera tourner la manivelle *F*, que
quand on appliquera la même puissance en *G*.

Quant aux roues qui ont deux sortes de mouvemens, comme celles des
voitures, dont le centre s'avance en
ligne droite, pendant que les autres
parties tournent autour de lui ; on
doit les regarder le plus souvent
comme un lévier du second genre,
qui se répéte autant de fois qu'on
peut imaginer de points à la circonférence. Car chacun de ces points est
l'extrémité d'un rayon appuyé d'une
part sur le terrain , & dont l'autre
bout chargé de l'essieu qui porte la
voiture , est en même tems tiré par
la puissance qui la méne : de sorte que
si le plan étoit parfaitement uni &

de niveau , ſi la circonférence des roues étoit bien ronde & ſans inégalités , s'il n'y avoit aucun frottement de l'axe aux moyeux , & ſi la direction de la puiſſance étoit toujours appliquée parallélement au plan , une petite force méneroit une charrette très-péſante. Car la réſiſtance qui vient de ſon poids , repoſe entiérement ſur le terrain par le rayon *C M*, *Fig.* 46. ou par un ſemblable qui lui ſuccéde l'inſtant d'après.

Mais de toutes les conditions que nous venons de ſuppoſer , & dont le concours ſeroit néceſſaire pour produire un tel effet , à peine s'en rencontre-t-il quelqu'une dans l'uſage ordinaire.

Les roues des charrettes ſont groſſiérement arrondies , & garnies de gros cloux ; les chemins ſont inégaux par eux-mêmes , ou ils le deviennent par le poids de la voiture qui les enfonce ; ces inégalités , ſoit des roues , ſoit du terrain , font appuyer la roue par un rayon *C Q* ou *C N*, oblique à la direction de la puiſſance *P C*, ou à celle de la réſiſtance *C M* ; le poids qui réſide en *C* péſe donc en partie contre la puiſſance , qui ne peut le faire avancer , qu'en le faiſant monter autant que le point *Q* ou *N* eſt au-deſſus de *M*.

D'ailleurs , quand les circonféren-ces rouleroient ſur des ſurfaces parfai-tement unies & droites ; il ſe fait indiſ-penſablement de l'eſſieu aux moyeux , un frottement qui eſt de nature à être toujours conſidérable , comme nous l'avons remarqué dans la troiſiéme

Tome I. leçon *.

pag. 233. Les creux & les hauteurs qui ſe ren-contrent dans les chemins , changent auſſi la direction de la puiſſance. Un cheval placé plus haut ou plus bas par la diſpoſition du terrain , au lieu de faire ſon effort par la ligne *C P* , *Fig.* 46. paralléle à la portion du plan , qui porte actuellement les roues , le fait aſſez ſouvent par *C S* , ou *C R* , c'eſt-à-dire , obliquement à la direc-tion *C M* de la réſiſtance , & par con-ſéquent avec déſavantage.

Mais s'il n'eſt pas poſſible de ſe mettre abſolument au-deſſus de tou-tes ces difficultés , on peut cepen-dant les prévenir en partie , en em-ployant de grandes roues ; car il eſt

certain que les petites roues s'enga-
gent plus que les grandes, dans les
inégalités du terrain, comme on le
peut voir par la *Fig.* 47. & parce que
la circonférence d'une grande roue
mesure en roulant, plus de chemin
que celle d'une petite ; elle tourne
moins vîte, ou elle fait un plus petit
nombre de tours pour parcourir un
espace donné , ce qui épargne une
partie des frottemens.

Nous entendons par grandes roues
celles qui ont cinq ou six pieds de
diamétre ; dans cette grandeur, elles
ont encore l'avantage d'avoir leur centre à peu près à la hauteur du trait
d'un cheval, ce qui met son effort
dans une direction perpendiculaire au
rayon qui pose verticalement sur le
terrain ; c'est-à-dire, dans la direction
la plus favorable, au moins dans les
cas les plus ordinaires.

Du TREUIL, ou TOUR: & du VINDAS ou CABESTAN.

L'inspection seule des *Figures* 48
& 49. suffit pour faire connoître que
ces deux machines, à proprement

I iiij

parler, font la même à qui l'on donne
différens noms, felon les différentes
pofitions dans lefquelles on l'employe.
Quand le rouleau ou cylindre *A B*,
qui reçoit la corde, & qui eft la partie principale, fe trouve placé horizontalement, la machine fe nomme
Tour ou *Treuil* ; elle s'appelle *Vindas*
ou *Cabeftan*, quand ce même rouleau
eft vertical.

Ces deux machines font employées
fréquemment aux puits, aux carriéres, dans les bâtimens, pour élever
les pierres & autres matériaux, fur
les vaiffeaux & dans les ports, pour
lever les ancres, &c. Et quand on y
fait attention, on les retrouve en petit, dans une infinité d'autres endroits où elles ne font différentes
que par la façon, ou par la matiére
dont elles font faites. Les *tambours*,
les *fufées*, les *bobines* fur lefquelles on
enveloppe les cordes ou les chaînes,
pour remonter les poids ou les refforts des horloges, des pendules, des
montres mêmes, &c. doivent être regardés comme autant de petits treuils
& de petits cabeftans.

Ce que nous avons dit des poulies & des roues, comprend ce qu'il y a de plus important à fçavoir touchant le treuil ; car fi l'on conçoit l'arbre tournant comme une fuite de poulies enfilées fur le même axe, fi l'on confidére les léviers en croix, qui fervent à le mettre en mouvement, comme des rayons prolongés, de la premiére de ces poulies ; enfin fi l'on fait attention, que quand l'axe tourne, tout ce qui fait corps avec lui participe à fon mouvement ; on verra tout d'un coup que cette machine fait l'office d'un lévier fans fin, du premier ou du fecond genre, qui a deux bras inégaux à compter du point fixe h, fçavoir, le demi-diametre du cylindre $g h$, *Fig.* 50. par lequel agit la réfiftance, & un autre rayon $h k$ du même cylindre prolongé par un des léviers qui forment la croix, & par lequel la puiffance fait fon effort.

La puiffance P ou p eft donc à la réfiftance G, comme la longueur $P h$, ou $p h$, eft à $g h$, ou $k h$; c'eft-à-dire, que fi chacun des léviers croifés, à compter depuis le centre du cylindre, eft quatre fois plus long que le demi-diamétre $g\,h$, un poids de 400 livres, attaché à la corde $G\,g$, peut être soutenu par un effort équivalent à 100 livres, qui réfisteroit en P.

Mais fi l'on n'avoit qu'un effort de 100 à employer de cette maniére contre 400 ; lorfque le lévier P viendroit à tourner, la puiffance prendroit une direction défavantageufe & ne fuffiroit plus, comme on l'a expliqué en parlant des manivelles ; & d'ailleurs, fi ces léviers croifés étoient fort longs, un homme ne pourroit pas facilement quitter l'un pour reprendre l'autre ; c'eft pourquoi aux carriéres, aux miniéres, & dans les grues où le treuil eft employé en grand, les léviers croifés aboutiffent à une circonférence, & forment une grande roue que l'on garnit de chevilles , comme T, T. $Fig.$ 51. Par ce moyen la force des hommes, toujours appliquée à une même diftance du centre de mouvement agit uniformément, & plufieurs peuvent travailler en même tems par un même rayon fans s'incommoder réciproquement.

Si la corde après avoir enveloppé le rouleau dans toute fa longueur

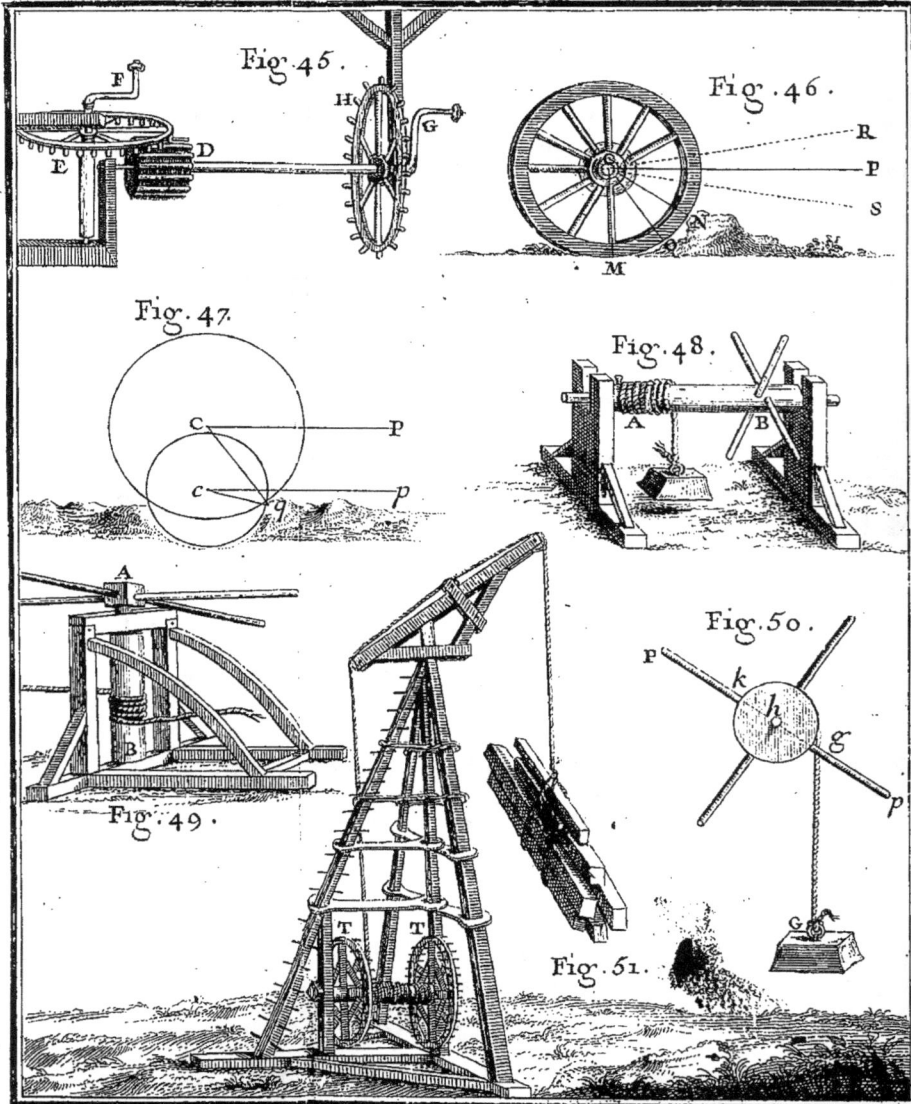

Fig. 45.

Fig. 46.

Fig. 47.

Fig. 48.

Fig. 49.

Fig. 50.

Fig. 51.

R. Brunet. fecit

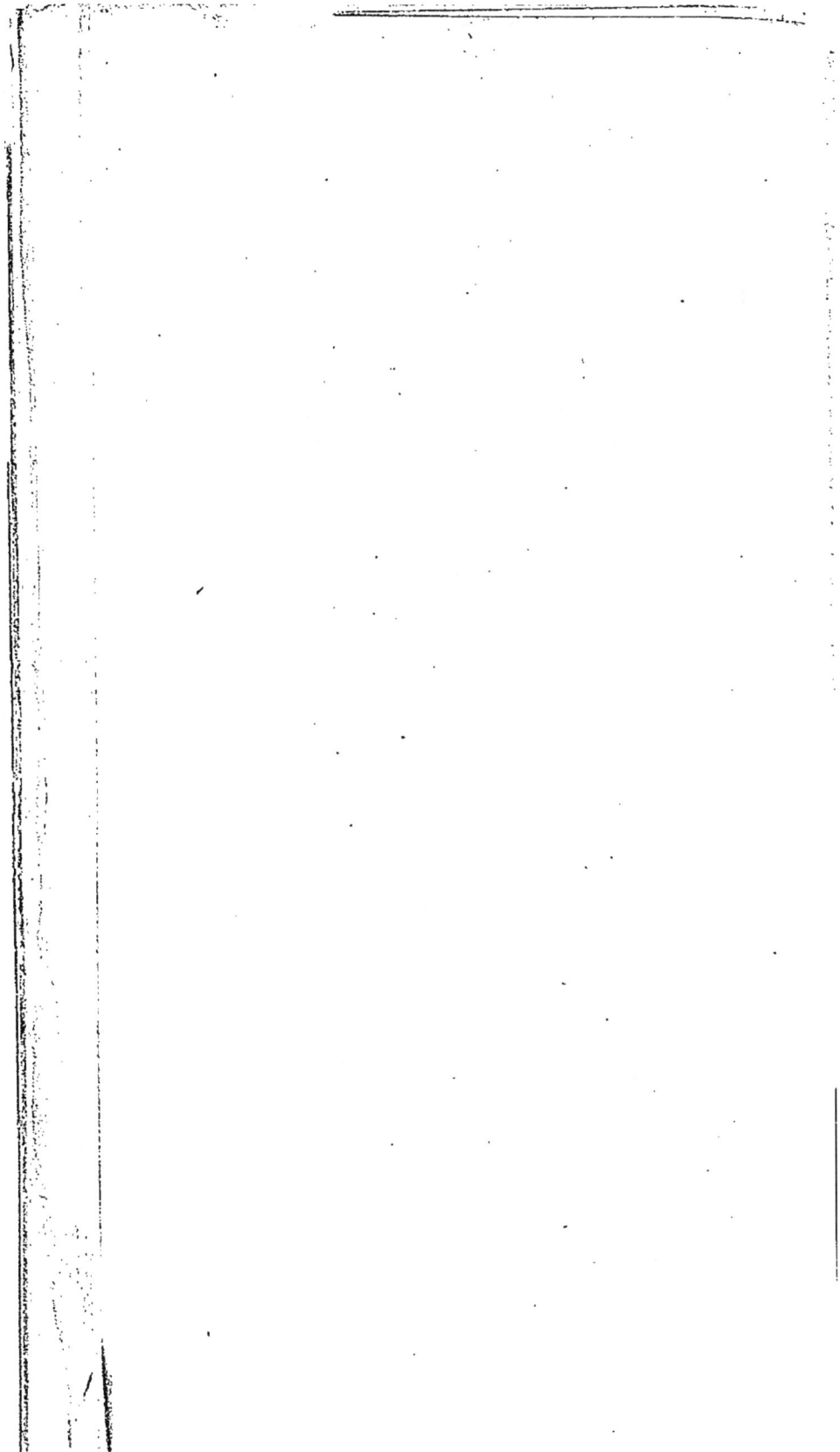

retournoit fur elle-même pour l'envelopper une feconde , ou une troifiéme fois , comme il arrive quand
on fe fert du treuil pour élever des
fardeaux à une grande hauteur ; il
faut avoir égard à l'augmentation du
diamétre du rouleau ; car puifque
fon rayon eft le lévier de la réfiftance , quand le diamétre de la corde
eft ajouté une ou deux fois à la longueur de ce rayon , l'effort du fardeau fe trouve plus loin de l'axe ou
point d'appui , ce qui l'augmente
d'autant.

II. SECTION.

Du Plan incliné.

EN traitant de la péfanteur dans la
fixiéme leçon * , nous avons donné * *Tom. II.*
la définition du plan incliné , & nous $^{pag. 177.}$
avons fait connoître comment & dans $^{& fuiv.}$
quels rapports il retarde la chûte des
corps graves. Nous fuppoferons donc
comme une vérité prouvée , qu'une
maffe qui roule ou qui gliffe de haut
en-bas le long d'un plan incliné , eft

en partie foutenue par ce plan , &
qu'elle l'eft d'autant plus, que l'inclinaifon eft plus grande.

Il fuit de ce principe, qu'une puiffance appliquée à foutenir un corps
fur un plan incliné , n'a pas befoin
d'être égale au poids de ce corps :
& comme un poids n'eft autre chofe
qu'une force dont la direction eft déterminée ; on peut dire plus généralement , qu'une puiffance quelconque , qui eft obligée de fuivre un
plan incliné à fa direction , peut être
égalée ou vaincue par une autre puiffance plus foible.

Mais puifqu'un plan fait obftacle à
la chûte d'un corps , parce qu'il eft
oblique à la direction de la péfanteur , on doit préfumer qu'il affoi-
blira de même toute autre puiffance
dont la direction fera oblique à la fienne ; & en effet l'expérience prouve,
1°. Qu'une petite force en foutient une
plus grande fur un plan incliné ; 2°.
Qu'une petite force employée contre une plus grande , n'agit jamais
avec autant d'avantage , que quand
fa direction eft paralléle au plan incliné , par lequel elle fait fon effort.

PREMIERE EXPERIENCE.

PREPARATION.

La machine qui eſt repréſentée par
la *Fig.* premiére , eſt compoſée d'une
tablette *A C* , longue d'environ 15
pouces & large de trois ou quatre ;
elle eſt jointe par une charniére en *C*
à une autre tablette au bout de laquelle eſt fixé un quart-de-cercle qui
ſert à régler & à fixer ſon inclinaiſon :
D eſt un cylindre de bois dur qui péſe 5 ou 6 onces , & qui tourne très-
librement ſur ſon axe , dans une eſpéce de chappe de métal , ſoutenue par
deux cordons qui paſſent ſur deux
poulies de renvoi *e* , *e* , & au bout deſ-
quels ſont attachés deux poids *d* , *d* ,
de deux onces chacun. Les deux petites poulies ſont portées par une piéce
de métal , que l'on peut placer à différens endroits ſur le quart-de-cercle.

On incline le plan *A C* un peu plus
que de 45 degrés ; on place le cylindre ou rouleau *D* en ſa partie inférieure , & l'on met les poulies de
renvoi de façon que les cordons
qui tirent le rouleau ſoient paralléles

au plan incliné , & on laiffe agir les deux poids *d* , *d*.

Enfuite on répéte la même chofe, excepté feulement , qu'on place les poulies de renvoi en *E* ou en *F*, afin que leurs directions fe trouvent au-deffus ou au-deffous du plan incliné, & faifant un angle avec lui, comme *A D F*, ou *A D E*.

EFFETS.

Les cordons étant dans une direction paralléle au plan incliné, les deux poids qui péfent enfemble 4 onces , commencent à enlever le rouleau qui en péfe environ 6. Mais lorfqu'on a placé les poulies en *F* & en *E* , ces mêmes poids ne fuffifent plus pour faire monter, ni même pour arrêter le rouleau. Le même effet arrive, fi, au lieu de changer les poulies de place, on incline plus ou moins le plan *A C*.

EXPLICATIONS.

Le rouleau de notre expérience eft un corps grave qui eft naturellement déterminé à fe mouvoir de haut-en-bas, & perpendiculairement

au plan de l'horizon : deux caufes
concourent à l'arrêter ; la première
eft la réfiftance du plan incliné fur
lequel il pofe ; la feconde , eft l'effort des deux poids *d , d*. Si cette derniére caufe agiffoit feule , il faudroit
que la fomme des deux poids fût
égale à la maffe du rouleau ; on a vû
par le réfultat de l'expérience , que
4 onces en foutiennent 5 ou 6 , par
le moyen du plan incliné ; il eft donc
indubitable qu'en pareil cas une petite force en peut foutenir une plus
grande.

Pour rendre raifon de cet effet ,
fuppofons que la ligne *a c , Fig.* 2.
foit le plan incliné , que le cercle *d f g*
eft la bafe du cylindre ou rouleau ,
que tout le poids de ce corps réfide
au centre *k* , & qu'il eft en équilibre
avec une puiffance dont la direction
eft *k p* , pendant que fon poids le follicite à tomber par la ligne *k h* , perpendiculaire à l'horizon *b c*. Voilà
donc deux forces appliquées à l'extrémité *k* , d'un même rayon ou lévier , dont l'autre bout *d* eft appuyé
fur le plan ; mais l'une des deux fait
avec ce lévier un angle droit *p k d* ,

elle agit dans la direction la plus avantageuse qu'elle puisse avoir ; l'autre au contraire agit par une ligne inclinée à ce même lévier , & fait avec lui un angle aigu *d k h* , ce qui le réduit à la longueur *d e* , selon ce que nous avons enseigné dans la section précédente ; ainsi comme *d e*, est plus court que *d k* , on peut dire que le poids du rouleau le céde d'autant à la puissance *p :* & pour ramener ceci à une régle générale , on doit faire attention que le triangle *d k e* est semblable à celui qui représente le plan incliné *a b c* , & que les deux lignes *d e* , *d k* , par conséquent , ont le même rapport entr'elles que *a b* & *a c ;* d'où il suit cette proposition , que *le poids du mobile est à la puissance qui le soutient , comme la hauteur du plan incliné est à sa longueur :* c'est-à-dire , que si la ligne *a b* , hauteur du plan , est à la ligne *a c* , qui exprime sa longueur, dans le rapport de 2 à 3 , avec un effort de 2 onces on peut soutenir un poids de 3 onces , placé sur un plan incliné.

Mais comme la puissance n'a cet avantage sur la résistance qu'en conséquence féquence d'une direction plus favorable à fon effort, elle doit en avoir moins lorfqu'elle ceffe d'agir parallélement au plan ; car dans toute autre pofition, elle eft inclinée au rayon *d k*. Le plan incliné n'eft favorable à la puiffance, que parce qu'il foutient en partie le poids du mobile. Quand cette puiffance agit au-deffus du plan comme *k i*, elle ne laiffe pas porter au plan tout ce qu'il pourroit porter ; & fi elle s'en éloigne jufqu'à tirer directement le poids fuivant la ligne *k l*, il eft évident qu'alors le plan n'eft plus chargé de rien, & que l'effort de la puiffance doit être égal au poids du mobile pour le foutenir. Lorfqu'elle agit au-deffous du plan comme *k m*, une partie de fa force eft employée en pure perte contre le plan ; & l'on conçoit bien que fi elle s'abbaiffoit jufques à prendre la direction *k n*, la réfiftance du plan devenant directe, l'empêcheroit d'avoir aucune action contre le poids du mobile.

APPLICATIONS.

L'expérience que nous venons d'ex-

Tome III.   K

pliquer fait voir, non feulement qu'on peut tirer avantage des plans inclinés pour vaincre des réfiftances, ou pour foutenir de grands poids avec des for-ces moins grandes qu'il n'en faudroit employer pour les arrêter, ou pour les élever dans une direction vertica-le; elle fait connoître auffi, qu'un mo-bile dont le centre de péfanteur n'eft point foutenu, doit toujours tomber quoiqu'il pofe d'ailleurs. Car il ne fuf-fit pas que le rouleau porte au point *Fig. 2.* *d* fur le plan; * fans l'effort de la puif-fance *p*, il rouleroit de haut en-bas, parce que le centre de fa péfanteur qui agit dans la direction *k h* n'eft point foutenu.

C'eft ainfi qu'on peut rendre rai-fon d'une infinité d'effets dont on eft furpris & qu'on a peine à expliquer, quand on ignore, ou qu'on ne fait point attention à ce principe. La *Fig.* 3. par exemple, repréfente un folide *A* compofé de deux cônes qui font joints par leurs bafes; on pofe ce corps fur deux régles *B C, D C*, qui font enfemble un angle aigu, & qui font plus élevées par l'autre bout *B, D*, de forte qu'il eft comme fur un plan incliné ; lorsqu'on le laisse libre, il monte en roulant, & suit en apparence, une route toute contraire à celle que tous les corps graves ont coutume de prendre.

Cet effet vient de ce que le centre de gravité du corps A n'est point soutenu ; car lorsqu'il est placé en C, il y resteroit en repos, s'il portoit sur un rayon $a e$, perpendiculaire au plan horizontal ef ; *Fig.* 4. mais comme les deux régles font un angle, elles touchent ce double cône par des points qui font plus reculés comme g : ainsi le centre de gravité qui est en a porte à faux, & le corps entier commence à rouler de C vers B. A mesure qu'il s'avance dans cette direction, les deux régles étant de plus en plus écartées, le mobile descend d'une quantité égale au demi-diamétre $a e$, plus grande que la hauteur $f B$ à laquelle il semble s'être élevé ; & le point a, par rapport à l'horizon, descend réellement de la quantité $h B$.

Si les corps tombent toutes les fois que le centre de gravité n'est point soutenu, il est vrai de dire aussi qu'ils ne tombent jamais, tant que ce mê-

K ij

me centre est appuyé ; c'est pour cela
qu'on voit tant d'édifices, qui ont
perdu leur à-plomb & qui ne laissent
pas que de se soutenir, & certains ouvrages bâtis en saillie, qui ne manquent
point pour cela de la solidité qu'il leur
convient d'avoir.

On seroit peut-être tenté de croire
que c'est pour le bon air qu'un dan-
seur de corde gesticule presque toujours des bras ; mais la vraie raison,
c'est que comme il marche sur une espéce de plan très-mobile, qui s'incline continuellement, & de différentes maniéres sous ses pas : lorsqu'il
s'apperçoit que le centre de sa pésanteur n'est pas soutenu, il le rappelle
dans la ligne de direction, en allongeant le bras du côté opposé, comme un lévier dont le poids est d'autant plus puissant que ses parties sont
plus loin du centre de leur mouvement : & lorsqu'il n'est point encore assez habile dans son art, il employe pour cet effet un contrepoids,
qu'il avance à droite ou à gauche selon le besoin.

Les enfans qui commencent à mar-
cher, & qui n'ont point encore ac-

quis l'habitude de diriger leurs corps
relativement aux différens plans fur
lesquels ils paffent, évitent, par les
mouvemens de leurs bras, une partie
des chûtes aufquelles les expofe prefque continuellement une démarche
qui n'eft pas encore bien affûrée.

Pourquoi les perfonnes qui ont un
gros ventre fe penchent-elles en arriére ? c'eft que fans cette attitude,
le centre de péfanteur trop peu foutenu, les mettroit en danger de tomber fur la face. Un crocheteur au contraire, qui porte un gros fardeau fur
le dos, fe courbe en avant, parce que
fa charge & lui ont un centre de gravité commun, qui le plus fouvent,
fe trouve placé hors du porteur, &
qui ne feroit point foutenu s'il mar-
choit droit. Il faut donc de néceffité
qu'il fe penche jufqu'à ce que ce centre fe trouve dans une ligne verticale qui paffe entre fes deux pieds.

Quand on veut fe tenir debout
fur une jambe, on eft obligé de faire
un mouvement de côté, pour mettre le corps perpendiculairement fur
celui des deux pieds qui doit le foutenir ; fi l'on veut fe baiffer en por-

tant la tête en avant , il faut néceffairement porter en arriére la partie
oppofée , pour entretenir l'équilibre
entre l'une & l'autre ; voilà pourquoi
l'on ne peut ni fe tenir fur un feul
pied , ni rien ramaffer devant foi en
fe baiffant , lorfque l'on a immédiatement à côté , & derriére foi , un
mur ou un arbre qui empêche les
mouvemens qu'il faut faire , pour placer ou pour maintenir le centre de
gravité dans la ligne de direction qui
paffe au point d'appui.

DES MACHINES

Qui font compofées de plans inclinés.

Parmi les machines qui agiffent
comme plans inclinés , les plus fimples , & celles dont l'ufage eft le plus
commun , font les *Coins* & les *Vis* : je
me bornerai à ces deux efpéces ; &
en examinant leurs principales propriétés , j'en indiquerai quelques autres qui peuvent s'y rapporter.

DU COIN.

On donne communément le nom

de Coin à un corps dur composé de trois plans qui terminent deux triangles comme *D A C*, *Fig.* 5. les deux plus longs de ces plans forment un angle à la ligne *A a*, qu'on appelle *la Pointe* ou *le Tranchant* : le plus petit *D c* qui détermine leur écartement se nomme *la Base*, ou *la Tête*, & la hauteur se mesure par la ligne *A B* qu'on regarde aussi comme l'*axe* du coin.

On se sert ordinairement de cette machine pour fendre, soulever, ou presser quelque matiére ; & pour la faire agir, on employe la pression d'un ressort ou d'un poids, & plus communément encore le choc d'un corps dur qu'on fait mouvoir avec une certaine vîtesse, comme un marteau, un maillet, &c.

Le plus souvent la résistance que l'on a à vaincre avec le coin, vient de la ténacité des parties qu'il faut désunir & écarter ; cette adhérence qui varie à l'infini, selon la nature des corps, leur grandeur, leur figure, & quantité d'autres circonstances, ne peut s'estimer que très-difficilement ; d'un autre côté, la percussion que l'on employe pour faire agir le coin, est une force qu'il est bien difficile de comparer sans erreur à celle d'une simple pression, parce que le produit de son effort ne dépend pas seulement de la quantité du mouvement dans le corps qui frappe, mais encore de la nature de celui qui est frappé, de la maniére dont il reçoit le coup, & de plusieurs autres causes qui influent souvent plus ou moins qu'on ne l'a pensé. J'écarterai donc toutes ces considérations comme étrangéres à mon objet présent ; & pour me renfermer précisément dans les propriétés du coin, je supposerai des puissances dont on connoît la force absolue, comme des poids ou des ressorts d'une force déterminée, afin de n'avoir plus à considérer que les rapports que prennent entr'elles la puissance & la résistance, par la seule interposition du coin.

En considérant les différentes maniéres dont le coin peut agir, j'en conçois principalement deux, ausquelles il me semble qu'on peut rapporter toutes les autres avec des modifications. Premiérement, j'imagine
deux

deux corps *A*, *B*, *Fig.* 6. appuyés sur
un plan bien folide fur lequel ils ne
puiffent que glisser ou rouler dans les
directions *C D*, *C D* ; je fuppofe auffi
qu'une force déterminée , comme de
10 livres , par exemple, appliquée en
E s'oppofe à ce mouvement : fi je fais
defcendre , entre les deux corps , le
coin *F G H* de toute fa hauteur ; il eft
certain qu'à la fin de cette action les
deux mobiles *A*, *B*, feront écartés l'un
de l'autre de toute la largeur de la
bafe *F H*. On conçoit bien auffi qu'ils
le feroient plus ou moins , fi j'em-
ployois un autre coin dont l'angle fût
plus ou moins ouvert , comme *i m G* ,
ou *l n G* ; mais pour tranfporter ainfi
deux maffes qui réfiftent , il faut de la
force, & l'on eft obligé d'en employer
davantage quand on les tranfporte à
une diftance plus grande dans un tems
déterminé.

Secondement , je me repréfente un
coin qui fait effort pour écarter davantage les deux parties d'une buche entre-ouverte, *Fig.* 7. tandis qu'elles réfiftent à cet écartement, par la liaifon des
fibres qui font encore unies au-deffous
de l'angle *p*. Je conçois les deux lignes

Tome III.   L

ſp, p q, & de l'autre part, t p , t r, comme deux léviers angulaires, dont les bras p r, p q, ſont liés enſemble par des fils également diſtans l'un de l'autre; le coin agiſſant en t & en ſ, fait donc ſon effort par les deux bras t p , ſp, contre le premier lien qui eſt à l'angle p, tandis que les deux autres bras s'appuyent mutuellement l'un contre l'autre au-deſſous. Si ce lien eſt inflexible, & qu'il ne puiſſe céder ſans ſe rompre, l'effort du coin produira cet effet s'il excéde un peu la force de ce fil ; & s'il eſt une fois rompu, celui qui le ſuit immédiatement, quoiqu'auſſi fort, ſe rompra plus facilement par la même action du coin, parce qu'alors le lévier de la puiſſance eſt augmenté en longueur, comme on le peut voir par les deux lignes ponctuées qui répondent au ſecond lien; & par la même raiſon, cet avantage que reçoit la puiſſance doit aller toujours en augmentant. N'eſt-ce pas pour cela que les bois durs & ſecs, les pierres, le verre, & en général toutes les matiéres dont les parties ſont fort roides, ſe caſſent par éclat, & ſe fendent fort aiſément dès qu'on a commencé à les entamer ? Il n'en feroit pas tout-à-fait de même si ces liens que je suppose, étoient flexibles, parce que les premiers venant à céder un peu, laisseroient porter aux autres une partie de l'effort du coin, & la même force ne suffiroit pas pour les rompre tout-à-fait.

Que le coin agisse de l'une ou de l'autre façon, il paroît : 1°. Qu'on peut s'en servir avantageusement pour vaincre de grandes résistances : 2°. Que son action devient d'autant plus puissante, qu'il est plus aigu. L'expérience, en confirmant ces deux propositions, nous donnera lieu de déterminer le rapport des puissances qui agissent l'une contre l'autre par le moyen de cette machine.

II. EXPERIENCE.

PREPARATION.

Les deux plans *A C*, *B C*, *Fig. 8.* forment les deux faces d'un coin, qui peut devenir plus ou moins aigu, par le moyen d'une charniére qui est au point *C*, & de deux écroux *E*, *F*, qui arrêtent les deux autres extrémités

L ij

à la régle *G H* ; pour cet effet cette
derniére piéce doit être percée d'une
raînure à jour dans laquelle on fait
glisser deux tourillons à vis que l'on a
ajoutés aux bouts des deux plans.
D I , est un chassis placé horizontalement sur deux montans qui aboutis-
sent à une tablette qui leur sert de
pied. Deux rouleaux *m*, *n* , tournent
dans des petites chappes qui glissent
avec beaucoup de facilité , sur deux
fils de métal tendus d'un bout à l'autre du chassis. On voit , par cette dis-
position , que les rouleaux ne peuvent être écartés l'un de l'autre que
par une force capable d'élever le poids
p , & que le coin *ABC* , agissant contre eux par son propre poids , ou par
celui qu'on lui ajoute , il est facile de
comparer l'effort de la puissance avec
celui de la résistance.

Le poids *p* étant de deux livres ,
on rend le coin tellement aigu , que
son propre poids suffise pour écarter
les rouleaux ; ensuite on l'ouvre de
maniére que sa base *A B* , soit égale
à la moitié de la hauteur *K C*.

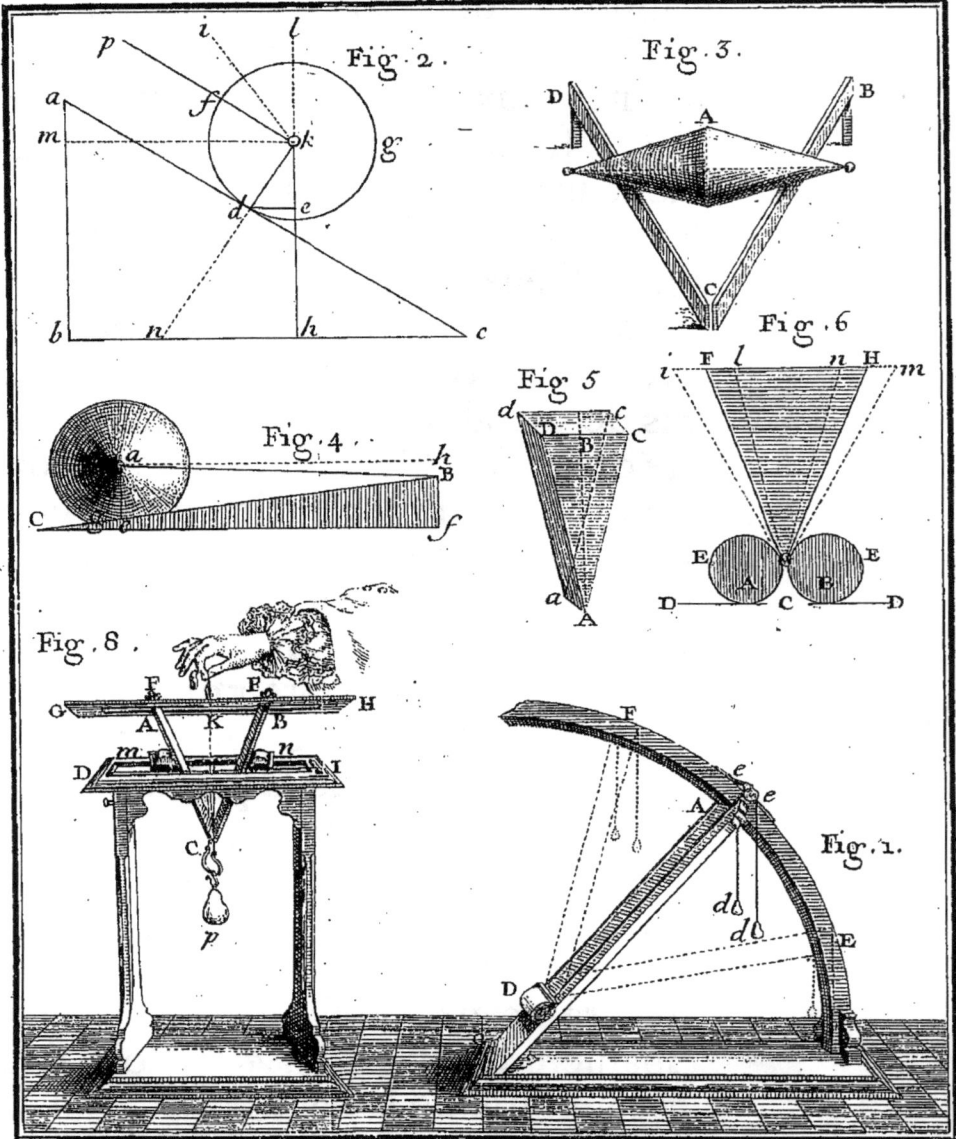

Fig. 2.

Fig. 3.

Fig. 4.

Fig. 5.

Fig. 6.

Fig. 8.

Fig. 1.

R. Brunet fecit

EFFETS.

1°. Lorsque le coin est assez aigu, quoiqu'il ne pése qu'environ 12 onces, son effort devient suffisant pour écarter les rouleaux.

2°. Lorsque sa hauteur égale deux fois la largeur de sa base ; il écarte encore les rouleaux, si l'on ajoute un peu plus de 4 onces à son poids, c'est-à-dire, qu'avec un effort d'une livre il fait équilibre à une force qui est double.

EXPLICATIONS.

Si le poids p, de notre expérience, étoit partagé en deux autres d'une livre chacun, comme p, r, Fig. 9. & que les deux rouleaux m, n, ne pûssent s'é- carter l'un de l'autre sans faire monter d'autant ces deux poids, il est cer- tain que sans l'interméde de la machi- ne, il faudroit une masse égale à deux livres pour leur faire équilibre, & un peu plus pour les faire monter : or nous voyons que par le moyen d'un coin, 12 onces les enlévent ; nous voyons aussi qu'il en faut un peu plus de 16 pour faire le même effet quand

L iij

le coin devient moins aigu : nos deux propositions font donc prouvées ; il s'agit maintenant d'expliquer le fait.

La force d'un corps qui fe meut, ou qui tend à fe mouvoir, vient de fa maffe & du degré de vîteffe qu'il a ou qu'il auroit fi le mouvement avoit lieu. Or le coin abc ne peut defcendre de toute fa hauteur, que les rouleaux ne parcourent en même-tems les deux efpaces cl, oi, & que par conféquent les deux poids p, r, ne faffent autant de chemin en montant ; mais ces deux efpaces qui égalent enfemble la bafe ab, ne font que la moitié de la hauteur du coin, de forte qu'un poids placé en k fait dans le même-tems deux fois autant de chemin en defcendant, que les poids p, r, en font en montant ; ainfi dans le cas de l'équilibre, le poids k doit être à la fomme des deux autres en raifon réciproque des vîteffes, c'eft-à-dire, une livre contre deux, lorfque la ligne kc eft double de la ligne ab : d'où il fuit cette propofition générale, *la puiffance eft à la réfiftance, dans le cas d'équilibre, comme la bafe du coin eft à fa hauteur ;* ce qui n'a lieu cependant à la

rigueur, que quand les forces oppofées peuvent être comparées à des
poids, comme dans l'expérience précédente.

APPLICATIONS.

Les ufages du coin ne font pas bor-
nés à fendre du bois ou des pierres, &
fa forme n'eft pas toujours celle d'un
morceau de fer groffiérement aiguifé
qu'on chaffe à coups de marteaux : on
peut dire en général que tous les outils tranchans, de quelque nature
qu'ils foient, la coignée & la ferpe
du Bucheron, le cifeau & la gouge
du Sculpteur & du Menuifier, la
lancette & le fcapel du Chirurgien,
le couteau & le rafoir qui font entre
les mains de tout le monde, font autant de coins dont l'angle, la grandeur, la figure, la dureté font pro-
portionnés à la qualité des matiéres
fur lefquelles ils doivent agir, & à
l'action du moteur qui doit régler leur
effort. Cette obfervation fe préfente
d'elle-même, lorfqu'on fait attention
que tous ces inftrumens ont effentiel-
lement deux furfaces plus ou moins
inclinées l'une à l'autre, & qui for-

L iiij

ment toujours , à l'endroit de leur jonction , un angle plus ou moins aigu.

Comme c'eft l'angle qui eft la partie effentielle du coin , il n'eft pas néceffaire qu'il foit formé par le concours de deux feuls plans ; les cloux qui ont quatre faces qui aboutiffent à une même pointe , les poinçons ronds , les épingles , les aiguilles , &c. dont la fuperficie peut être regardée comme un affemblage de lignes qui fe réuniffent à un angle commun , font auffi l'office de coins , & doivent être confidérés comme tels.

Il faut remarquer que parmi les différentes fortes de tranchans , il y en a beaucoup que l'on fait agir en les traînant , felon leur longueur , en même-tems qu'on les appuye directement contre le corps qu'on veut entamer ; tels font les couteaux , les biftouris , &c. Ces fortes d'inftrumens agiffent en même-tems comme des coins & comme des fcies ; car il faut fçavoir que le tranchant le plus fin eft compofé de parties qui ne font pas toutes exactement dans la même ligne : les unes plus hautes que les au-

tres forment autant de petites dents
qu'on peut appercevoir avec le microscope, & qui ne tiennent pas contre un long usage ; c'est pourquoi l'on
a soin de les réparer comme on les
avoit fait naître, en frottant les faces
de la lame sur une pierre à aiguiser ;
(ce que l'on nomme donner le fil :)
tout instrument qui coupe de cette
manière n'a pas besoin qu'on l'appuye
aussi fort qu'un autre ; c'est pourquoi
dans les opérations de Chirurgie on
préfére, autant que l'on peut, l'usage du bistouri à celui des ciseaux qui
ne coupent qu'en serrant, pour éviter la contusion des parties, & pour
épargner de la douleur au malade.

Mais quoiqu'un tranchant soit fait
pour couper en traînant comme les
couteaux ordinaires, il ne faut point
oublier qu'il peut aussi entamer & divi-
ser un corps contre lequel il ne seroit
que pressé directement. C'est une témérité que de frapper, comme on fait
quelquefois, avec la paume de la main
sur le tranchant d'un rasoir ; la peau
véritablement résiste un peu plus
quand l'instrument n'agit sur elle que
comme un coin, sur-tout s'il atta-

que à la fois une grande étendue;
mais il est toujours dangereux d'es-
sayer jusqu'où peut aller cette résistance.

DES VIS.

La *Vis* est un cylindre ou un cône
fort allongé sur lequel on a creusé une
gorge qui tourne en spirale; la cloi-
son qui est réservée entre les tours de
cette gorge, s'appelle le *Filet* de la
vis; & la distance qu'il y a d'un filet
à l'autre se nomme le *Pas*: on pratique aussi ce filet & cette gorge dans
une cavité cylindrique pour en faire
une vis intérieure; & quand ces deux
sortes de vis sont tellement propor-
tionnées que le filet de l'une peut se
mouvoir dans la gorge de l'autre, &
réciproquement, celle qui est creuse
prend le nom d'*Ecrou*.

En jettant seulement les yeux sur
les *Figures* 10 & 11. on reconnoît facilement que le filet d'une vis; à ne
considérer que l'endroit qui reçoit
l'effort de la résistance, n'est autre
chose qu'un plan incliné à la base du
cylindre qu'il enveloppe; & que ce
plan est d'autant plus incliné que les

pas font moins grands ; ainfi lorfqu'u-
ne vis tourne dans fon écrou , ce font
deux plans inclinés dont l'un gliffe
fur l'autre. La hauteur eft déterminée
pour chaque tour par la diftance d'un
filet à l'autre , & la longueur eft donnée par cette hauteur , & par la circonférence de la vis ; car fi l'on développe un de ces filets *a b* , avec fon
pas *b c* , on aura le triangle *a b c* , *Fig.*
10.

Quand on veut faire ufage de cette
machine , on attache ou l'on applique l'une des deux piéces (la vis ou
l'écrou) à la réfiftance qu'il faut
vaincre , & l'autre lui fert comme de
point d'appui ; alors en tournant , on
fait mouvoir l'écrou fur la vis , ou la
vis dans l'écrou , felon fa longueur , &
ce qui réfifte à ce mouvement avance ou recule d'autant. Aux étaux des
Serruriers , par exemple , une des
deux mâchoires eft pouffée par l'action
d'une vis contre l'autre , à laquelle eft fixé un écrou: il faut, comme
on voit , que la puiffance faffe un
tour entier pour faire avancer la réfiftance d'un pas , c'eft-à-dire , d'un
filet à l'autre : ainfi en la fuppofant

appliquée immédiatement à la circonférence de la vis, l'efpace qu'elle
parcourt, ou fon degré de vîteffe, eft
ac, & celui de la réfiftance eft bc;
mais comme on fait ordinairement
tourner les vis, & fur-tout celles qui
font groffes, avec des léviers ou avec
quelque chofe d'équivalent, la force
motrice fait beaucoup plus de chemin que fi elle menoit immédiatement la vis ; ce n'eft plus ac qui exprime fa vîteffe, c'eft la circonférence d'un cercle dont le lévier DE eft
le demi-diamétre. On peut donc établir en général que dans l'ufage des
vis, fi l'on n'a point égard aux frottemens, *la puiffance eft à la réfiftance dans le cas d'équilibre, comme la
hauteur du pas* bc, *eft à la circonférence que décrit l'extrémité* E *du
lévier par lequel on agit*, c'eft-à-
dire, *en raifon réciproque des vîteffes*.

Selon la matiére dont on fait les
vis, & les efforts qu'elles ont à foutenir, on donne différentes formes
aux filets ; le plus fouvent ils font angulaires, comme dans la *Fig.* 10. ou
quarrés comme dans la *Figure* 11.

Ceux-ci fe pratiquent ordinairement aux groffes vis de métal qui fervent aux preffes & aux étaux , parce qu'elles en ont moins de frottemens. On fait aux vis de bois des filets angulaires pour leur conferver de la force ; car par cette figure , ils ont une bafe plus large fur le cylindre qui les porte : on donne auffi la même forme aux filets des vis en bois , je veux dire , ces petites vis de fer qui finiffent en pointe , & qui doivent creufer elles-mêmes leur écrou dans le bois ; on doit les confidérer , de même que les *mèches* des vrilles & des terriéres , comme des coins tournans , dont l'angle ouvre le bois d'autant mieux qu'il eft plus aigu.

Parmi un grand nombre de machines dont la partie principale eft une vis , il en eft deux qui tiennent un rang diftingué ; l'une eft cette fameufe vis qui porte depuis près de deux mille ans le nom d'Archimédes fon Auteur , & qui peut , dans bien des occafions , s'appliquer fort utilement à élever les eaux ; l'autre eft *la vis fans fin* , ainfi nommée , parce que fon action eft continue du même

fens, au contraire des vis ordinaires,
qui fe meuvent dans un écrou, & qui
ceffent de tourner quand elles ont
avancé de toute leur longueur.

La vis d'Archimédes eft compofée
d'un cylindre incliné à l'horizon, qui
tourne fur deux pivots *A*, *B*, *Fig.* 12,
& d'un canal ou tuyau qui l'enveloppe en forme de fpirale. Un corps
grave placé à l'embouchure *C* du
canal, tombe par fon propre poids
en *d*: lorfqu'on fait tourner la vis, le
point *d* du tuyau paffe au point *e*, &
le mobile que fon poids retient toujours à l'endroit le plus bas, fe trouve dans le canal au point *f* qui a fait
un demi-tour, & qui eft venu en *g*.
En continuant ainfi, on lui fait parcourir toute la longueur de la vis de
bas-en-haut; de forte que par le moyen
de cette ingénieufe machine, un corps
monte en vertu de la même force qui
le fait defcendre. Si la partie inférieure de cette vis eft plongée dans l'eau,
on conçoit facilement que ce canal
doit s'emplir à mefure qu'il tourne,
& procurer un écoulement par la
partie d'en-haut.

Comme cette machine fe meut fur

deux pivots, une force peu confidérable peut la faire tourner, pourvû
qu'elle soit bien en équilibre avec
elle-même ; mais on ne peut guéres
s'en servir que pour élever l'eau à une
hauteur médiocre, comme lorfqu'il s'a-
git de deffécher un terrain ; parce que
cette vis étant néceffairement inclinée, ne peut porter l'eau à une grande élévation, fans devenir elle-même
fort longue, & par là très-péfante ,
& fans courir les rifques de fe courber & de perdre fon équilibre.

Ce que l'on nomme ordinairement
Vis fans fin eft une machine compofée d'une vis dont le cylindre ou
noyau tourne toujours du même fens
fur des pivots qui terminent fes deux
extrémités ; les filets de cette vis ,
qui font le plus fouvent quarrés , ménent en tournant une roue verticale
dont ils engrennent les dents. Cette
roue porte à fon centre un rouleau avec une corde à laquelle on attache le fardeau qu'on veut élever,
de la même maniére qu'au treuil.
Voyez la Fig. 13.

Par le moyen de cette machine, on
peut vaincre avec très-peu de force

une très-grande réfiſtance : mais cet avantage coute bien du tems ; car il faut que la vis faſſe un tour entier pour faire paſſer une dent de la roue, & il faut que toutes les dents paſſent pour faire tourner une fois le rouleau ; de ſorte que ſi le nombre des dents eſt 100, & que le diamétre du rouleau ſoit de 4 pouces, pour élever la réfiſtance P à la hauteur d'un pied, il faut que la puiſſance F faſſe tourner 100 fois la manivelle : mais il y a bien des occaſions où cette lenteur eſt le principal objet qu'on ſe propoſe, comme lorſqu'il s'agit de modérer le mouvement d'un rouage, ou bien de faire avancer ou reculer un corps d'une très-petite quantité qu'il importe de connoître.

Dans cette ſection, comme dans la précédente, j'ai toujours fait abſtraction des frottemens, pour n'avoir égard qu'aux effets qui naiſſent de chaque machine confidérée en elle-même ; il eſt bon d'avertir cependant que dans l'uſage des vis & du coin, il arrive ſouvent que l'effet principal vient des frottemens, & que ſi dans la pratique on négligeoit d'avoir égard

à

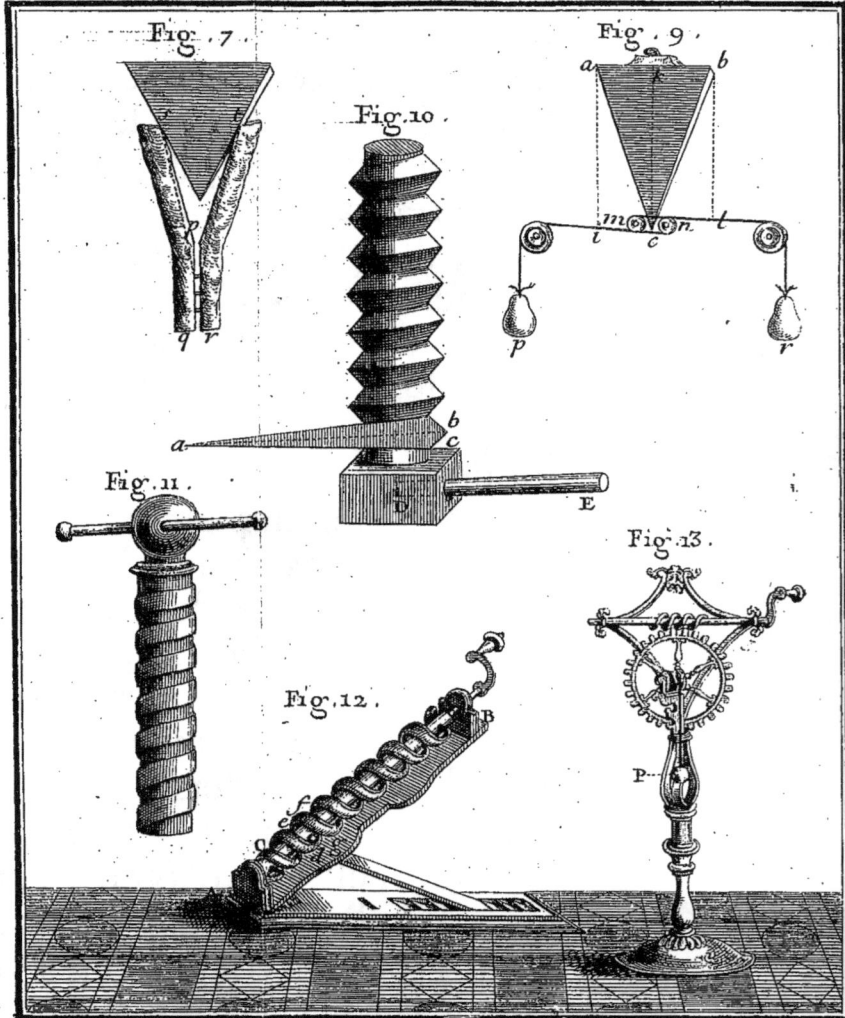

Fig . 7 .

Fig . 9 .

Fig . 10 .

Fig . 11 .

Fig . 13 .

Fig . 12 .

R. Brullet . Fecit .

à cette espéce de résistance, il y auroit bien peu de cas où les forces opposées pûssent se comparer avec quelque justesse : deux exemples justifieront cette remarque. Lorsqu'avec un effort équivalent à cent livres on a chassé un coin entre les deux parties d'une buche entre-ouverte , la réaction ou le ressort du bois qui s'oppose à l'effort de la puissance , subsiste toujours quoiqu'on cesse d'agir contre ; pourquoi donc le coin ne revient-il point de lui-même quand il n'est point fort obtus ? c'est qu'il oppose alors à la pression du bois qui le sollicite à reculer , le frottement de sa surface qui égale ou qui surpasse même la force qui la fait entrer. Quand on a serré les deux mâchoires d'un étau avec la vis , au moment que l'on cesse de la faire tourner , la résistance est en équilibre avec la puissance : sans le frottement de la vis dans son écrou , la moindre force devroit écarter les mâchoires qui ont été serrées ; cependant les plus grands efforts ne le font pas , & c'est en quoi consiste le principal avantage de cet outil.

III. SECTION.

Des Cordes.

LEs cordes font des corps longs &
flexibles, quelquefois fimples, mais
le plus fouvent compofés de plufieurs
fibres ou fils de matiére animale, vé-
gétale ou minérale. Les chaînes mêmes, par rapport à l'emploi qu'on en
fait dans les machines, doivent être
confidérées comme des cordes ; car
quoique leur ftructure foit tout-à-fait
différente, elles ont les qualités effentielles des cordes, la longueur &
la flexibilité qui les rendent propres
aux mêmes ufages.

En méchanique on employe communément les cordes : 1°. pour changer la direction du mouvement, comme lorfqu'avec une poulie on fait
monter un poids par l'effort d'un autre qui defcend : 2°. pour tranfporter
la puiffance ou la réfiftance dans un
lieu plus avantageux ou plus commode ; c'eft par le moyen d'une corde, par exemple, qu'un cheval placé
fur le rivage tire un bateau qu'il ne
pourroit prefque jamais faire mouvoir

autrement : 3°. pour lier, ferrer, arrêter d'une maniére fimple & facile
toutes fortes de mobiles qui tendent
d'eux-mêmes à fe défunir, ou qu'une
force extérieure follicite à s'écarter
ou à fe déplacer.

Les cordes par elles-mêmes ne
peuvent ni augmenter ni diminuer
l'intenfité des forces qui agiffent contre elles ou contre lefquelles on les fait
agir; que la corde avec laquelle on fonne une cloche ait 15 braffes, ou qu'elle
n'en ait qu'une ou deux, le fonneur
n'en a ni plus ni moins d'effort à faire ; la force d'un cheval eft la même
lorfqu'il tire avec un gros ou avec un
petit trait : mais parce qu'une corde
eft plus groffe ou plus longue, elle
eft plus péfante ; elle fe courbe lorfqu'elle n'agit pas dans une direction
verticale, & elle eft moins flexible ;
or le poids, la courbure & la roideur
des cordes font des réfiftances ou des
défavantages qui exigent un plus
grand effort de la part de la puiffance,
& fur lefquels il eft néceffaire de
compter dans la pratique.

En parlant des puits où l'on tire
l'eau par le moyen de deux feaux qui

montent & descendent alternativement, nous avons déja observé que
la corde, dans les tems où elle est
plus longue d'un côté que de l'autre,
augmente la charge, & que cette augmentation devient considérable,
lorsque la profondeur du puits ou du
souterrain est grande : on peut dire
la même chose des fardeaux que l'on
traîne ; les cordes ou les chaînes dont
on se sert augmentent de leur propre
poids la charge sur laquelle on agit.

La résistance qui vient de la pésanteur des cordes croît comme leur
solidité ou quantité de matiére ; en
les considérant comme des cylindres
on doit donc, à longueurs égales,
estimer la différence de leur poids
par le quarré du diamétre. Si, par
exemple, à la place d'une corde qui
pése 30 livres ayant un pouce de
diamétre, on en met une autre de
même longueur & de même nature
qui soit deux fois aussi grosse, celle-
ci pésera 120 livres, c'est-à-dire,
quatre fois autant que la premiére,
parce que son diamétre est double.

Non-seulement le poids de la corde augmente la somme des résistan-

ces dans l'ufage des machines, mais
il arrive encore affez fouvent qu'en
la faifant courber, il fait prendre à la
puiffance une direction moins avantageufe que celle qu'elle auroit fi la
corde fe tenoit parfaitement droite.
Lorfqu'on tire un fardeau fur un plan
incliné, nous avons fait voir que l'effort de la puiffance eft le plus grand
qu'il puiffe être, lorfqu'il eft dirigé
parallélement au plan, comme *AB*,
Fig. 1. Mais il y a bien des occafions
où la corde, devenant courbe comme
A E B, à caufe de fa longueur & de
fon poids, incline l'action de la puiffance au plan, & l'affoiblit d'autant.

La longueur feule de la corde, indépendamment du poids, peut apporter quelque changement à la direction de la puiffance. Car fi elle fait
un angle avec le terrain, eu égard à
l'élévation de la puiffance, elle le fait
d'autant plus grand qu'elle eft moins
longue : quoique les deux lignes *AC*,
A D, * ne foient ni l'une ni l'autre * *Fig.* 5.
paralléles au plan *FG* ; cependant
la premiére s'écarte davantage du pa-
rallélifme que la derniére : ainfi toutes les fois qu'une force motrice fera

appliquée à une résistance, par le moyen d'une corde ou d'une chaîne, il ne faut point avoir égard à sa direction, ou à sa tendance naturelle, mais à celle qui est indiquée par la chaîne ou par la corde qui transmet son effort.

La roideur des cordes, lorsqu'elles ont part au mouvement des machines, est ce qu'il y a de plus important à connoître: elle dépend principalement du poids ou de la force qui tend les cordes, de leur grosseur, de la quantité dont on les courbe, & de la vîtesse avec laquelle on les fait plier. M. Amontons * est le premier qui ait traité méthodiquement cette partie des méchaniques, dont on n'avoit avant lui qu'une idée confuse. Il en a montré l'importance, en faisant connoître que dans les cas les plus ordinaires la roideur seule des cordes peut augmenter d'un tiers la résistance, sur laquelle on doit faire agir la force motrice ; & il nous apprend d'après l'expérience : 1°. Que la résistance causée par la roideur des cordes, augmente en raison directe des poids ou des forces qui les tien-

* Mém. de l'Académ. des Scienc. 1699. pag. 217.

nent tendues : 2°. Que cette même réfiftance augmente encore comme le diamétre des cordes , toutes chofes égales d'ailleurs : 3°. Que les cordes fe plient plus difficilement à mefure que les cylindres ou les poulies fur lefquels on les fait tourner deviennent plus petits , quoique cette derniére réfiftance n'augmente pas autant que les diamétres décroiffent.

PREMIERE EXPERIENCE.

PREPARATION.

On attache au plancher d'une chambre , ou à quelqu'autre appui folide deux cordes femblables , *A* , *B* , *Fig.* 2. qui pendent paralléLement à 5 ou 6 pouces de diftance , l'une de l'autre , & qui foutiennent une tablette *CD* fur laquelle on pofe des poids.

Ces deux cordes font dans le même fens chacune un tour fur un cylindre *EF*,& au milieu on enveloppe en fens contraire un ruban ou un fil au bout duquel on attache un baffin de balance que l'on charge jufqu'à ce qu'il commence à faire rouler le cylindre de haut-en-bas , comme on le peut voir par la *Figure* 3. On employe dans ces expériences plusieurs paires de cordes, qui sont toutes de même matiére, & dont les diamétres sont différens, & faciles à comparer ; le cylindre doit toujours être du même poids, quoiqu'on varie sa grosseur ; & afin que le ruban ou fil qui pend en *f* soit toujours à la même distance du point *e* * on diminue le cylindre en son milieu ; ou bien en évaluant l'effort du poids qui est suspendu au ruban ou fil, on tient compte de la distance du point *f* au point *e*, si elle est augmentée.

Fig. 3.

Dans cette première expérience, le diamétre des cordes est de trois lignes ; celui du cylindre, d'un ½ pouce, & l'on charge d'abord la tablette *CD* de 20 livres, & ensuite de 40 livres.

E F F E T S.

1°. Lorsque les cordes sont tendues par un poids de vingt livres, il faut que le poids *G* soit de 45 onces, pour commencer à faire descendre le cylindre : 2°. Lorsque l'on tend les cordes avec un poids de 40 livres, le cylindre n'obéit qu'à l'effort de 90 onces.

Explication.

EXPLICATIONS.

Le cylindre, par son propre poids, ou par celui qui agit en *f* tend à descendre : si quelque chose le retient, ce ne peut être que la corde qui l'enveloppe de part & d'autre ; car sans cet obstacle, on conçoit bien qu'il tomberoit : mais cet obstacle n'en seroit point un, si la corde avoit une flexibilité parfaite ; si elle se plioit sans aucune difficulté ; car alors toutes ses parties s'envelopperoient successivement sur le cylindre, & le laisseroient librement passer de l'endroit le plus haut à l'endroit le plus bas ; toute la résistance qui cède premiérement à 45 onces, vient donc de la roideur des cordes qui sont tendues par le poids *CD* ; & puisque cette roideur ne peut être vaincue que par 90 onces, quand le poids qui la fait naître, augmente de 20 à 40, c'est une preuve qu'elle croît, comme nous l'avons dit, en raison directe des forces qui tendent les cordes ; car 45 sont à 90, comme 20 sont à 40.

II. EXPERIENCE.

PREPARATION.

On employe d'abord une paire de cordes, dont le diamétre eſt de deux lignes ; elles ſont tendues par un poids de 20 livres, & elles enveloppent un cylindre qui a un demi-pouce de diamétre.

Enſuite on fait ſervir une autre paire de cordes une fois plus menues que les précédentes, à qui l'on donne le même degré de tenſion, & que l'on fait tourner ſur le même cylindre.

EFFETS.

Dans le premier cas il faut 30 onces pour vaincre la roideur des cordes ; dans le ſecond il n'en faut que 15.

EXPLICATIONS.

Quand la corde ſe courbe, ſon diamétre perpendiculaire à la ſurface du cylindre qu'elle enveloppe, doit être conſidéré comme un lévier qui a ſon point d'appui au cylindre même;

plus ce diamétre eſt grand, plus la puiſſance ou le poids qui tend la corde,
eſt éloigné de ce point d'appui, &
par conſéquent plus il réſiſte au poids
du cylindre, ou à celui qu'il ſoutient
en *g* *. Ou bien l'on peut conſidérer   * *Fig.* 3.
le diamétre de la corde & celui du
cylindre, comme ne faiſant qu'un même lévier, dont le centre du mouvement eſt en *c*; on voit facilement que
ſi le bras *c f* reſtant le même, *c h* devient plus long, la puiſſance qui agit
en *L* en aura d'autant plus de force,
pour vaincre celle qui péſe en *g*. En
conſidérant ainſi la roideur qui vient
de la groſſeur des cordes, on voit
tout d'un coup pourquoi lorſqu'on
double leur diamétre, il faut auſſi
doubler le poids qui tend à faire déſ-
cendre le cylindre. On voit de même pourquoi cette eſpéce de réſiſtance ne croît pas en raiſon de la ſolidité
des cordes, comme on le pourroit
croire, mais ſeulement en raiſon des
diamétres, comme nous l'avons établi dans notre propoſition.

III. EXPERIENCE.

Préparation.

Les cordes étant de trois lignes de diamétre, & tendues par un poids de 60 livres, on employe d'abord un cylindre d'un pouce, & ensuite un autre d'un $\frac{1}{2}$ pouce de diamétre.

Effets.

La roideur des cordes avec le premier cylindre céde à 135 onces, & avec le second à 114.

Explications.

Les cordes & les poids qui les tiennent tendues restant les mêmes, leur roideur ne peut varier que par le diamétre du cylindre qu'elles enveloppent. Quand ce cylindre est plus petit, la corde est obligée de se courber davantage ; or puisque cette courbure en général est un obstacle à la descente du cylindre, comme nous l'avons fait voir par la premiére expérience, une plus grande courbure doit augmenter la résistance. On pourroit être tenté de croire, que le diamétre du cylindre une fois plus petit, devroit rendre la même corde une fois plus roide ; mais l'expérience fait voir que ce rapport n'a pas lieu ; car 135 onces, à beaucoup près, n'égalent pas deux fois 114, comme le cylindre employé dans le second cas égale deux fois celui du premier, par la grandeur de son diamétre.

APPLICATIONS.

Ce que nous avons prouvé par les expériences précédentes doit servir de régle dans l'usage des poulies, des treuils, des cabestans, &c. toutes ces machines ne peuvent s'employer qu'avec des cordes, ou pour parler plus exactement, les cordes en sont une partie essentielle ; si l'on négligeoit de compter sur leur roïdeur, on tomberoit infailliblement dans des erreurs considérables & le mécompte se trouveroit principalement dans les cas où il est le plus important de ne se point tromper, je veux dire dans les grands effets ; car alors les cordes sont nécessairement grosses & fort tendues.

On doit donc avoir soin, 1°. de préférer les grandes poulies aux petites, si la place le permet, non-seule-

ment parce qu'ayant moins de tours à
faire, leur axe a moins de frottement,
mais encore parce que les cordes qui
les entourent, & qu'elles font mouvoir, y fouffrent une moindre courbure, & leur oppofent par conféquent
moins de réfiftance ; cette confidération eft d'une fi grande conféquence
dans la pratique, qu'en évaluant la
roideur de la corde felon la régle de M.
Amontons *, on voit clairement que
fi l'on vouloit enlever un fardeau de
800 livres avec une corde de 20 lignes de diamétre, & une poulie qui
n'eût que trois pouces, il faudroit augmenter la puiffance de 212 livres
pour vaincre la roideur de la corde ;
au lieu qu'avec une poulie d'un pied
de diamétre, cette efpéce de réfiftance céderoit à un effort de 22 livres,
toutes chofes égales d'ailleurs.

* *Mém. de
l'Acad. des
Sc. 1699.
p. 227.*

On peut juger de là que les poulies
moufflées, ne peuvent jamais avoir
tout l'effet qui devroit réfulter du
nombre & de la difpofition des léviers qu'elles repréfentent; car dans
ces fortes de machines les cordes ont
plufieurs retours, & quoique les puiffances qui les tendent, chargent d'au-

tant moins les axes , que les poulies
font plus nombreufes, cependant, parce qu'il n'y a point de corde dont la
flexibilité foit parfaite, en multipliant
les courbures , on augmente néceffairement la réfiftance qui vient de
leur roideur.

Cet inconvénient qui eft commun
à toutes les mouffles , eft encore plus
confidérable dans celles où les poulies rangées les unes au-deffus des autres , doivent être de plus en plus petites , pour donner lieu à la corde de
fe mouvoir fans fe toucher & fe frot-
ter. Car nous avons fait voir par la
troifiéme expérience , que la corde a
plus de peine à fe plier, quand elle
enveloppe un cylindre d'un plus petit diamétre : les poulies moufflées
qui font toutes de même grandeur ,
font donc préférables dans les cas
où la raifon que nous venons d'expofer , n'eft point combattue par d'autres plus fortes.

Les perfonnes qui font dans l'habitude de tourner , foit au pied , foit
à l'archet , fçavent par leur propre
expérience combien il eft néceffaire
de proportionner la groffeur de la cor-

de à celle de la piéce qu'on fait tourner ; si l'on n'a point cette attention, on ne peut jamais exécuter aucun ouvrage délicat entre deux pointes, parce que l'effort qu'il faut faire pour vaincre la roideur de la corde, porte sur la piéce qu'on fait tourner ; cette piéce ne peut le soutenir qu'autant qu'elle est forte de matiére : & rien ne marque mieux combien une corde trop grosse a de peine à se mouvoir, que le peu de tems qu'elle met à s'échauffer & à s'user, quand elle enveloppe une partie fort menue.

Les cordes que l'on employe dans les machines destinées à faire de grands efforts, doivent être durables, parce qu'elles ne se font & ne se réparent qu'à grands frais : elles doivent être capables aussi d'une grande résistance, sans quoi elles deviendroient inutiles, ou elles occasionneroient des accidens fâcheux. Mais ces deux qualités sont difficiles à concilier avec une grande flexibilité, parce qu'elles ne peuvent guéres s'acquérir que par une grosseur considérable, & par quelque préparation qui donne nécessairement de la roideur. Les cables qu'on em-

ploye dans les bâtimens , & mieux
encore ceux qui servent dans la navigation, seroient d'un usage bien plus
avantageux & plus commode , si
l'on pouvoit trouver quelque moyen
de les rendre plus légers & plus flexibles , sans leur ôter la force qui leur
est nécessaire, & sans les rendre moins
durables ; le choix des matiéres ,
la façon de les préparer & de les
mettre en œuvre , doivent sans doute contribuer beaucoup à cet effet ;
mais une attention qu'on néglige un
peu trop , & qu'on devroit avoir cependant , c'est de proportionner les
cordes aux efforts qu'elles ont à soutenir , de les choisir assez fortes
pour ne point manquer, mais de ne
rien faire de superflu à cet égard , parce que cette force surabondante , ne
va point ordinairement sans une augmentation de poids , de roideur ,
& de frais qu'il est toujours utile d'é-
pargner.

La fabrique des cordes a été presque entiérement abandonnée jusqu'i-
ci à des ouvriers peu intelligens pour
la plûpart, qui n'y travaillent que par
routine , & qui se contentent de ré-

péter fervilement ce que d'autres ont fait avant eux : cet objet cependant eft d'une affez grande importance, pour mériter l'attention des fçavans, & l'on ne peut être que très-fatisfait de voir qu'il occupe quelques - uns de ceux qui refufent leur tems à des fpéculations fublimes, affez fouvent inutiles, pour le donner à des chofes qui tendent plus directement au bien-être de la fociété : M. Duhamel du Monceau, pour remplir une partie des vûes que les devoirs de fa place * lui ont fait naître, travaille actuellement à décrire l'art de la Corderie ; ce qu'il en a lû dans les affemblées de l'Académie, & les expériences qu'on lui a vû faire depuis quelques années dans plufieurs de nos ports, fuffifent déja pour faire croire que cet ouvrage ne fera pas feulement une hiftoire de ce que l'on a coutume de pratiquer, mais un recueil d'inftructions nouvelles & utiles, qui pourront procurer à cet art la perfection dont il a befoin.

* *Infpecteur général de la Marine.*

APRE's avoir parlé de la roideur des cordes, & de la maniére dont on peut eftimer la réfiftance qui en ré-

fulte dans les machines , il nous refte
à dire quelque chofe de leur force, &
des changemens dont elles font fufceptibles lorfqu'elles deviennent alternativement féches & humides.

Les cordes qui font le plus en ufage dans la méchanique , celles dont
il s'agit principalement ici , font des
affemblages de fibres que l'on tire des
végétaux comme le chanvre , ou du
reigne animal , comme la foye ou
certains boyaux que l'on met en état
d'être filés. Si ces fibres étoient affez
longues par elles-mêmes , peut-être
fe contenteroit-on de les mettre enfemble , de les lier en forme de faif-
ceaux fous une enveloppe commune ; cette maniére de compofer les
cordes , eût peut-être paru la plus
fimple , & la plus propre à leur conferver cette qualité qui eft la plus néceffaire , la fléxibilité : mais comme
toutes ces matiéres n'ont qu'une
longueur fort limitée , on a trouvé
le moyen de les prolonger en les fi-
lant , c'eft-à-dire , en les tortillant enfemble de maniére que les unes s'u-
niffant en partie aux autres , font em-
braffées & retenues de même par cel-

les qui suivent; le frottement qui naît de cette sorte d'union est si considé-rable, qu'elles se cassent plutôt que de glisser l'une sur l'autre selon leur longueur : c'est ainsi que se forment les premiers fils dont l'assemblage fait un cordon, & de plusieurs de ces cordons réunis & tortillés ensemble on compose les plus grosses cordes.

On juge aisément que la qualité des matiéres contribue beaucoup à la force des cordes ; on conçoit bien aussi qu'un plus grand nombre de cordons également gros, doit faire une corde plus difficile à rompre; comme une plus grande quantité de fils forme un cordon d'une plus gran-de résistance : mais quelle est la ma-niére la plus avantageuse d'unir les fils ou les cordons ? le tortillement par lequel on a coutume de lier ces assemblages, donne-t-il plus de force aux cordes qu'elles n'en auroient, si les parties qui les composent, étoient seulement réunies en forme de fais-ceaux ? c'est ce qui ne s'apperçoit pas aussi facilement ; si l'on en croyoit le préjugé, il semble qu'on décide-roit en faveur du tortillement ; parce que cette façon fait naître une union plus intime entre les parties compofantes, & que la force du compofé femble dépendre de cette union.

Il y a même des raifons fpécieufes qui ont porté plufieurs Sçavans à juger comme le vulgaire à cet égard : on fçait en général que la force d'un corps dépend de fa folidité, de fa groffeur : le tortillement rend une corde plus groffe qu'elle ne le feroit, fi fes fils ou cordons n'étoient qu'affemblés à côté l'un de l'autre ; car c'eft un fait certain, qu'en tortillant enfemble 5 ou 6 fils, on rend cet affemblage plus court & plus gros ; il femble donc que cette groffeur acquife aux dépens de la longueur, devroit faire un corps plus difficile à rompre.

D'ailleurs le tortillement fait prendre aux fils une direction qui eft oblique à la longueur de la corde qu'ils compofent, & comme l'effort d'une corde fe fait fur fa longueur, il s'enfuit que la force qui la tient tendue n'agit qu'obliquement fur les fils, & que par conféquent ils en font plus en état de réfifter ; car une action oblique a moins d'effet qu'un effort qui se fait directement.

Malgré ces vraisemblances, l'expérience a décidé que cette façon que l'on donne aux cordes, commode & avantageuse à d'autres égards, les affoiblit plutôt qu'elle n'augmente leur force. C'est ce qui paroît d'une maniére bien décisive, par un mémoire fort curieux de M. de Reaumur *, où cette matiére paroît avoir été traitée pour la premiére fois, & d'où j'ai tiré les preuves que je vais rapporter.

*Mém. de l'Académ. des Sciences, 1711. p. 6.

IV. EXPERIENCE.

PREPARATION.

On choisit un écheveau de fil à coudre, le plus égal qu'il est possible, on le divise en plusieurs bouts dont on éprouve la force en y suspendant des poids connus jusqu'à ce qu'ils rompent. Lorsqu'on est assuré de ce qu'ils peuvent porter séparément sans se casser, on en tortille ensemble 2, 3, ou 4, &c. pour en faire une petite corde à laquelle on suspend pareillement des poids, pour

fçavoir combien elle eft en état d'en
foutenir. Voyez la *Fig*. 4.

E F F E T *S*.

Les fils tortillés, en quelque nombre que ce foit, ne portent jamais
un poids qui égale la fomme de ceux
qu'ils portoient féparément.

E X P L I C A T I O N S.

Si le fil de notre expérience employé fimple, a une force équivalente à 6 livres, deux de ces fils
C, *D*, porteront fans doute la fomme de 12 livres; mais il faut pour
cet effet, que l'effort foit partagé
également à l'un & à l'autre, que
chacun des deux n'ait à porter que
la moitié de la fomme totale, c'eft-
à-dire, 6 livres.

Pour faire mieux fentir la néceffité
de cette condition, imaginons que
les deux poids de 6 livres *E*, *F* *,   * *Fig*. 4.
foient joints enfemble, & de ma-
niére que de cette fomme de 12 livres, les deux tiers portent fur le
fil *C*, & l'autre tiers fur *D* : le premier de ces fils caffera d'abord,
parce que fuivant notre fuppofition

il ne peut porter que 6 livres, & non pas 8. Mais auffi-tôt qu'il fera rompu par cet effort exceffif, l'autre fe rompra auffi ; parce qu'il fe trouvera chargé feul de tout le poids, dont il ne pourroit porter que la moirié. Ainfi, quoique chacun de ces fils puiffe réfifter à un effort de 6 livres, l'un & l'autre enfemble ne peuvent foutenir 12 livres, à moins qu'ils ne foient également chargés. Mais lorfque les deux fils font tortillés enfemble, il arrive infailliblement que l'un des deux l'eft plus que l'autre, & que l'effort du poids eft inégalement partagé entr'eux ; de-là il arrive qu'ils ne peuvent jamais foutenir enfemble les 12 livres qu'ils auroient porté féparément.

Une autre raifon de cet effet, c'eft qu'en tortillant ainfi les fils, on les tend ; & cette tenfion tient lieu d'une partie de l'effort qu'ils peuvent foutenir. Ils ne font donc plus en état de réfifter autant qu'ils auroient pû faire avant que d'être tortillés.

APPLICATIONS.

Les cables & autres gros cordages

ges qu'on employe , foit fur les vaiffeaux , foit dans les bâtimens , étant
toujours compofés de plufieurs cordons , & ceux-ci d'une certaine quantité de fils unis enfemble , comme
ceux de notre derniére expérience ;
il eft évident qu'on n'en doit point
attendre toute la réfiftance dont ils
feroient capables , s'ils ne perdoient
rien de leur force par le tortillement ; & cette confidération eft d'autant plus importante , que de cette
réfiftance dépend fouvent la vie d'un
grand nombre d'hommes.

Mais fi le tortillement des fils en
général , rend les cordes plus foibles , comme nous l'avons fait voir ;
on les affoiblit d'autant plus , qu'on
les tord davantage ; & c'eft une attention qu'on doit faire valoir , fur-
tout dans les fabriques établies pour
le fervice de la marine , de ne tordre
qu'autant qu'il eft néceffaire pour
lier les parties , par un frottement
fuffifant. Il feroit bien à fouhaiter
qu'on eût fur cela une régle à pref-
crire aux ouvriers, & qu'on pût compter fur leur docilité , & fur leurs foins,
pour l'obferver.

Lorfqu'on a quelque grand effort à faire avec plufieurs cordes en même tems, ce qui empêche affez fouvent de réuffir, c'eft qu'on ne les fait point tirer également ; & alors elles caffent les unes après les autres, par les raifons que nous avons dites ci-deffus, & mettent en rifque ceux qui les ont employées. Le tirage égal des cordes qui concourent à un même effort, n'eft pas toujours auffi facile qu'il eft néceffaire à obtenir ; c'eft un de ces cas affez ordinaires en méchanique, où le fuccès dépend prefqu'autant de l'adreffe & de l'intelligence de celui qui opére, que des forces qu'il fait agir.

Quant aux changemens qui peuvent arriver aux cordes, par la féchereffe ou par l'humidité, ils dépendent principalement de la matiére & de la façon dont elles font faites : je ne m'arrêterai ici qu'aux plus remarquables, & à ceux qui font de quelque importance dans l'ufage des machines.

Toutes les cordes qui font compofées de plufieurs fibres, filets ou cordons que l'on a tortillés enfemble, fe gonflent & deviennent plus groffes lorfque l'eau les pénétre ; & au contraire à mefure qu'elles fe féchent , elles diminuent un peu de groffeur ; mais en devenant plus groffes , elles perdent une partie de leur longueur , & elles fe détordent un peu ; ce font deux faits connus depuis long-tems , & que j'ai fouvent conftatés par l'expérience fuivante.

V. EXPERIENCE.

PREPARATION.

J'attache au plancher , ou à quelqu'autre endroit fixe , des cordes de chanvre , de boyaux , &c. aux bouts defquelles je fufpens des poids *H*, *K*, *Fig.* 5. affez forts feulement pour les tenir tendues , & qui finiffent en pointe au-deffus & fort près de la tablette *I L* ; au bout de chacune des cordes , immédiatement au-deffus du poids , je place un petit index de carton, *g*, ou *h*, qui fait un angle droit avec la corde que je mouille enfuite d'un bout à l'autre, par le moyen d'une éponge , ou autrement.

Effets.

On remarque 1^{ment}, que les cordes s'accourciffent, parce que les poids qui les tiennent tendues, s'élévent un peu au-deffus de la tablette : 2^{ment}, qu'elles fe détordent, par le mouvement de l'index qui tourne peu à peu de droite à gauche.

Explications.

L'eau s'introduit dans une corde, comme elle entre dans tous les corps poreux ; elle en écarte les parties, & par cette raifon la corde mouillée devient plus groffe. Mais les parties d'une corde font des fibres qui fe croifent un grand nombre de fois par le tortillement, & qui ne peuvent s'écarter l'une de l'autre, fans former un ventre, & fans que les extrémités fe rapprochent; de-là vient le raccourciffement de toute la corde. Les particules d'eau qui ouvrent les petits interftices qui font entre les fibres, dilatent auffi ceux qui fe trouvent entre les cordons, & cette dilatation fait que la corde devient un peu moins torfe.

Ce qu'il y a de plus remarquable, c'eſt que ces effets ont lieu, nonobſtant les poids qui tiennent les cordes tendues, & ces poids peuvent être aſſez conſidérables; c'eſt un des exemples qu'on peut citer pour faire voir que de très-petites forces multipliées, ſont capables de produire de grands efforts. Une expérience qui eſt aſſez curieuſe par elle-même, & que je vais rapporter, apprendra comment un fluide qui s'introduit dans une corde, peut la rendre plus courte en la groſſiſſant, quoiqu'une puiſſance conſidérable s'oppoſe à cet effet.

VI. EXPERIENCE.

PREPARATION.

A, B, C, Fig. 6. ſont des veſſies qui communiquent enſemble par des petits bouts de tuyaux qui ſervent à les joindre: D eſt un poids de 30 livres qui repoſe ſur le pied de la machine, quand les veſſies ſont vuides.

EFFETS.

Quand on ſouffle de l'air dans les veſſies par le tuyau qu'on voit en E, elles s'enflent, & le poids s'élève de plusieurs pouces.

L'air qui s'introduit dans les vessies les dilate ; mais les parois $A A'$, $B B$, $C C$, ne peuvent s'écarter l'une de l'autre que les extrémités de chaque vessie ne se rapprochent, & que tout l'assemblage par conséquent ne devienne plus court & n'oblige le poids à s'élever.

Pour concevoir comment on peut élever par un simple souffle un poids aussi considérable, il faut faire attention que tout son effort se partage également à toute la surface des vessies ; l'orifice du canal E e n'occupe qu'une très-petite partie de cette surface ; s'il n'en occupe qu'un $\frac{1}{1000}$, par exemple, la résistance qui s'oppose à son embouchure, & qu'il faut vaincre pour introduire l'air en soufflant, n'est donc que la $\frac{1}{1000}$ partie de 30 livres.

Les côtés b A b, c A c, * d'une de ces vessies représentent assez bien les fibres qui composent les cordes ; comme l'air dilate les unes, l'humidité enfle les autres, & leur fait faire de grands efforts.

Fig. 6.

APPLICATIONS.

Ce qui arrive aux cordes que l'on mouille, se fait de même à l'égard des fils tords qu'on doit considérer comme des petites cordes, soit qu'on les employe simples, soit qu'on en forme des tissus. C'est pourquoi les toiles neuves se raccourcissent au premier blanchissage; & généralement on voit toutes les étoffes se retirer lorsqu'on les mouille : celles qui sont fabriquées avec deux sortes de fils placés en différens sens, se retirent inégalement, & font prendre une mauvaise forme aux ouvrages ausquels on les fait servir. Les bas & les gands tricotés ne se mettent & ne peuvent s'ôter qu'avec peine lorsqu'ils sont humides; cette difficulté ne vient que du retrécissement causé par les particules d'eau qui ont gonflé les fils; sans cela, l'interposition d'un fluide ne serviroit qu'à les faire glisser plus aisément sur la peau.

Le moyen de raccourcir les cordes en les mouillant, pourroit être d'un grand secours en certains cas : on dit (& c'est une tradition assez reçue,) qu'en élevant un obélisque à

Rome fous le pontificat de Sixte V,
l'entrepreneur fe trouvant embarraffé,
parce que les cordes étoient un peu
trop longues ; quelqu'un cria : *Mouil-*
lez les cordes ; & que cet expédient
ayant été tenté, réuffit parfaitement.
Pour vérifier ce fait, j'ai eu la curio-
fité de parcourir quelques ouvrages
où l'on voit avec un grand détail, tout
ce que Dominique Fontana fit par les
ordres du Pape, depuis 1586. jufqu'à
la fin de 1588. pour relever quatre anciens obélifques qui étoient enfevelis
fous des ruines ; fçavoir, celui du
Vatican, qui fut placé devant l'églife de faint Pierre ; un autre qui avoit
fervi au maufolée d'Augufte, & qui fut
placé devant l'églife de faint Roch;
deux autres enfin qui étoient du
grand cirque, & dont l'un eft aujour-
d'hui devant faint Jean de Latran, &
l'autre devant fainte Marie du Peuple ; dans toutes mes recherches, je
n'ai pas vû un mot des cordes mouillées : je ne crois pas cependant que
cette anecdote eût été obmife dans
ces defcriptions, qui font à tous
égards très-circonftanciées ; je croi-
rois donc volontiers que le fait eft
apocriphe ;

apocryphe ; mais fa poſſibilité n'eſt conteſtée de perſonne, & on la peut conclure des expériences que nous avons rapportées ci-deſſus.

Il eſt à propos d'obſerver ici que les cordes mouillées ne peuvent vaincre de grandes réſiſtances en ſe raccourciſſant, qu'autant qu'elles ſont faites de matiéres peu ſuſceptibles d'allongement par elles-mêmes, telles que ſont les fibres des végétaux, ou la ſoie : ſi l'on mouille des cordes de boyaux, quoiqu'elles tendent à ſe raccourcir par les raiſons que nous avons dites, cependant on les allongeroit infailliblement en les tirant avec une certaine force, parce que les fibres qui les compoſent ſont extenſibles en toutes ſortes de ſens, & elles le ſont d'autant plus alors que l'humidité en les pénétrant, augmente leur ſoupleſſe.

Comme l'humidité & la ſéchereſſe ont des effets ſenſibles ſur les cordes, on a tâché d'en profiter pour connoître l'état de l'atmoſphére à cet égard ; ces inſtrumens qu'on nomme *Hygromètres*, & à qui l'on donne tant de formes différentes, conſiſtent princi-

Tome III. P

palement en une corde de chanvre ou de boyaux qui marque en s'allongeant & en se raccourcissant, ou bien en se tordant, & en se détordant, s'il régne dans l'air plus ou moins d'humidité. Le plus simple de tous se fait avec une corde de 10 ou 12 pieds que l'on tend foiblement dans une situation horizontale & dans un endroit à couvert de la pluie, quoiqu'exposé à l'air libre ; on attache au milieu un fil de laton, au bout duquel on fait pendre un petit poids qui sert d'index, & qui marque sur une échelle divisée en pouces & en lignes les degrés d'humidité en montant, & ceux de la sécheresse en descendant. *Voyez la Fig.* 7.

Assez souvent on fait des hygromètres avec un bout de corde de boyaux que l'on fixe d'un côté à quelque chose de solide, & que l'on attache par l'autre, perpendiculairement à une petite traverse qui tourne à mesure que la corde se tord ou se détord, & qui marque, comme une aiguille sur la circonférence d'un cadran, les degrés de sécheresse & d'humidité, *Fig.* 8. ou bien on place sur

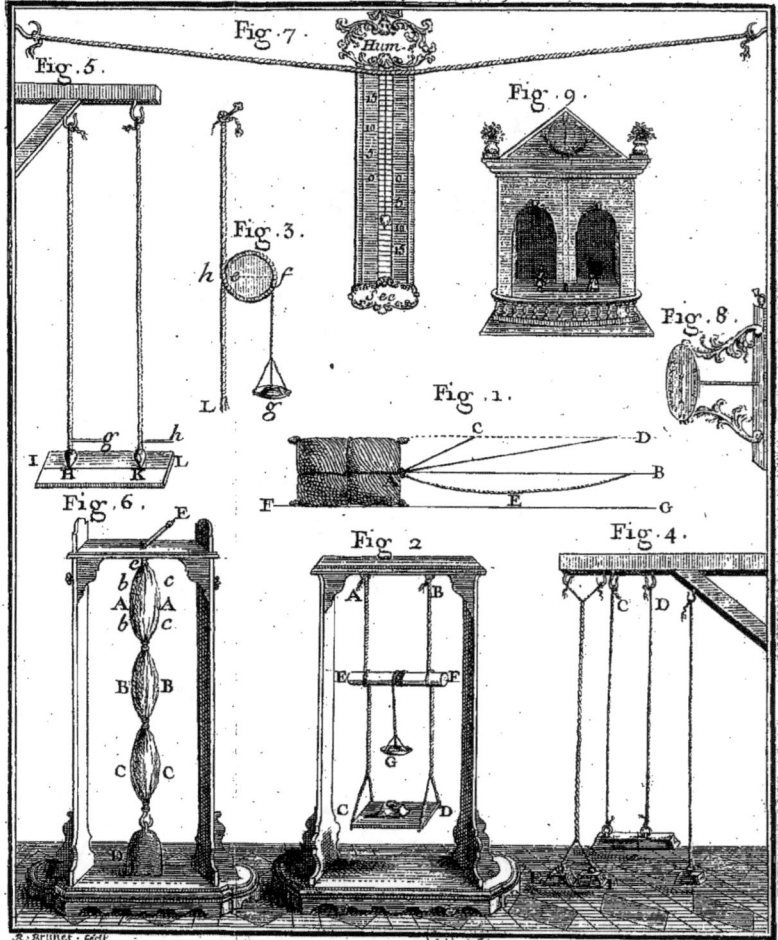

TOM. III. IX. LEÇON. Pl. 9.

les extremités de la petite barre deux
figures humaines de carton ou d'é-
mail, dont l'une rentre & l'autre fort
d'une petite maison qui a deux porti-
ques, lorfque le fec ou l'humide fait
tourner la corde ; & l'on fait porter
un petit parapluie à celle des deux
figures que le mouvement de la corde fait fortir lorfque l'humidité augmente. *Voyez la Fig. 9.*

Les hygrométres que l'on fait de
cette façon ou d'une maniére équivalente, en cachant la corde pour y
mettre un air de myftére, ne font
bons que pour amufer les enfans ; &
l'on ne doit point s'attendre qu'ils apprennent quel eft l'état actuel de l'atmofphére, par rapport à l'humidité
& à la féchereffe, parce qu'on les
garde dans des appartemens fermés,
& que la corde, qui en eft l'ame,
eft contenue comme dans un étui où
l'air ne fe renouvelle que peu ou
point.

Enfin le meilleur de ces inftrumens
n'apprend prefque rien autre chofe,
finon que la corde eft mouillée ou
qu'elle eft féche : car, 1°. l'humidité
qui l'a une fois pénétrée n'en fort que

peu à peu , & felon l'expofition du lieu , le calme ou le vent qui régne ; & bien fouvent il arrive que l'atmof- phére a déja perdu une grande par- tie de fon humidité , avant que la corde en puiffe donner aucun figne : 2°. Tout ce qu'on peut attendre d'un hygrométre à corde , c'eft qu'il faffe connoître s'il y a plus ou moins d'hu- midité dans l'air , par comparaifon au jour précédent ; & l'on fçait cela par tant d'autres fignes , qu'il eft affez inutile de faire une machine qui n'ap- prend rien de plus. Ce qu'il impor- teroit le plus de fçavoir , c'eft de combien l'humidité ou la féchereffe augmente ou diminue d'un tems à l'autre , & de pouvoir rendre ces fortes d'inftrumens comparables ; fans cet avantage , que les hygrométres à cordes n'auront probablement jamais, ils ne méritent guéres qu'on les com- pte au nombre des inftrumens météo- rologiques.

X. LEÇON.

Sur la nature & les propriétés de l'Air.

IL eſt peu de matiéres dont la connoiſſance nous intéreſſe autant que celle de l'air : ce fluide, dans lequel nous ſommes plongés dès l'inſtant de notre naiſſance, & ſans lequel nous ne pouvons vivre, mérite ſans doute l'attention de tous les êtres penſans qui le reſpirent : ſon action continuelle ſur nos corps a beaucoup de part aux différens états qu'ils éprouvent : nous avons ſans ceſſe quelque choſe à eſpérer ou à craindre des changemens dont il eſt ſuſceptible. C'eſt par les propriétés & par les influences de l'air, que la nature donne l'accroiſſement & la perfection à tout ce qu'elle fait naître pour nos beſoins & pour nos uſages : c'eſt par l'air qu'elle tranſporte & qu'elle diſtribue les ſources de la fécondité aux différentes parties de la terre. L'air agité eſt pour

P iij

ainſi dire l'ame de la navigation : par le moyen du vent, des vaiſſeaux qu'on pourroit regarder comme autant de Villes flotantes, paſſent d'un bord à l'autre de l'Océan ; & l'on voit tous les jours en commerce des nations qui ſembloient devoir s'ignorer per-pétuellement, eu égard à la diſtance des lieux. Le ſon, la voix, la parole même ne ſont qu'un air frappé, un ſouffle modifié, qui devient le véhicu-le de nos penſées, & qui a le pouvoir d'exciter & de calmer les paſſions. (*a*) Tant de merveilleux effets ne peu-vent s'apprendre avec indifférence : l'eſprit qui eſt capable de les admirer, ne peut être inſenſible au plaiſir d'en connoître les cauſes.

En quelque endroit qu'on ſe tranſ-porte ſur la terre, ſoit qu'on change de climat, ſoit qu'on s'éléve des lieux les plus bas à la cime des plus hautes montagnes, on ſe trouve toujours dans l'air ; on ne connoît aucun lieu ni au-cun tems où ce fluide ait manqué : cette conſidération nous autoriſe à

(a) *Ipſe aer nobiſcum videt, nobiſcum au-dit, nobiſcum ſonat ; niſil enim eorum ſine eo fieri poteſt.* Cic. de Nat. Deor. lib. 2. cap. 33.

croire que le globe que nous habitons eft entouré d'air de toutes parts : & cette efpéce d'enveloppe que l'on nomme communément l'*Atmofphére*, a des fonctions fi marquées, elle a tant de part au méchanifme de la nature, qu'on ne peut point douter qu'elle n'ait commencé avec la terre, & qu'elle ne doive durer autant qu'elle.

En qualité d'atmofphére terreftre, l'air a des propriétés qui ne lui appartiennent plus, lorfqu'on n'en confidére qu'une petite portion, & que l'on fait abftraction de tout ce qui pourroit s'y mêler d'étranger ; comme ces propriétés ne font pour ainfi dire qu'accidentelles, & qu'elles ne procédent pas directement de la nature de l'air, mais plutôt de fa quantité, de la figure de fa maffe, de fon mélange avec d'autres corps, &c. je crois qu'il eft à propos de commencer par établir celles qu'il a toujours en qualité d'air, & indépendamment des conditions dont nous venons de parler.

PREMIERE SECTION.

*De l'Air confidéré en lui-même,
indépendamment de la grandeur
& de la figure de fa maffe.*

I L eft prefqu'inutile de dire que l'air
eft une fubftance matérielle : fi l'on
excepte les enfans qui n'ont point encore fait ufage de leur raifon, ou des
hommes groffiers & fans éducation
qui n'ont jamais réfléchi fur les chofes les plus communes ; il n'y a perfonne maintenant qui ne reconnoiffe
dans ce fluide les principaux attri-
buts qui caractérifent les corps, l'é-
tendue, la divifibilité, la réfiftance,
&c. tout le monde fçait qu'il peut recevoir & tranfmettre le mouvement ;
& fi l'on dit qu'un vafe eft vuide quand
on en a répandu l'eau, c'eft une expreffion autorifée par l'ufage, mais
dont on reconnoît généralement la
fauffeté ou le peu de jufteffe.

Les Auteurs anciens, comme les
modernes, ont reconnu que l'air eft
une matiére. Ceux d'entr'eux qui

l'ont qualifié d'*esprit*, ont sans doute employé ce terme dans le sens figuré, pour exprimer la subtilité de ce fluide, ou pour faire entendre combien il est nécessaire, pour la vie des animaux, & pour l'accroissement des plantes ; ou s'il faut prendre cette expression littéralement, on a tort de traduire le mot latin *Spiritus* par celui d'*Esprit* ; il signifie également un souffle, un air agité, & l'on doit croire qu'aucun Physicien ne l'a entendu autrement. Au reste l'autorité n'a point de force lorsqu'elle se trouve en contradiction avec l'expérience ; l'usage de l'éventail fait sentir la résistance de l'air aux personnes mêmes qui cherchent le moins à s'en convaincre ; & lorsque nous avons prouvé l'impénétrabilité des corps en général, les expériences que nous avons employées ont fait connoître spécialement celle de l'air.

Quelques Physiciens * ont pensé que l'air pourroit bien n'être autre chose qu'un mélange des particules les plus subtiles qui s'exhalent de tous les autres corps, & qui étant trop divisées pour reprendre leur première

* *Otto de Guerike Exper. nov. Magdeb. lib. 2. c. 1. & lib. 4. c. 1. Boyle, Exp. Phys.*

Mech. edit.
Genev.
1677. p.
69.

s'Grave-
fande Phy-
fices Elem.
Mathem. p.
36. edit.
1742.

forme , demeurent fous celle d'un fluide particulier qu'elles compofent: mais outre que cette opinion n'eft appuyée fur aucune preuve , l'air a des propriétés conftantes , des caractéres inaltérables par lefquels il fe fait toujours connoître , & qui ne manqueroient pas de varier felon les circonftances du tems & du lieu , s'il étoit vrai qu'ils dépendiffent de la décompofition de plufieurs matiéres & de l'affemblage de tant d'extraits. Il eft donc plus naturel de penfer que l'air eft une efpéce de fubftance particuliére dont la nature eft fixe , que fes parties intégrantes font homogénes, ou que fes principes font unis de tout tems , pour ne céder à aucun des efforts que nous pourrions faire pour le décompofer.

La fluidité de l'air eft telle qu'on ne la voit jamais ceffer , tant que fes parties fe touchent , & que leur contiguité n'eft point interrompue par une trop grande quantité de matiére étrangére. Nous voyons communément des liqueurs fe glacer par le froid; certains fluides comprimés ceffent de couler , & fe fixent fous la figure qu'on leur fait prendre : mais dans quelque climat & dans quelque faifon que ce foit, on ne voit jamais aucune partie de l'atmofphére devenir folide ; & la compreffion la plus forte qu'on ait jamais employée, n'a pû durcir ou fixer l'air. La fluidité eft-elle donc de fon effence ? eft-il abfolument impoffible qu'il la perde ? c'eft ce que l'on ne voit pas ; mais auffi ce feroit une témérité d'avancer le contraire, fans en apporter des preuves.

Cette fluidité fi conftante de l'air viendroit-elle de la feule fubtilité de fes parties, comme l'a penfé un fçavant Chymifte * ? c'eft ce que l'on ne préfumera pas, fi l'on fait attention que l'eau, & quelques autres liqueurs, qui ceffent d'être fluides par un grand froid, paffent à travers de certains corps que l'air ne peut jamais pénétrer ** ; car fi la ténuité des parties étoit capable d'entretenir conftamment la fluidité, ou l'eau ne devroit pas fe glacer plus que l'air, ou l'air, qui ne fe glace jamais, devroit avoir des parties plus fines, plus pénétrantes que ne le font cel-

* *Boerhaave. Chemia. tom.* I. *p.* 230.

** *Boyle, nov. Exper. Phyf. Mech. edit. Genev. p.* 108.

les de l'eau. Or c'est un fait conftaté
par M. de Reaumur *, que l'air ne
paffe point à travers du papier mouillé & de quelques autres matiéres qui
font très-propres à filtrer l'eau ; d'où
il réfulte que les parties de l'air font
plus groffiéres ou moins fubtiles que
celles de l'eau, à moins que la figure
dans les unes ne compenfe la ténuité
des autres.

* Mém.
de l'Acad.
des Scienc.
1714. pag
59.

Il eft affez vraifemblable que l'air
demeure conftamment fluide, parce
qu'il eft parfaitement élaftique : s'il
n'étoit que compreffible, fes parties
rapprochées pourroient peut-être fe
toucher d'affez près pour former un
corps dur, & rien ne les obligeroit à
fortir de cet état, comme la neige
preffée entre les mains prend la figure & la confiftance d'une boule folide : mais le reffort qu'elles ont, tend
toujours à raréfier la maffe qu'elles
compofent, parce que la plus forte
compreffion ne peut que le tendre &
non pas le forcer ; par ce moyen ces
parties confervent cette mobilité refpective en quoi confifte la fluidité.

On peut concevoir les parties intégrantes de l'air comme des petits

filamens contournés en forme de fpi-
res flexibles & élaftiques, & leur affemblage à peu près comme un pa-
quet de coton ou de laine cardée
que l'on peut réduire en un plus petit volume lorfqu'on le preffe, mais
qui tend toujours à fe remettre dans
fon premier état. Cette idée n'eft
qu'une efquiffe bien groffiére de la
nature de l'air ; & j'avoue qu'il y a
peut-être cent contre un à parier,
que les parties de cet élément n'ont
point la figure que je leur attribue,
parce que pour les fuppofer telles,
je n'ai d'autre raifon que leur flexibilité & leur reffort, & qu'elles peuvent être élaftiques avec cent figures
différentes d'un filet fpiral : auffi lorfque j'adopte cette hypothéfe avec la
plupart des Phyficiens, je ne prétends
point dire ce qu'elles font, mais feulement ce qu'elles peuvent être ; &
c'eft moins pour prendre un parti fur
leur figure, que pour être en état de
faire mieux connoître le reffort admirable du fluide qu'elles compofent,
& quelques autres propriétés dont
nous parlerons ci-après.

On dit communément que l'air eft

sec ; mais pourquoi lui attribue-t-on cette qualité ? est-ce parce qu'il enléve de la surface des corps l'humidité qui s'y trouve ? En effet, il arrive assez souvent qu'il fait l'office d'une éponge ; mais aussi dans plusieurs cas il rend humides les corps qu'il touche , parce que les parties aqueuses dont il est toujours plus ou moins chargé, s'attachent à certaines matiéres plus facilement & plus fortement qu'à l'air même : on expose du linge à l'air pour le faire sécher; mais le même procédé auroit un effet tout contraire à l'égard du sel de tartre ou de quelque autre sel ; c'est pourquoi les cordes ou les toiles qui ont trempé dans l'eau de la mer se séchent difficilement à l'air , parce que l'eau demeure opiniâtrément attachée aux particules salines qui tiennent à la superficie.

Dira-t-on que l'air est sec , parce qu'il ne mouille pas comme les liqueurs ? alors il faut convenir de ce qu'on doit entendre par le terme de *mouiller* ; s'il signifie adhérer à la surface des corps solides , on doit demeurer d'accord que l'air mouille au

moins un grand nombre de matiéres : car c'eft un fait certain que fi
l'on verfe dans un vafe quelque liqueur qui oblige l'air d'en fortir, il
demeure toujours une couche de ce
fluide adhérente aux parois ; on ne
l'apperçoit pas communément, parce qu'elle eft fort mince & tranfpa-
rente; mais elle devient fenfible quand
on la dilate, foit qu'on chauffe fortement le vafe, foit qu'on le mette
dans le vuide : & c'eft par cette raifon qu'un barométre qui n'a point été
rempli au feu, c'eft-à-dire, dont le
mercure n'a point bouilli dans le
tube, paroît terne ; & qu'on y apperçoit une infinité de petites bulles
d'air qui font demeurées attachées
au verre. Si mouiller fignifie cette
impreffion qui fe fait fur la peau
lorfque nous touchons une liqueur,
impreffion toujours différente de
celle d'un corps folide, parce que
les parties mobiles entr'elles & très-
déliées, fe moulent dans les pores,
& procurent un attouchement plus
exact & plus complet ; dans ce fens
l'air mouille auffi, & fi nous nous en
appercevons moins, c'eft que l'im-

preſſion qu'il a coutume de faire ſur nous nous eſt plus familiére : ſa façon de mouiller eſt différente, ſans doute, de celle des liqueurs, comme celles - ci mouillent auſſi différemment les unes des autres ; l'eſprit-de-vin mouille autrement que l'eau, & l'eau ne mouille pas comme l'huile ; c'eſt-à-dire, que leur application ſur la peau excite des ſenſations différentes.

Des que l'on ſçait par un nombre infini d'obſervations familiéres, que l'air eſt matériel, que ſes parties réunies forment une maſſe réſiſtante, mobile, & capable de mouvoir d'autres corps, il eſt preſque ſuperflu d'examiner s'il eſt péſant : car quoique la péſanteur ne ſoit pas un attribut eſſentiel à la matiére, & qu'on puiſſe bien la concevoir ſans cette tendance au centre de la terre ; cependant nous n'avons aucun exemple à citer qui nous autoriſe à excepter l'air de cette loi commune ; & nous devons préſumer qu'il y eſt aſſujetti comme les autres corps ſublunaires, à moins que nous n'ayons des preuves du contraire.

Mais bien loin d'avoir aucune raiſon

fon pour attribuer à l'air une légéreté absolue, des faits fans nombre nous forcent à reconnoître fon poids : nous en avons rapporté plufieurs en traitant de l'hydroftatique ; en voici d'autres qui le prouvent directement.

PREMIERE EXPERIENCE.

PREPARATION.

La *Figure* 1. repréfente une de ces pompes que l'on nomme communément, *Machines pneumatiques* : quoique ce nom, à le prendre felon fon étymologie, convienne également à toutes les machines qui fervent aux expériences qu'on fait fur l'air ; cependant par un ufage qui a prévalu, il défigne fpécialement celle avec laquelle on fait le *vuide*, c'eft-à-dire, avec laquelle on pompe l'air d'un vaiffeau, apparemment parce qu'elle a plus de célébrité que les autres, & que par fon moyen on a fait un grand nombre de curieufes & utiles découvertes en ce genre. Son premier Auteur fut Otto de Guerike, Conful ou Bourguemeftre de Magdebourg, qui commença à la faire connoître à Ra-

tisbonne l'an 1654. Quelques années
après, Boyle en fit conftruire une à
peu près femblable qu'il a beaucoup
perfectionnée depuis. Le grand ufage que fit de cette machine le Philo-
fophe Anglois, & le fuccès de fes
expériences, firent perdre de vûe le
Magiftrat Allemand à qui l'on en doit
l'invention, de forte qu'à préfent le
principal effet de cette pompe fe
nomme communément *le Vuide de
Boyle.* M. Homberg touché des progrès qu'avoit fait la Phyfique en Allemagne & en Angleterre par le
moyen de cette ingénieufe machine,
& n'ignorant pas de quelle utilité elle
pouvoit être entre les mains des Sçavans, chercha des moyens de la rendre plus exacte qu'elle n'avoit été
jufqu'alors; & par fes foins, l'Académie Royale des Sciences dont il étoit
membre, en fit faire une il y a environ 45 ans, que l'on voit encore à
l'Obfervatoire parmi les inftrumens
qui lui appartiennent. Enfin depuis
que j'ai embraffé une profeffion qui me
rend l'ufage de cette pompe auffi fréquent que néceffaire, je me fuis appliqué à la rendre telle, qu'elle pût

être d'un fervice plus fûr , plus commode & plus étendu qu'elle n'avoit
été précédemment ; on pourra juger fi j'ai rempli ces trois objets en li-
fant dans les Mémoires de l'Académie pour les années 1740 & 1741 ,
les changemens & les augmentations
que j'ai faits à cette machine , dont
on trouvera l'hiftoire & la defcrip-
tion , avec un détail que je ne puis
me permettre ici.

Je dirai feulement , pour faciliter
l'intelligence des faits que j'ai à rapporter dans la fuite de cette Leçon ,
que la machine pneumatique dont je
me fers eft compofée de fix parties
principales , fçavoir , 1°. d'un corps de
pompe de cuivre *A* : 2°. d'un pifton
dont le manche eft terminé en forme
d'étrier *B* , pour être abbaiffé avec le
pied , & garni d'une branche montan-
te avec une poignée *C* , pour être rele-
vé avec la main : 3°. d'un robinet dont
on voit la clef en *D* : 4°. d'une platine couverte d'un cuir mouillé , fur
lequel on pofe le récipient ou la cloche de verre *E* : 5°. d'un pied *F G* ,
avec deux tablettes *H* , *H* , qui
peuvent fe hauffer & fe baiffer à vo-

lonté : 6°. d'un rouet *I K L*, avec lequel on peut tranfmettre un mouvement très-rapide dans un récipient après qu'on en a pompé l'air.

Comme on ne peut pas faire le vuide d'un feul coup de pifton, il faut qu'on puiffe le remonter fans faire rentrer dans le récipient l'air qu'on en a ôté, & qui a paffé dans le corps de la pompe : pour cet effet la clef du robinet eft percée de façon qu'en lui faifant faire un quart de tour, on ouvre une communication par laquelle le pifton, en fe relevant, pouffe l'air du dedans au dehors de la pompe, & l'on ferme en même-tems tout accès du côté du récipient : enfuite en remettant la clef dans fa premiére fituation, on eft en état de donner un nouveau coup de pifton.

Les autres fonctions de cette machine dépendent des propriétés mêmes de l'air que je dois faire connoître ; c'eft pourquoi je différe d'en parler jufqu'à ce que j'aye donné une idée affez étendue de ce fluide fur lequel elle agit.

La *Fig.* 2. eft un ballon de verre qui contient environ 10 pintes de Paris : le col eſt garni d'une virolle de cuivre , & d'un robinet qui s'ajuſte à une vis qui excéde de quelques lignes la platine de la machine pneumatique au centre , de ſorte qu'on peut le vuider d'air & le garder en cet état.

La *Figure* 3. eſt une balance très-mobile à laquelle on met en équilibre le ballon vuide ; & pour conſerver au fleau une plus grande mobilité par la diminution des frottemens de ſon axe , on péſe le ballon dans l'eau , ce qu'il eſt aiſé de faire en y attachant des poids qui l'obligent à ſe plonger entiérement : alors la balance n'eſt chargée que de la péſanteur reſpective du ballon plongé , qui peut être diminuée autant que l'on veut , & du poids que l'on met de l'autre part pour le tenir en équilibre , comme nous l'avons fait voir dans la huitiéme Leçon , par les expériences qui prouvent la ſeconde propoſition.

E F F E T S.

Lorſqu'on ouvre le robinet du ballon ſuſpendu pour y laiſſer rentrer l'air , & qu'on le referme enſuite pour le laisser se plonger sans que l'eau y puisse entrer, il se trouve toujours plus pésant que le poids de l'autre part avec lequel il étoit d'abord en équilibre.

EXPLICATIONS.

Cette expérience est la plus simple & la plus décisive de toutes celles qu'on employe pour prouver que l'air a une pésanteur absolue ; car on sçait que dans l'usage de la balance ordinaire un poids ne peut être enlevé que par un plus grand poids ; puisque le ballon devient plus pésant dès qu'il s'emplit d'air, c'est une marque certaine que cette augmentation vient du fluide qu'il a reçû.

On dira peut-être que le ballon, en se remplissant, ne reçoit point ce nouveau poids de l'air même qui y rentre, mais plutôt des corps étrangers, & des vapeurs aqueuses dont il est toujours chargé, & qui s'introduisent avec lui.

Quoique cette objection, au premier coup d'oeil, ait tout l'air d'une mauvaise difficulté, & qu'elle n'ait arrêté presque personne de ceux qui

ont fait ou connu cette expérience
avant moi, je ne puis cependant dif-
fimuler qu'elle m'a paru forte, fur-
tout lorfque j'ai vû, par des épreuves
faites en différens tems, qu'un volume d'air de 2 ou 3 pintes pris au hazard dans l'atmofphére, contenoit
toujours affez d'eau pour rendre une
once de fel de tartre fenfiblement humide & plus péfante; car fi l'on joint
au poids de cette eau celui des autres matiéres qui font infailliblement
répandues avec elle dans le même
volume d'air, & que le fel de tartre
n'a point abforbées, on pourroit être
tenté de croire que de toute la péfanteur du fluide mixte, il n'y a rien
qui appartienne aux parties propres
de l'air.

Cette confidération a fait dire à
M. Boerhaave * que l'air, de même * Chemia,
que le feu, pourroit bien ne péfer *tom.* I. p.
vers aucun point déterminé de l'U- 267.
nivers : je ne me fuis point arrêté à
cette conjecture; & bien loin de céder à la difficulté, je me fuis mis en
état de la combattre par le procédé
que voici.

Je fufpens le ballon plein d'air à la

balance, & je le tiens en équilibre
dans l'eau avec un poids connu : enfuite, fans le changer de fituation,
j'applique au robinet un fciphon qui
répond à la machine pneumatique
pour y faire le vuide ; à mefure que
je raréfie l'air, je vois tomber au fond
du ballon les vapeurs dont il eft chargé, & qui ne font point de nature à
fe raréfier comme lui & à le fuivre ;
de cette maniére je fais refter dans le
ballon (au moins pour la plus grande
partie) ces corps étrangers à qui l'on
pourroit foupçonner qu'il doit tout
fon poids, & je fuis comme certain
que ce qui fort du vaiffeau eft de l'air
pur ; cependant lorfque j'ai fermé le
robinet, & que j'effaye de remettre
le ballon vuide en équilibre avec le
premier poids, je le trouve, à peu de
chofes près, d'autant plus léger qu'il
étoit plus péfant dans la premiére expérience ; d'où il fuit inconteftable-
ment que l'air, par lui-même, & indépendamment des vapeurs & des
exhalaifons avec lefquelles il fe trouve mêlé, augmente le poids d'un
vaiffeau qu'il remplit.

APPLICATIONS.

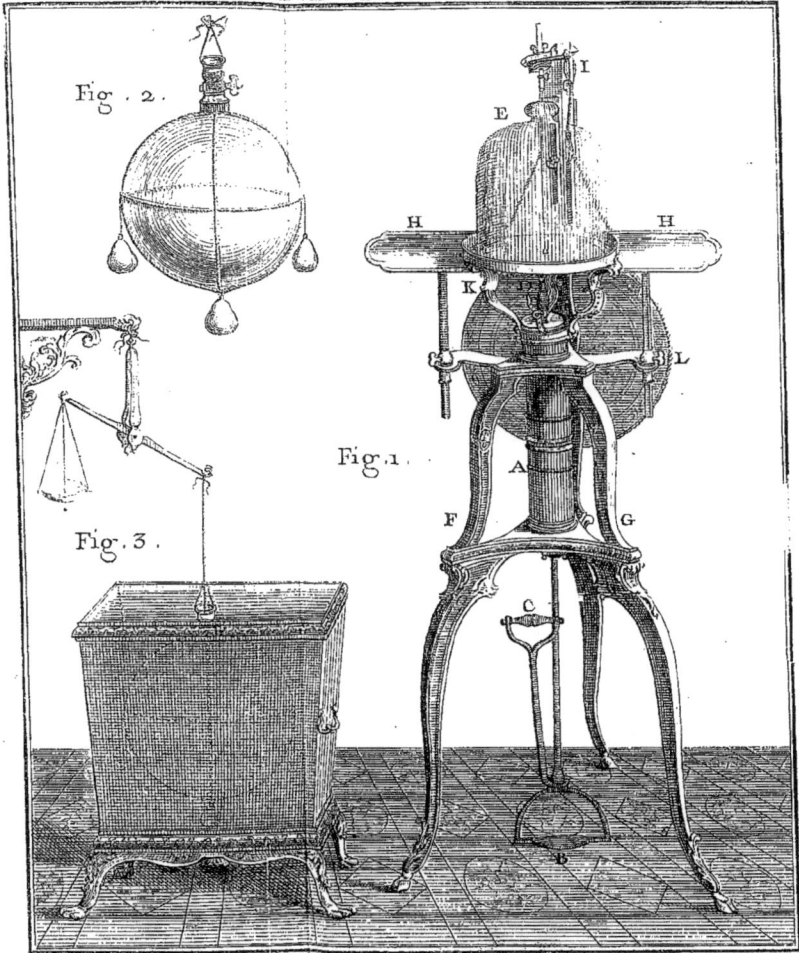

Fig. 2.

Fig. 1.

Fig. 3.

Brunel fecit

APPLICATIONS.

Par le moyen des expériences que je viens de rapporter, non-seulement on peut s'assurer de la pésanteur absolue de l'air ; mais on peut connoître aussi quelle est sa pésanteur spécifique, en comparant un volume d'air connu dont on sçait le poids avec un pareil volume d'une autre matiére que l'on pése séparément : un exemple rendra ceci plus intelligible.

Après avoir mis mon ballon plein d'air & plongé dans l'eau en équilibre au bras de la balance, si je le rends plus léger en pompant la plus grande partie de l'air qu'il contient, le poids que j'ajoute ensuite de son côté pour rétablir l'équilibre, est justement celui de l'air qui en est sorti. Je renverse aussi-tôt le ballon dans l'eau, de maniére que l'orifice regarde le fond du vaisseau, & j'ouvre le robinet ; alors le poids de l'atmosphére pousse dans le ballon un volume d'eau qui égale celui de l'air qu'on a ôté : je ferme le robinet ; je remets le ballon dans sa premiére situation, & je charge le bassin de la

balance jufqu'à ce que tout foit en
équilibre ; le poids que je fuis obligé
d'y mettre, eft celui du volume d'eau
qui eft entré dans le ballon ; ainfi en
comparant les deux poids, je voisle
rapport qu'il y a entre deux volumes
égaux d'air & d'eau. En procédant
ainfi, M. Hauxbée a trouvé que la
péfanteur fpécifique de l'air eft à celle
de l'eau, à peu près comme 1 eft à
885.

Au récit de ces expériences, on
croiroit volontiers qu'il n'y a rien de
plus facile à faire que cette comparaifon du poids de l'air à celui d'un
autre fluide par le moyen de la balance ; cependant on n'en vient à bout
qu'avec beaucoup de foins ; & quelques précautions que l'on prenne, il
refte toujours de l'incertitude dans le
réfultat.

La difficulté vient, 1°. de ce que
tous les fluides, & généralement tous
les corps fe dilatent par la chaleur,
& fe condenfent par le froid, de forte
que l'air & l'eau que l'on compare
dans le mois de Juin n'ont pas la même denfité qu'au mois de Janvier:
cet inconvénient ne feroit pas d'une

si grande conséquence, si ces matiéres, en se dilatant ou en se conden-
sant, gardoient toujours entr'elles le
même rapport ; mais il s'en faut bien
que cela soit, & ce n'est point une
petite affaire que de bien connoître
les variations qu'elles éprouvent selon leurs différentes températures.

2°. Comme il n'y a point d'air parfaitement pur, aussi n'y a-t-il point
d'eau qui ne contienne quelque chose d'étranger ; & quoi qu'en disent
quelques Auteurs, il y a bien des
eaux, qui au même degré de chaud
& de froid, différent sensiblement de
pésanteur entr'elles. Or s'il est nécessaire de sçavoir quelle eau ou quel
air on a pésé, pour conclure avec
précision le rapport de l'une à l'autre, on ne peut donc prononcer en
général qu'un à peu près.

3°. Les variations du baromètre
nous apprennent que la pression de
l'atmosphére n'est pas toujours la
même ; & nous verrons bien-tôt que
l'air change de densité selon qu'il est
plus ou moins comprimé. Il peut
donc arriver que le volume d'air mesuré par la capacité du ballon soit

plus péfant dans un tems que dans un autre ; c'eft pourquoi M. Haux-bée, dans le récit de fon expérience, n'a obmis ni la hauteur actuelle du mercure dans le barométre (*a*), ni la faifon dans laquelle il a opéré ; au lieu de citer feulement le mois (*b*), il auroit fans doute défigné la température par le degré du thermométre, s'il y en avoit eu alors de comparables comme à préfent.

4°. Pour comparer exactement le poids de l'air avec celui de l'eau, il faut qu'en plongeant l'orifice du ballon où l'on a fait le vuide, il y rentre juftement autant d'eau qu'il en eft forti d'air, fans quoi ce ne feroit plus comparer enfemble deux volumes égaux. Mais on fçait que quand une liqueur fe trouve dans le vuide, l'air qu'elle contient s'en dégage & s'éléve au-deffus : c'eft le cas où fe trouve l'eau qui commence à monter dans le ballon ; elle blanchit par la quantité des bulles d'air qui s'en échappent, & cet air occupant la partie fupérieu-

(*a*) 29 p. ½, mefure d'Angleterre, c'eft-à-dire, un peu moins que 28 pouces de France.
(*b*) Mai.

re du vaiſſeau, empêche qu'il ne reçoive autant d'eau qu'il devroit y en entrer, eu égard au vuide qu'on y avoit
fait. Il faudroit donc avoir bien purgé d'air l'eau dont on veut ſe ſervir
dans cette expérience ; & c'eſt ce
qu'il ne paroît pas qu'on ait fait juſques à préſent : d'où il ſuit que l'on a
conclu la péſanteur ſpécifique de l'air
un peu plus grande qu'elle n'eſt en
effet.

On ne doit donc pas être ſurpris
de trouver ſi peu d'accord entre les
Auteurs qui ont tenté ces ſortes d'expériences, ſur-tout dans des tems où
les procédés étoient d'autant plus difficiles, qu'on étoit moins inſtruit des
faits, & qu'on n'avoit pas les moyens
dont on peut s'aider maintenant. Ga-
lilée établit le rapport de l'air à l'eau
comme 1 à 400 ; le Pere Merſene
comme 1 à 1346 : quelle différence !
de tous les Phyſiciens qui ont cher-
ché depuis à réſoudre cette queſtion,
perſonne n'a trouvé l'air auſſi péſant
qu'il le ſeroit ſuivant le premier de
ces réſultats, ni auſſi léger qu'il paroît l'être par le dernier (a) : & ſi

(a) Boyle, dans ſes Exp. Phyſicomech.

l'on prend un milieu entr'eux, il paroît affez conftant que l'eau de pluie eft environ 900 fois plus péfante que l'air, l'un & l'autre étant pris dans une température moyenne, comme de 12 degrés au-deffus du terme de la glace, le barométre étant à 28 pouces.

Comme les volumes font en raifon réciproque des péfanteurs fpécifiques, il faudroit donc un volume d'air d'une denfité uniforme & égal à 900 pieds cubes, pour faire équilibre à un pied cube d'eau qui péfe environ 70 livres; d'où il fuit que la péfanteur abfolue d'un pied cube d'air, eft à peu près une once & deux gros (*a*).

La péfanteur de l'air étant une fois connue, on ne doit plus être furpris de fentir la main s'attacher fur un pe-

conclut que l'eau commune eft 938 fois plus péfante que l'air ; & dans d'autres endroits, il varie fur cette eftimation. M. Homberg, comme il paroît par l'hift. de l'Acad. des Sciences, après avoir aufli changé plufieurs fois d'avis, a donné le rapport de l'air à l'eau, comme 1 à 1087 ; M. Halley, comme 1 à 860 ; M. Hauxbée comme 1 à 885 ; M. Mufchenbrock comme 1 à 681.

(*a*) Wolf. Elem. Aërom. p. 741. dit qu'un pied cube d'air péfe une once 27 grains.

tit récipient ouvert par le haut, lorfqu'on y fait le vuide par le moyen de
la machine pneumatique: car tant que
le vafe eft plein d'un air auffi denfe
que celui de l'atmofphére, la main fe
trouve appuyée non-feulement fur les
bords, mais encore fur la maffe du
fluide qui eft renfermé, & qui réfifte
à la preffion extérieure; mais quand
on a fait le vuide, la main, toujours
preffée par l'air du dehors, ne fe trouve plus foutenue que par les bords
du récipient; & pour l'en féparer, il
faudroit faire de bas-en-haut un effort
capable de foulever la colonne d'air
qui péfe deffus. Or le poids de cette
colonne égale celui d'un cylindre de
mercure qui auroit pour bafe le plan
qui eft terminé par les bords du récipient, & 27 à 28 pouces de hauteur,
comme on l'a vû par la fameufe expérience de Toricelli *.

* 7. Leçon,
p. 295.

Il fuit de là que cette preffion eft
d'autant plus grande & plus fenfible,
que le récipient a plus d'ouverture
par en haut; c'eft pourquoi la main y
tient bien davantage que le bout du
doigt, lorfqu'on le pofe fur le trou même qui eft au centre de la platine;

R iiij

& par la même raifon, une clef fo-
rée que l'on fuce, & qui s'attache
enfuite à la langue ou à la lévre, s'en
détache d'autant plus difficilement
que le canal eft plus gros.

Quand on fait ainfi le vuide fous
la main, ou fous quelque autre partie
du corps, on doit avoir foin que les
bords du récipient ne foient pas trop
aigus ; car ils pourroient bien entamer la peau : on peut en faire l'é-
preuve avec la moitié d'une pomme
ou avec une tranche de navet ; au
premier coup de pifton, il arrive
prefque toujours qu'il s'en détache
un cercle qui entre dans le vafe, avec
impétuofité & avec bruit.

Cette adhérence que l'on peut faire
naître par la preffion de l'air extérieur,
pourroit être employée fort utilement
dans la Chirurgie : je ne parle point
de la ventoufe qui eft fi connue, &
dont l'ufage eft maintenant affez né-
gligé en France ; mais n'y auroit-il
pas des occafions où l'on auroit befoin de faifir, pour un peu de tems, une
partie délicate, qui, par fa figure, par
fon volume, ou par fa molleffe, ne
donne point de prife aux tenetes &

autres inftrumens ? une petite pompe dont l'orifice formé en pavillon, pourroit être de telles dimenfions, & garni de telle maniére qu'on le jugeroit à propos pour l'opération, deviendroit un moyen fûr & avantageux entre les mains d'un homme intelligent ; c'eft aux gens de l'art à juger de l'applica-tion qu'on en pourroit faire.

Il femble d'abord que cette pref-fion extérieure de l'air, qui vient de fon poids, devroit écrafer les clo-ches de verre, dont on couvre la pla-tine de la machine pneumatique pour faire le vuide ; mais pour peu qu'on y faffe attention, on verra que ces vaiffeaux, étant toujours uniformé-ment arrondis en forme de cylindre ou de voûte, font à l'abri de cet ac-cident : comme la furface extérieure eft néceffairement plus grande que celle du dedans, toutes les parties qui compofent l'épaiffeur, reffemblent à celles dont on fait les cintres, ce font autant de coins ou de pyramides tronquées, qui fe foutiennent mutuel-lement, à mefure qu'elles font pref-fées vers un axe ou un centre com-mun, par l'action d'un fluide qui péfe en tous sens. On peut voir par la *Fig.* 4. l'épaisseur d'un récipient coupé selon son axe, & par la *Fig.* 5. le même vaisseau coupé parallélement à sa base.

Ce qui prouve bien que la forme atrondie défend les vaisseaux contre le poids de l'air, lorsqu'ils en sont vuides, c'est qu'ils se cassent infailliblement, quand ils ont une autre figure. Que l'on applique à la machine pneumatique celui qui est représenté par la *Fig.* 6 ; il est ouvert de part & d'autre, comme le petit récipient sur lequel on applique la main : mais au lieu de le boucher ainsi, on étend & on lie dessus un morceau de vessie mouillée qui lui sert de fond, & qu'on laisse sécher ; à mesure qu'on fait agir la pompe dessous pour le vuider, le poids de l'air extérieur fait prendre à cette vessie tendue la forme d'une calotte renversée, & enfin elle créve avec éclat. Un morceau de verre de vître, ou de glace de miroir, que l'on poseroit en la place de cette vessie, se briseroit de même, s'il étoit exactement appliqué sur les bords du vaisseau, par le moyen d'un cuir interposé, ou autre-

ment. Les bouteilles de verre mince
qui font fort applaties, & ordinairement couvertes d'osier, crévent assez
souvent, quand on les porte à la
bouche à demi pleines de liqueur,
pour boire à même; car la succion
raréfie l'air intérieur, & le poids de
l'atmosphére agissant sur les deux côtés plats, les porte l'un vers l'autre,
& brise le vaisseau.

Ces sortes d'épreuves, & sur-tout celle de la vessie, causent toujours quelque étonnement aux personnes qui
les voyent pour la premiére fois, par
le grand bruit qui les accompagne.
Cet effet vient de ce que l'air entre
avec une grande vîtesse (*a*) & tout à
la fois en grand volume, dans un vaisseau vuide dont il frappe les parois :
car le bruit vient primitivement du
choc des corps, comme nous le ferons voir par la suite ; & les fluides font
très-capables de heurter les solides.

On remarque quelque chose de

(*a*) Selon M. Papin l'air de l'atmosphére
en rentrant dans le vuide, va avec une vîtesse
qui lui feroit parcourir 1305 pieds dans une
seconde. *Abrég. de Lowtorps*, *Tom. I. p.*
586.

semblable , lorfqu'on tire brufque-
ment le couvercle d'un étui à curre-
dents , d'une écritoire de poche , où
le pifton hors d'une féringue qui eft
bouchée par l'autre bout ; c'eft qu'a-
lors on fait une forte de vuide que
l'air du dehors fe hâte de remplir,
dès que l'accès lui eft libre : car pendant qu'on ouvre l'étui , la capacité
A B, Fig. 7. s'augmente de la quantité
B C , & l'air intérieur en devient d'autant plus rare ; puifqu'au lieu d'être
contenu entre *A B* , comme il l'étoit
dans fon état naturel, il s'étend jufques
en *C* : mais ceci s'entendra encore
mieux , quand nous aurons expliqué
de quelle maniére l'air fe raréfie , lorfqu'on fait ufage de la machine pneumatique.

La denfité de l'air , d'où dépend fa
péfanteur fpécifique , n'eft point conftante , elle varie beaucoup , non-feulement par le froid & par le chaud ,
comme il arrive à toutes les autres
matiéres , mais auffi par une compreffion plus ou moins grande , à la
maniére des corps à reffort. Je dis à
la maniére des corps à reffort , parce
que pendant tout le tems que l'air eft

omprimé , il conserve conftamment
la faculté de s'étendre & d'occuper
un plus grand efpace , aufli-tôt que
l'on fait ceffer les caufes qui refferrent
fon volume , comme le crin , la laine , le duvet de plume , &c. avec
cette différence cependant , que toutes ces matiéres perdent leur élafticité
en tout ou en partie , quand elles
font trop fortement , ou trop long-
tems comprimées , au lieu que l'air
fe rétablit toujours parfaitement ; au
moins peut-on dire qu'il n'y a jufqu'à préfent aucun fait connu qui
prouve le contraire (a).

L'air fe comprime lui-même par
fon propre poids , de forte que celui
que nous refpirons dans la plaine , eft
plus denfe que celui qu'on trouve fur
une montagne ; parceque celui-ci eft
chargé d'une colonne moins longue
que celui-là.

Mais de quelque maniére que l'air
foit comprimé , fon reffort fait tou-

(a) M. de Roberval a gardé pendant 15
ans de l'air comprimé dans une canne à vent ;
& après cet efpace de tems, l'air a montré autant de force qu'il a coutume d'en avoir en pareil cas.

jours équilibre à la puissance qui reſtraint ſon volume, de maniere que ſi
ſa réaction devient libre, il pourra
faire en qualité de fluide élaſtique,
tout ce qu'auroit pû faire la force
qu'on a employée pour le comprimer:
les expériences ſuivantes ſerviront d'é-
clairciſſement & de preuves à ces pro-
poſitions.

II. EXPERIENCE.

PREPARATION.

EFG, *Fig.* 8. eſt un tuyau de verre
recourbé en forme de ſciphon, dont
la plus longue branche a environ 8
pieds de longueur, & la plus courte
12 pouces, à compter de *d* en *G*:
ce tuyau peut avoir intérieurement
3 ou 4 lignes de diamétre, & la partie *d G* doit être parfaitement cylindrique; il eſt ouvert en *E*, & fermé
en *G*; & il eſt attaché ſolidement ſur
une planche aſſez épaiſſe pour ne
point plier facilement, & diviſée en
pouces de *d* en *E*, & de *d* en *G*. Cet
inſtrument étant debout, on y fait
couler un peu de mercure, de maniére que le coude en ſoit rempli;

,n continue enfuite de verfer du mercure dans la branche la plus longue ;
& à mefure qu'elle s'emplit, on obferve par les graduations qui font
marquées de part & d'autre, quels
rapports gardent entr'elles les élévations du mercure dans les deux
branches.

EFFETS.

Lorfque le mercure eft élevé de
4 pouces au-deffus du point *d* dans la
plus courte branche ; à compter du
niveau de cette élévation, il s'en trouve 14 pouces dans la plus longue.

En continuant de verfer du mercure, on remarque que 6 pouces d'é-
lévation vers *G*, répondent à 28 pouces de l'autre part ; & 9 pouces à
84.

EXPLICATIONS.

Avant que de faire couler du mercure dans l'inftrument, toute fa capacité eft remplie d'un air qui eft comprimé par le poids même de l'atmofphére : en mettant du mercure
dans le coude *d*, on divife cet air en
deux colonnes, dont une *E d*, fouf-

fre toujours la même compreſſion de
la part de l'air extérieur, avec qui elle
communique : & l'autre *d G* doit être
conſidérée comme un reſſort précédemment tendu par le poids de l'atmoſphére ; tant que le mercure eſt en
équilibre avec lui-même dans la ligne
d h, cette petite colonne d'air faiſant
auſſi équilibre par ſon reſſort à l'autre, qui péſe en *d*, ſon volume ne
doit ni augmenter ni diminuer ; mais
lorſqu'on ajoûte du mercure dans la
plus longue branche, il ne s'éléve pas
également dans la plus courte, parce que l'air qui s'y trouve renfermé,
lui fait obſtacle. Cette oppoſition cependant n'empêche pas qu'il ne ſoit
reſtraint dans un plus petit eſpace,
parce qu'alors il eſt preſſé, non-ſeulement par le poids de l'atmoſphére,
comme auparavant, mais encore par
une colonne de mercure, dont la
hauteur ne doit ſe compter que du
niveau de ſon élévation dans la plus
courte branche, puiſque ce qu'il y
en a au-deſſous de cette ligne eſt
égal de part & d'autre.

* Tom. II.
VII. Leçon
p. 295. &
ſuiv.
On doit ſe ſouvenir qu'en parlant
du barométre *, nous avons obſervé

vé qu'une colonne de mercure d'environ 28 pouces de hauteur, pése autant qu'une colonne d'air de même bafe, & de la hauteur de l'atmofphére: 14 pouces de mercure ajoutés au poids de l'air extérieur augmentent donc d'un tiers la preffion qu'il exerce contre celui qui eft entre G d; voilà pourquoi le volume de cette portion d'air fe condenfe, & que ce cylindre, au lieu de demeurer long d'un pied, diminue de 4 pouces, qui font le tiers de fa premiére longueur.

Par la même raifon, lorfque la colonne de mercure eft de 28 pouces au-deffus de fon niveau, le poids de l'atmofphére eft doublé, & l'air qui foutient cette double compreffion, ne forme plus qu'un cylindre de fix pouces de hauteur; c'eft-à-dire, que fon volume diminue de moitié.

Enfin 84 pouces de mercure font trois colonnes l'une fur l'autre de 28 pouces chacune, dont la fomme égale trois fois le poids de l'atmofphére, & qui doivent par conféquent faire perdre les trois quarts de fon volume à la colonne d'air d G qu'elles compriment; ainſi cette colonne de 12 pouces ſe réduit à trois.

Cette expérience que l'on doit à Boyle * & à M. Mariotte **, prouve fort bien, comme on voit, que l'air comprimé diminue de volume comme la preſſion augmente : & puiſque la denſité d'une matiére croît à meſure que ſes parties ſe rapprochent & qu'elles occupent enſemble un moindre eſpace, on peut dire que l'air ſe condenſe, en raiſon directe des poids dont il eſt chargé. Cependant il eſt aſſez raiſonnable * de croire que cette proportion n'a pas lieu dans les degrés extrêmes, ou bien il faudroit ſuppoſer gratuitement, que l'air eût à cet égard un privilége excluſif ; car nous ne connoiſſons aucun corps élaſtique qui puiſſe être comprimé à l'infini, & toujours proportionnellement aux puiſſances dont il éprouve l'action. D'ailleurs comme l'air n'eſt jamais pur, & que les matiéres dont il eſt chargé, ne ſont pas compreſſibles comme lui, on doit croire, qu'après une compreſſion très-grande, ſes parties ceſſeroient d'être flexibles, parce qu'elles ſeroient appuyées ſur des

*Contra Linum p. 42.
** Oeuvres de M. Mariotte, in-4. Tom. I. p. 153.

* Hiſt. de l'Acad. 1702. p. 2.

corps étrangers, dont la nature eft de ne céder à aucune force connue.

POUR faire avec exactitude l'expérience que je viens de rapporter, il faut 1°. Que les deux branches de l'inftrument foient paralléles entr'elles, & les tenir dans une fituation bien verticale pendant qu'on obferve les élévations du mercure; car comme les liquides péfent en raifon de leur hauteur perpendiculaire à l'horifon, fi ces branches étoient panchées, la preffion ne feroit pas comme la longueur des colonnes qu'elles renferment. 2°. Il faut prendre garde d'échauffer ou de refroidir le volume d'air contenu dans la branche *d G*; car il changeroit de dimenfions, indépendamment de la preffion qu'il fouffre de la part du mercure, & de l'air extérieur. 3°. On doit avoir foin que la branche courte foit intérieurement bien cylindrique; car autrement des parties égales mefurées fur fa longueur, ne donneroient pas des capacités femblables, & l'on ne pourroit pas conclure avec juftefle, le degré de condenfation de l'air par le raccourciffement de la colonne, qu'il re-

présente à mesure que la compreſſion
augmente.

III. EXPERIENCE.

PREPARATION.

11, *Fig.* 2. repréſente un ſceau rempli d'eau , dont on obſerve la température par le moyen d'un thermométre qu'on y plonge ; on aſſujettit dans
ce premier vaiſſeau , avec un poids ou
autrement , une bouteille dont l'orifice *L L* eſt fort large : on prépare enſuite un bouchon de liége que l'on
perce au milieu pour recevoir le tube du baromètre *K M* , & l'on place
l'un & l'autre de façon que la partie
inférieure du baromètre ſoit dans la
bouteille ; après quoi l'on verſe ſur le
bouchon de la cire fondue & mêlée
de thérébentine , pour empêcher qu'il
n'y ait aucune communication entre
l'air du - dedans & celui du-dehors ;
mais depeur que la chaleur de la cire
n'échauffe l'air intérieur , & n'en change la denſité , il faut pratiquer au travers du bouchon & de ſon enduit ,
un petit canal que l'on ne ferme que
quand tout eſt bien refroidi : alors

on marque avec un index à quelle hauteur le mercure se tient dans le baromètre.

EFFETS.

Non-seulement le mercure ne hausse ni ne baisse au moment qu'il est renfermé : mais quoique par la suite il fasse appercevoir ces sortes de variations suivant la température du lieu où il est ; toutes les fois qu'on le rappelle au degré de chaud ou de froid qu'il avoit dans le vaisseau *II*, où s'est faite la préparation, le mercure se remet à la hauteur indiquée par l'index : & cet effet est toujours le même après plusieurs années.

EXPLICATION.

Un instant avant qu'on ferme la bouteille, l'air qu'elle contient communiquant avec celui du dehors, fait encore partie de l'atmosphère, en soutient la pression, & la transmet en s'appuyant contre les parois intérieures du vaisseau, & contre tout ce qui s'y trouve renfermé ; cet air agit alors comme pésant sur le réservoir du baromètre, & soutient le mercure à 28 pouces. Auſſi-tôt que la bouteille eſt bouchée, cette même maſſe d'air n'a plus que ſon propre poids, qui eſt bien peu de choſe en comparaiſon de celui de l'atmoſphére, à qui elle étoit jointe précédemment : mais elle reſte comprimée ſelon toute la force de ce poids dont elle n'eſt plus chargée, & ſa réaction eſt égale à cette force ; c'eſt pourquoi elle ſoutient en qualité de corps à reſſort les 28 pouces de mercure qu'elle portoit, lorſqu'elle péſoit avec l'air extérieur.

Il ſuit de cette épreuve que non-ſeulement le reſſort de l'air eſt égal à la force qui l'a comprimé ; mais on voit auſſi que cette élaſticité ne s'af-foiblit pas, comme celle des autres corps, par ſucceſſion de tems, puiſ-que le mercure ſe ſoutient, ou revient toujours au même dégré d'élévation, quoique pendant pluſieurs années on tienne la même maſſe d'air en expé-rience.

IV. EXPERIENCE.

PREPARATION.

La *Fig.* 10. repréſente deux hémiſ-

phéres concaves de cuivre, & de 6
pouces de diamétre, dont l'un eſt
garni d'un robinet par lequel il peut
s'ajuſter à la machine pneumatique,
& l'autre porte un anneau au milieu
de ſa convexité, pour être facilement
ſuſpendu. Ces deux calottes ſe joignent en forme de globe ; & pour rendre la jonction plus facile & plus exacte, l'une des deux a ſes bords garnis
d'un anneau plat dont la largeur excéde autant en dedans qu'en dehors ;
on le couvre d'un cuir mouillé ſur lequel s'appliquent les bords de l'autre
hémiſphére, qu'on a eu ſoin de bien
dreſſer.

Tout étant ainſi diſpoſé, on fait le
vuide dans cette boule creuſe, & l'on
ferme le robinet pour la tenir en cet
état ; lorſqu'elle eſt détachée de la
machine pneumatique, on joint au
robinet un crochet de métal capable
de porter un poids de 60 livres, &
l'on attache l'anneau à quelque point
fixe.

EFFETS.

Quand ces deux hémiſphéres ainſi
joints ſont ſuſpendus, comme on le

peut voir par la *Fig.* 11. le poids de 60 livres qu'on y attache, n'eft pas capable de les féparer l'un de l'autre ; & quand on ouvre le robinet pour laiffer rentrer l'air, la moindre force les défunit.

V. EXPERIENCE.

PREPARATION.

Quand les deux hémifphéres font at- tachés enfemble par l'évacuation de l'air, au lieu de les ôter de la machi- ne pneumatique, il faut feulement dévifler deux ou trois tours, le robi- net par lequel ils font appliqués à la pompe, afin qu'on puiffe faire le vui- de dans un récipient dont on les cou- vrira. Ce vaiffeau doit être ouvert par le haut, & garni d'une boëte de cui- vre remplie de cuirs gras preffés les uns fur les autres, à travers defquels on fait paffer une tige de métal bien arrondie & bien cylindrique. Cette ti- ge porte d'un côté un anneau par le- quel on peut la faire mouvoir de bas- en-haut & en tournant ; & à fon au- tre bout on ajufte un crochet qui s'engage dans l'anneau de la calotte fupérieure,

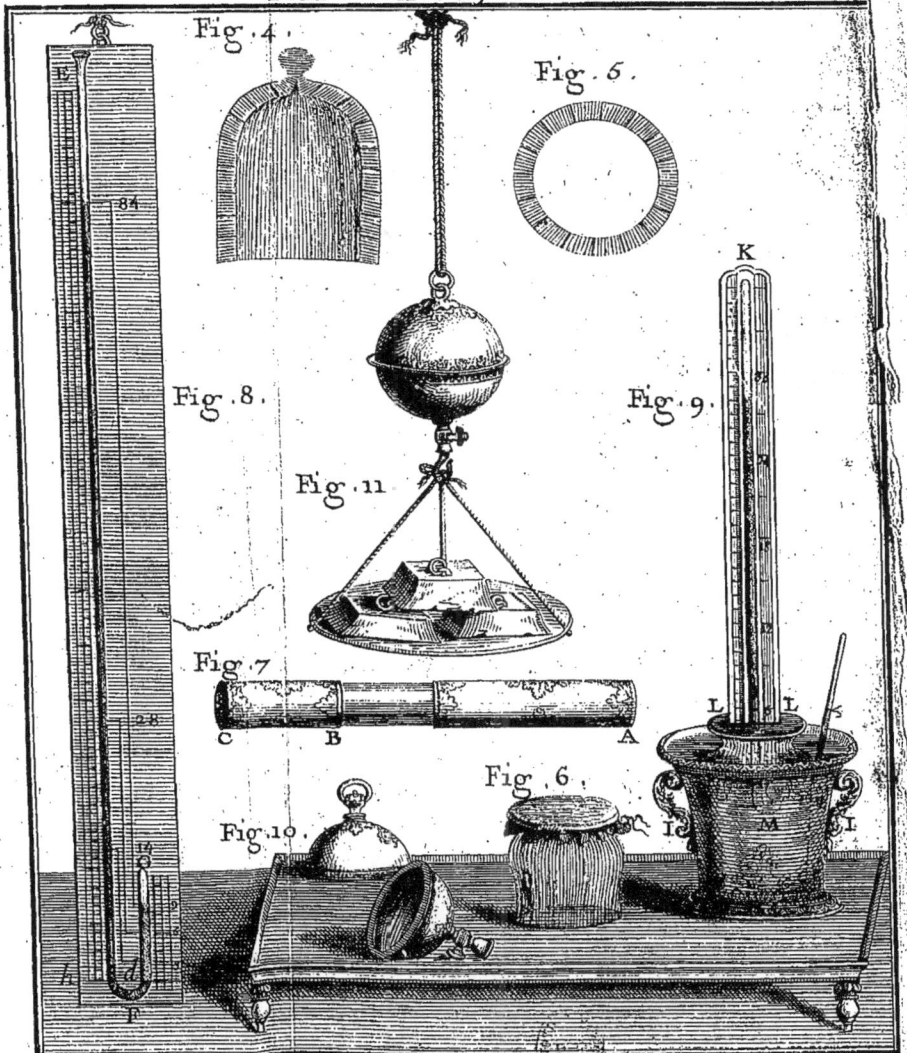

Fig. 4.

Fig. 5.

Fig. 8.

Fig. 9.

Fig. 11.

Fig. 7.

Fig. 6.

Fig. 10.

Brunet. fecit.

supérieure, comme il eſt repréſenté par la *Fig.* 12.

Par le moyen de cette boëte à cuirs, lorſqu'elle eſt bien faite, on peut tranſmettre toutes ſortes de mouvemens dans le vuide, ſans que les différens mouvemens de la tige faſſent rentrer l'air, au moins d'une quantité ſenſible. Il eſt inutile de dire, qu'au lieu du crochet dont on ſe ſert dans cette expérience, on peut ajuſ-ter au bout de la tige tout autre inſ-trument dont on aura beſoin ſelon les circonſtances.

E F F E T S.

Quand on a raréfié l'air du réci-pient à un certain degré, & que l'on tire la tige de la boëte à cuirs de bas-en-haut, les deux hémiſphéres ſe ſé-parent ſans peine ; & ſi l'on remet en place celui qu'on a ſoulevé, en faiſant rentrer l'air dans le récipient, on les attache auſſi fortément qu'ils l'é-toient avant qu'on les plaçât dans le vuide.

E X P L I C A T I O N S.

Les deux hémiſphéres ne s'atta-

Tome III. T

chent point enfemble tant que l'air qui s'y trouve renfermé demeure dans fon état naturel, c'eft-à-dire, auffi denfe que celui du dehors, parce que l'effort qu'il fait pour s'étendre, & pour écarter ces deux calottes qui lui font obftacle, eft précifément égal à celui de l'atmofphére qui les preffe extérieurement; chacune d'elles fe trouve en équilibre entre deux puiffances de même valeur.

Mais quand cet air intérieur fe trouve raréfié par l'action de la pompe, la force de fon reffort en eft d'autant affoiblie; l'équilibre eft rompu, & l'adhérence des deux hémifphéres eft proportionnelle à la différence qu'il y a entre la denfité de l'air qui preffe extérieurement, & celle de l'air qui réfifte en-dedans; de forte que fi celui-ci pouvoit être réduit à zéro, il faudroit employer, pour féparer ces deux piéces, un effort un peu plus grand que le poids d'une colonne entiére de l'atmofphére, dont la bafe auroit fix pouces de diamétre, ce qui feroit plus de 400 livres; en fuppofant feulement, felon l'évaluation commune, qu'une colonne de l'atmofphére fait une preffion de 10 ou 11 livres fur un efpace circulaire d'un pouce de diamétre.

Lorfqu'on a placé la boule vuide fous un récipient qui lui ôte toute communication avec l'atmofphére ; ce n'eft plus, à la vérité, le poids de cet atmofphére, qui retient les deux hémifphéres l'un contre l'autre ; mais c'eft la réaction d'une maffe d'air comprimé précédemment par ce poids, & qui eft capable des mêmes effets : c'eft pourquoi ces deux piéces ne fe féparent facilement, que quand on a détendu le reffort de l'air environnant, en diminuant fa denfité par plufieurs coups de piftons, jufqu'à ce qu'il foit autant raréfié que celui qui refte dans la boule.

Si l'air, en rentrant dans le récipient, trouve les deux hémifphéres rejoints de maniére qu'il ne puiffe pas s'y introduire & s'y étendre comme dans le refte du vaiffeau, il les preffe de nouveau l'un contre l'autre, par la même raifon qu'ils avoient été d'abord attachés, & avec autant de force, s'il y a la même différence entre les deux airs, celui du dehors & celui du dedans.

T ij

APPLICATIONS.

C'est en conséquence des principes dont on vient de voir les preuves,
que le vuide se fait dans un vaisseau
par le moyen de la machine pneumatique ; car en abbaissant le piston d'un
bout à l'autre de la pompe , on fait
naître un espace sans air , dans lequel
celui du récipient ne manque pas
de s'étendre en vertu de son élasticité ; mais une masse d'air qui se partage ainsi à deux espaces , devient nécessairement plus rare dans chacun
des deux ; c'est pourquoi le poids de
l'atmosphére produit en même-tems
les deux effets suivans : 1°. il attache
le récipient à la platine , comme on
a vû qu'il fait tenir ensemble les deux
hémisphéres de métal : 2°. si l'air extérieur ne peut pas rentrer par le haut
de la pompe , ce même poids de
l'atmosphére remonte le piston en
partie , c'est-à-dire , jusqu'à ce que
l'air qui est dans la pompe soit aussi
dense que celui de dehors.

Ce dernier effet mérite attention :
bien des gens se dégoûtent de la machine pneumatique simple , par la dif-

ficulté qu'ils trouvent à remonter le
piston : on s'épargne une grande partie de cette peine quand on fait la
clef du robinet de façon que l'air
puisse bien passer du dedans au-dehors de la pompe, mais non pas réciproquement : car avec cette précaution *, le piston se reléve comme
de lui-même ; & il reste peu de chose à faire, sur-tout lorsqu'on approche des derniers degrés de raréfaction.

* Voyez
les Mém.
de l'Acad.
pour l'an-
née 1740.
p. 413.

Quant à l'adhérence du récipient à
la platine, elle augmente à mesure
que l'air se raréfie ; & cette raréfaction, à chaque coup de piston, suit
le rapport des capacités. Si par exemple celle de la pompe est égale à celle
du récipient, au premier coup, la
densité de l'air diminue de moitié,
parce que son volume devient double, puisqu'il remplit deux espaces
semblables à celui qu'il occupoit d'a-
bord : au second coup, il se raréfie
encore dans la même proportion, &
par conséquent sa densité est réduite
au quart, & ainsi de suite ; d'où il
paroît qu'une machine pneumatique,
quelque parfaite qu'elle puisse être,

T iij

ne peut jamais évacuer parfaitement
l'air du récipient, puisque la densité
de cet air diminue toujours en proportion géométrique. En un mot, pour
ne point se faire une idée fausse du
vuide qui se fait ainsi, on doit considérer le récipient comme étant toujours plein, mais d'un fluide dont la
densité diminue de plus en plus, jusqu'à ce que le ressort de ses parties
soit autant détendu qu'il peut l'être,
dans un espace où il est peu gêné : je
dis peu gêné, pour ne pas dire absolument qu'il ne l'est plus ; car il
paroît qu'il l'est encore, quand on
a épuisé tous les efforts de la meilleure machine pneumatique, comme on le verra par ce qui va suivre.

Que la raréfaction de l'air, dans le
récipient, soit proportionnelle au
rapport qu'il y a entre la capacité de
ce vaisseau & celle de la pompe ; c'est
un fait dont il est facile de s'assurer
par l'expérience : que l'on adapte un
baromètre à un récipient, dont la
capacité soit à celle de la pompe, par
exemple, comme 2 à 1, & qu'on
l'applique à la machine pneumatique
de la maniére qu'on le voit par *la*

Fig. 13. au premier coup de piſton, la
denſité de l'air ſera diminuée d'un
tiers ; auſſi le mercure deſcendra d'un
tiers de ſa hauteur, en partant de 27
pouces, il ſera donc à 18 : au ſecond
coup, l'air ſera d'un tiers encore plus
rare qu'il n'étoit après le premier
coup ; & le mercure deſcendra auſſi
du tiers de 18 pouces, c'eſt-à-dire,
à 12, & toujours ainſi de la 3e partie
du dernier reſtant.

Ce fait étant bien conſtaté, on
pourra donc trouver tout d'un coup
le rapport des capacités entre un récipient quelconque, & la pompe à
laquelle on l'applique ; & ſi l'on connoît la grandeur abſolue de l'une des
deux, cette comparaiſon fera con-
noître l'autre : car, 1^{ment}, ſi le mercure deſcend au premier coup de piſ-
ton du quart de ſa hauteur, on peut
conclure en toute ſûreté, que la capacité du récipient eſt à celle de la
pompe, comme 3 eſt à 1 ; & 2°. ſi
l'on ſçait d'ailleurs que la pompe tient
une pinte, on ſçaura de cette maniér-
re que le récipient en tient trois :
cette façon de jauger les vaiſſeaux
pourroit trouver des applications utiles.   T iiij

On peut auſſi, par ce moyen, eſtimer les degrés de raréfaction de l'air,
& il y a long-tems qu'on applique
pour cet effet le barométre à la machine pneumatique : mais comme
d'ordinaire on n'a beſoin de connoître au juſte l'état de l'air, que quand
il approche des derniers degrés de raréfaction, on peut alors ſe diſpenſer
d'employer un barométre entier, qui
ſeroit trop caſuel & toujours fort
embarraſſant ; puiſque dans un air
très-raréfié le mercure ne garde que
quelques pouces ou quelques lignes
de hauteur, on peut regarder le reſte du tuyau qui demeure vuide au-
deſſus comme inutile, & le ſuppri-
mer : par ce moyen on a un barométre
tronqué qui n'eſt autre choſe qu'un
petit ſcyphon renverſé, dont la plus
longue branche que l'on emplit de
mercure, eſt ſcellée hermétiquement
par le haut, & que l'on attache debout ſur un petit pied de plomb avec
une régle de bois mince & graduée
en pouces & en lignes. *Voyez la Fig.*
14.

Mais ſoit qu'on ſe ſerve de cette
eſpéce de jauge, ſoit qu'on employe

le baromètre entier, on ne voit jamais descendre le mercure parfaitement à son niveau ; il demeure toujours élevé un peu au-dessus, s'il n'y a point d'ailleurs quelques causes étrangéres *. On ne doit pas s'en prendre au poids de l'air qui reste dans le récipient : la colonne qui répond à celle du mercure est trop courte, & sa densité est trop diminuée pour avoir une pésanteur sensible ; mais il est naturel de penser que quand l'air est extrêmement raréfié, son ressort, quoique suffisant encore pour soutenir une ligne de mercure, est déja trop affoibli pour forcer les frottemens & les vapeurs grasses qui s'opposent à son passage dans le canal étroit du robinet. C'est une petite imperfection dont les machines pneumatiques les mieux faites ne sont point exemptes ; mais ce défaut ne tire point à conséquence ; & quand elles n'ont que celui-là, on peut toujours réduire la densité de l'air à $\frac{1}{300}$ de celle qu'il a quand le baromètre marque 28 pouces ; car une bonne pompe abbaisse le mercure à peu près à une ligne de son niveau, & 28 pouces donnent 336 lignes.

*Voyez les Mém. de l'Acad. des Sc. pour l'année 1741. p. 345.

Si l'on entend bien de quelle manière l'air agit , soit par son poids, soit par son ressort, on expliquera facilement une infinité de faits curieux, que l'usage des machines pneumatiques, & la facilité que l'on a acquise de faire le vuide , ont donné occasion de connoître.

Une vessie dans laquelle on enferme un peu d'air, & que l'on tient dans le vuide , ne manque pas de s'enfler, parce que ce peu d'air qu'elle contient se raréfie lui-même à mesure que celui qui l'environne perd de sa densité : & en pareil cas un plomb qui péseroit 12 ou 15 livres ne l'empêcheroit pas de s'enfler , parce qu'il ne seroit point équivalent à la pression de l'air qu'on fait cesser d'agir autour d'elle dans le récipient.

Par la même raison , une bouteille de verre mince & pleine d'air que l'on a bien bouchée, créve dans le vuide, parce que rien ne fait plus équilibre au ressort de l'air qu'elle contient , & qui fait un effort continuel pour se déployer.

Un œuf placé dans un gobelet se vuide par un fort petit trou que l'on

fait en fa partie inférieure , quand on
raréfie l'air qui l'environne ; il fe remplit auffi par le même trou quand on
laiffe rentrer l'air dans le récipient :
c'est qu'un œuf , fur-tout s'il eft vieux,
contient de l'air qui furnage dans
l'endroit le plus élevé de la coque ,
à caufe de fa légéreté : cet air s'é-
tend & chaffe devant lui la matiére
propre de l'œuf, à mefure qu'on diminue la preffion de l'air extérieur avec
lequel il étoit d'abord en équilibre ;
dès qu'on rend l'air dans le récipient,
fa preffion fait rentrer tout ce qui eft
forti de la coque , & refferre l'air intérieur dans le premier efpace qu'il
occupoit.

Cette explication devient fenfible ,
fi dans une phiole pleine d'eau dont
on plonge l'orifice dans un vafe , on
laiffe une bulle d'air qui ne manque
pas d'occuper la partie fupérieure, &
qu'on faffe paffer le tout dans le vuide. *Voyez la Fig.* 15. Car à mefure
qu'on raréfie l'air du récipient , on
voit que la bulle s'étend de plus en
plus (*a*) , & qu'elle précipite l'eau

(*a*) Par une pareille expérience, M. Mariotte conclut que l'air , en partant de l'état

qui eſt renfermée avec elle ; après quoi ſi l'air vient à rentrer dans le récipient, la liqueur remonte, & l'air reprend ſon premier volume au-deſſus d'elle.

Une vieille pomme ſe déride dans le vuide, parce que l'air qui eſt ſous la peau s'étend & la ſouléve ; mais elle devient plus ridée qu'auparavant, quand elle ſort du vuide, parce que l'air qu'elle contenoit en ſe mettant au large, en eſt ſorti en partie, & qu'il en reſte d'autant moins, pour réſiſter à la preſſion de l'air extérieur, ce qui fait augmenter les plis de la peau.

Il ſeroit ſuperflu de rapporter ici toutes les expériences de cette eſpéce qui ont été faites, & qui feroient plutôt un ſpectacle agréable & amuſant, qu'un concours de preuves néceſſaires pour confirmer ou pour éclaircir les principes, que nous croyons avoir établis aſſez ſolidement; il ſuffit qu'on entende bien quelques-

où il eſt à la ſurface de la terre, peut remplir un eſpace 4000 fois plus grand que celui qu'il a coutume d'occuper. *De la nat. de l'air*, p. 173.

ins de ces faits, tous les autres deviennent faciles à expliquer.

MAIS après avoir fait connoître
le reffort de l'air tendu par le poids
de l'atmofphére, & les différens dégrés de raréfaction dont ce fluide eft
fufceptible, en partant de l'état où il
eft communément à la furface de la
terre, il eft à propos maintenant de
faire voir combien on peut augmenter fa denfité & fon reffort, lorfqu'on
le foumet à une preffion plus grande
que celle de l'atmofphére.

VI. EXPERIENCE.

PREPARATION.

La *Fig.* 16. repréfente un vaiffeau de
cuivre que l'on remplit d'eau environ
jufqu'aux deux tiers de fa capacité:
on y joint enfuite le canal NO garni
d'un robinet qui s'ajufte à vis au vaiffeau, & dont le bout inférieur O,
qui eft ouvert, defcend à une ligne
près du fond. On adapte en N la petite pompe foulante PR, *Fig.* 17. avec
laquelle on fait entrer à force beaucoup d'air ; après quoi le robinet
étant fermé, on ôte la pompe pour

viffer en fa place un ajutage percé d'un ou de plufieurs trous.

La pompe prend l'air par un trou pratiqué en *P* au-deffus duquel on éléve le pifton ; & ce même pifton, en defcendant, le force de paffer par un petit trou pratiqué au fond, & fur lequel on a mis une foupape en dehors, pour empêcher que l'air ne revienne dans la pompe quand on éléve de nouveau le pifton.

EFFETS.

Dès que l'on ouvre le robinet, l'eau fort du vaiffeau en forme de jet, qui monte d'abord à la hauteur de 25 ou 30 pieds, & qui baiffe fur la fin.

EXPLICATIONS.

La quantité d'air qu'on force d'entrer dans le vaiffeau remonte d'abord à travers de l'eau, à caufe de fa légéreté, & va fe joindre à celui qui occupe la place *LNQ*, dont il augmente d'autant la denfité : cet air ainfi comprimé a une force élaftique beaucoup plus grande que le poids de l'air extérieur qui refifte à l'orifice *N* du canal. Cette force fe déploye

ur la furface de l'eau , & la chaffe
par le canal qui eft ouvert , avec
d'autant plus de vîteffe qu'il y a de
différence entre la denfité de l'air qui
eft renfermé dans le vaiffeau , & celle
de l'air extérieur : & comme cet air
qui chaffe l'eau fe trouve plus au large à mefure que le vaiffeau fe vuide ,
fon reffort s'affoiblit de plus en plus ;
& par cette raifon , le jet en devient
moins élevé vers la fin.

Si l'on avoit lieu de douter que
l'effet dont il s'agit ici ne vînt , comme nous le difons , d'un défaut d'é-
quilibre entre l'air du vaiffeau & celui du dehors ; il feroit aifé de s'en
convaincre par une expérience affez
jolie , & qui mérite d'être rapportée.

On peut cimenter un tuyau de verre qui finiffe en pointe à une bouteille de même matiére , de forte qu'elle
foit en petit ce qu'eft en grand le
vaiffeau de cuivre de l'expérience
précédente ; fi l'on renverfe cette
bouteille dans un gobelet plein d'eau,
& qu'on couvre le tout d'un récipient
fur la platine d'une machine pneumatique , comme dans *la Fig.* 18. à mefure qu'on fera le vuide , on verra

sortir de la bouteille une partie de
l'air qui formera des bouillons dans
l'eau du gobelet ; & ensuite lorsqu'on
laissera rentrer l'air dans le récipient,
sa pression poussera dans la bouteille
autant d'eau qu'il en sera sorti d'air.
Je ne m'arrête point à expliquer ces
deux premiers effets, on doit les entendre par ce qui a été dit ci-dessus.
Mais si l'on redresse la bouteille, comme dans la *Figure* 19. & qu'on raréfie
de nouveau l'air du récipient, celui
qui est au-dessus de l'eau venant à se
raréfier lui-même, fera naître un jet
qui s'élevera d'autant plus, qu'on aura
rompu davantage l'équilibre entre les
deux airs. Ici ce n'est pas l'air comprimé artificiellement qui force la résistance du poids de l'atmosphére,
comme dans l'expérience précédente ; mais c'est le ressort naturel de ce
fluide que l'on met en état d'agir, en
affoiblissant celui qui lui résiste à l'orifice de la bouteille : c'est toujours un
air plus fort contre un air plus foible,
en un mot, de l'eau entre deux portions d'air qui ne sont plus en équilibre.

VII. EXPERIENCE.

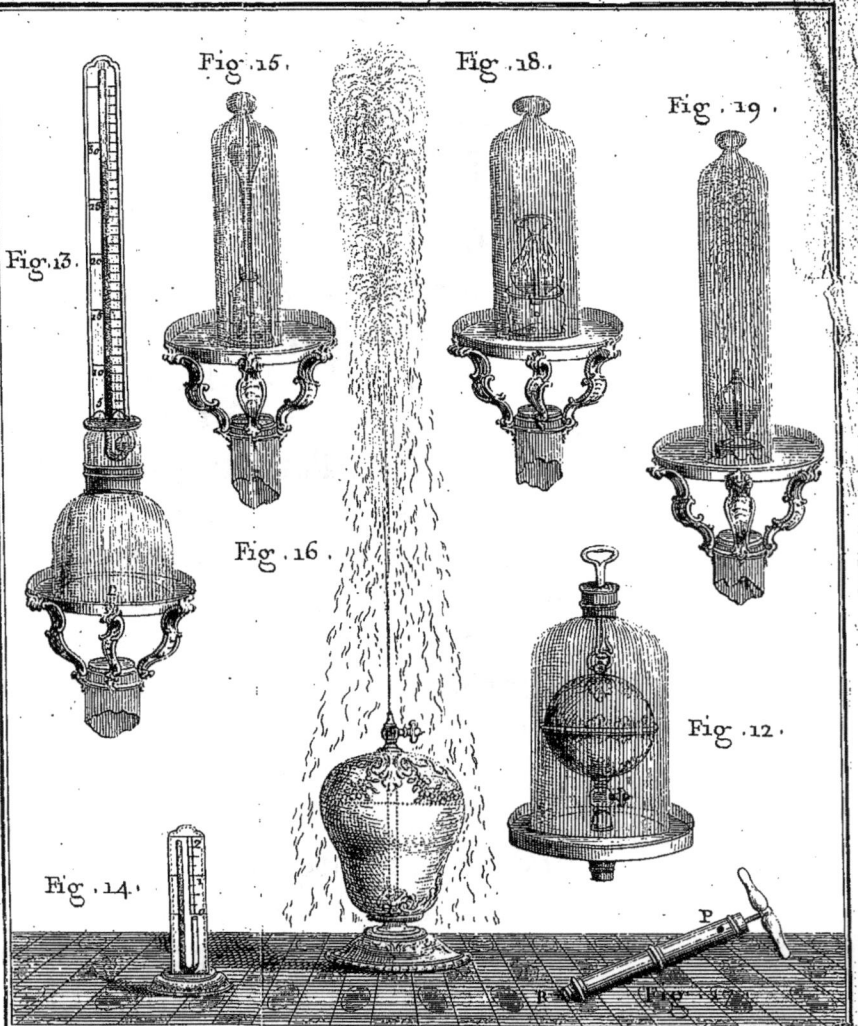

Fig. 15.

Fig. 18.

Fig. 19.

Fig. 13.

Fig. 16.

Fig. 12.

Fig. 14.

P

Bruñel. Sculp.

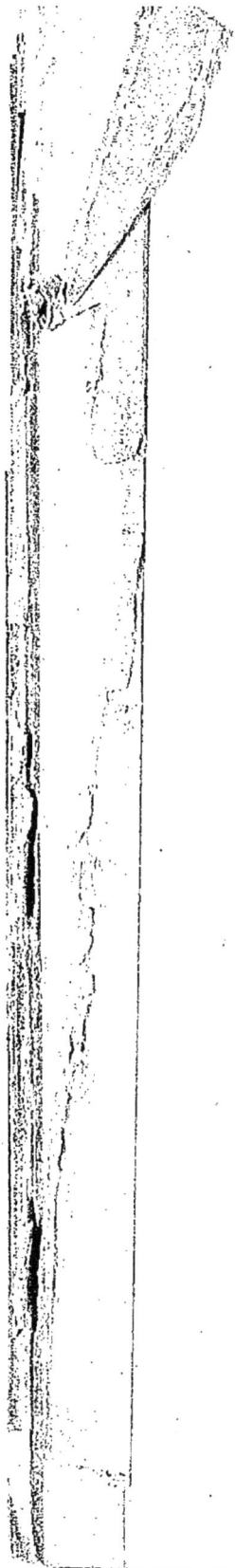

VII. EXPERIENCE.

PREPARATION.

La *Fig.* 20. repréfente une efpéce d'arquebufe compofée de deux canons de métal, placés l'un dans l'autre, & entre lefquels il refte un efpace bien fermé où l'on condenfe fortement l'air par le moyen d'une petite pompe foulante qui eft logée dans la croffe. Il y a deux foupapes ; fçavoir, une au bout de la pompe, pour empêcher que l'air n'y revienne quand on tire le pifton ; & l'autre au bout du canon intérieur du côté de la culaffe, où l'on a foin de placer une balle de calibre. La derniére de ces foupapes fe léve par le moyen d'une détente, pour laiffer paffer l'air dans le petit canon, & fe refermer très-promptement, pour n'en faire échapper qu'une partie. Comme ces fortes d'armes ne font pas fort en ufage, j'ai fait conftruire celle dont je me fers, de maniére qu'on ne courût aucun rifque en mettant les balles, & qu'on pût les ôter de même, fans être obligé de décharger l'air ; pour cet effet,

Tome III.   V

il y a un canal ou réfervoir qui contient 12 balles , & une efpéce de robinet que l'on tourne , pour les placer fucceffivement dans la direction du petit canon , ou pour les déplacer fi l'on ne veut pas tirer. Pour conferver à cet inftrument toute la forme extérieure d'un fufil , on l'a garni d'une platine dont la batterie fert à tourner la clef du robinet , & le mouvement du chien fait lever la foupape.

Effets.

Le chien étant armé , dès qu'on le détend , la balle eft chaffée avec tant de force , qu'on peut l'ajufter affez bien à 70 pas dans un cercle d'un pied de diamétre.

Les derniers coups ont toujours bien moins de force que les premiers ; mais communément le huitiéme perce encore une planche de chêne épaiffe de fix lignes , & placée à la diftance de 20 ou 25 pas.

L'air & la balle , en fortant , font peu de bruit , fur-tout fi le lieu où l'on eft , n'eft point fermé ; ce n'eft qu'un fouffle violent qu'on entend à peine à 30 ou 40 pas.

EXPLICATIONS.

Après l'explication que j'ai donnée de l'expérience précédente, la seule préparation de celle-ci, doit suffire pour en faire entendre les effets ; l'air condensé entre les deux canons fait effort pour en sortir : dès qu'on lui donne son passage par le petit canon, il emporte tout ce qu'il y rencontre ; la balle reçoit donc une vîtesse presque égale à celle avec laquelle cet air commence à s'échapper. Mais comme la soupape ne demeure ouverte qu'un instant, il ne s'en échappe à chaque fois qu'autant qu'il en faut pour faire partir une balle : cependant les dernières sont poussées plus foiblement, parce que le ressort de l'air diminue à mesure que ce qu'il en sort lui laisse plus de place pour s'étendre. Le bruit est incomparablement plus foible que celui d'une arme à feu ; parce que ni la balle, ni l'air qui la pousse, ne frappent jamais l'air extérieur avec autant de violence & de promptitude qu'une charge de poudre enflammée, dont l'explosion se fait toujours avec une vîteſſe extrême. L'arquebuſe à vent ſe fait pourtant plus entendre dans un lieu fermé, que dans un endroit découvert, parce qu'alors la maſſe d'air qui eſt frappée étant appuyée & contenue par des murailles ou autrement, fait une plus grande réſiſtance.

APPLICATIONS.

Les fuſils, piſtolets, ou canes à vent, ſont des inſtrumens plus curieux qu'utiles ; la difficulté de les conſtruire, celle de les entretenir long-tems en bon état, les rend néceſſairement plus chers, & d'un ſervice moins commode & moins ſûr que les fuſils à poudre ordinaires : le ſeul avantage qu'on y pourroit trouver, je veux dire celui de frapper ſans être entendu, pourroit devenir dangereux dans la ſociété, & c'eſt une précaution fort ſage de reſtraindre le plus qu'il eſt poſſible l'uſage de ces ſortes d'inſtrumens. Ceux qui les aiment en parlent ſouvent avec enthouſiaſme, & leur font plus d'honneur qu'ils n'en méritent, en leur at-

tribuant des effets dont ils ne font
pas capables : il n'eſt point vrai ,
par exemple , qu'ils ayent jamais autant de force qu'une arme à feu ; &
c'eſt une choſe fort rare que les ſou-
papes tiennent l'air aſſez conſtam-
ment , pour les garder long-tems
chargés.

Si les hiſtoires que l'on fait de la
poudre blanche ont quelque réalité, on
doit ſans doute les entendre dans le
ſens figuré , du fuſil à vent , qui eſt
capable de porter un coup aſſez
meurtrier ſans faire un bruit conſidérable ; car comme le bruit d'un fuſil
ne vient point de la couleur de la
poudre, mais qu'il eſt une ſuite néceſſaire de l'exploſion ſubite dont
elle eſt capable, on doit croire que
toute matiére qui ſe dilatera avec la
même vîteſſe , qu'elle ſoit blanche
ou noire , éclatera de même.

Quant aux fontaines artificielles où
l'eau reçoit ſon mouvement du reſſort
de l'air, on les peut varier de cent maniéres différentes , plus curieuſes &
plus agréables les unes que les autres :
elles le font d'autant plus qu'on y
voit l'eau s'élever au-deſſus de ſa

fource , tout au contraire des jets ordinaires , qui fe font, comme on fçait , par une chûte d'eau , dont le réfervoir eft plus haut. Je me contenterai d'un feul exemple , pour ne point m'arrêter infructueufement à des chofes qui fe trouvent dans tous les livres de Phyfique.

La fontaine qui eft repréfentée par la *Fig.* 21. porte le nom d'Hero à qui l'on en attribue l'invention ; on la conftruit communément de deux baffins ou boëtes de métal que l'on joint par des tuyaux de même matiére : celle-ci eft faite de verre, afin qu'on en apperçoive mieux le méchanifme ; la matiére & la forme extérieure font tout-à-fait indifférentes, on les peut varier felon fon goût. Pour mettre cette fontaine en jeu, j'emplis d'eau jufqu'aux trois quarts le globe AB, par le canal CD, qui eft ouvert de part & d'autre ; j'en mets enfuite dans le baffin GH, pour tenir toujours plein le tuyau IK, qui eft ouvert d'un bout à l'autre. Cette colonne d'eau qui tend à fe répandre dans le globe inférieur EF, charge de tout fon poids la maffe d'air dont

il est plein : cet air ainsi comprimé
s'échappe par le canal *L M*, & déploye son ressort sur la surface de l'eau
qui est en *A B*, & enfin cette eau
pressée par le ressort de l'air, s'é-
chappe en forme de jet par le canal
C D, au bout duquel on met un ajutage percé, si l'on veut, de plusieurs
trous pour former une gerbe d'eau.

Il suffit de mettre d'abord un peu
d'eau dans le bassin pour emplir le
tuyau *I K*, le jet qui naît aussi-tôt,
fournit assez pour l'entretenir plein,
& l'écoulement qui se fait ainsi du
globe *A B*, retombe dans celui d'en-
bas, que l'on vuide après l'opération,
par une espéce de robinet qui est dessous.

On fait usage aussi du ressort de
l'air comprimé, pour rendre continuel l'écoulement d'une pompe qui
n'a qu'un piston : supposons par exemple, que la pompe aspirante & foulante *n o p*, *Fig.* 22. soit enveloppée
d'un vaisseau cylindrique de métal,
qui forme autour d'elle un espace
bien fermé *Q R S*, qui communique
avec le tuyau montant *T V*.

Quand l'eau élevée par l'aspiration

sous le piston sera forcée ensuite par la compression de passer par la soupape qui est en *o*, non-seulement elle s'élevera dans le tuyau, mais elle montera aussi vers *Q R*, dans l'espace qui est autour de la pompe, & en s'élevant ainsi elle tendra le ressort de l'air qui sera entr'elle & le fond de cette cavité. C'est pourquoi pendant qu'on remontera le piston, pour faire une nouvelle aspiration, la réaction de cette masse d'air comprimé suppléera à la pression du piston, & fera continuer l'écoulement en *V*.

Par ce moyen on gagne certainement en vîtesse ; car le tuyau *T V*, fournissant de l'eau sans interruption, il en passe une plus grande quantité dans un certain tems : mais cet avantage ne s'acquiert qu'aux dépens de la force, qui doit être plus grande de la part du moteur, puisqu'il en faut non-seulement pour porter le poids de l'eau qui pése en *T*, mais aussi pour comprimer l'air dont on veut tendre le ressort. Au reste il y a bien des cas où il est important de fournir de l'eau sans interruption,

&

& c'est pour cette raison que l'on
construit ainsi ces petites pompes
portatives si fort en usage en Angleterre, en Hollande, & depuis quelques années à Paris (*a*); avec lesquelles chaque particulier peut arrêter au moins le progrès d'un in-
cendie naissant, en attendant des secours plus puissans.

Depuis l'invention de la machine
pneumatique, on a fait une grande
quantité d'expériences dans le vuide
ou dans l'air raréfié à différens dégrés : il étoit naturel de penser qu'il
y en avoit beaucoup à faire aussi
dans l'air condensé au-dessus de ce
qu'il l'est communément, & plusieurs
Physiciens ont déjà mis la main à
l'œuvre ; on se sert pour ces sortes
d'épreuves, d'un vaisseau capable
d'une grande résistance, & l'on y
fait entrer de l'air à force avec une
petite pompe semblable à celle dont
nous avons fait usage ci-dessus, pour
la fontaine de compression. * Mais * Fig. 17.

(*a*) Le sieur de Gensanes tient un magazin
de ces pompes, pour les vendre ou pour les
louer. Il demeure, rue Montmartre, près saint
Joseph.

Tome III.　　　　　　　X

l'air qui paſſe ainſi par une pompe ſe charge de vapeurs graſſes & humides ; & il y a bien des cas où il ſeroit à ſouhaiter qu'il fût plus pur, afin que ce qui réſulte de l'expérience ne puiſſe être attribué à rien autre choſe qu'au dégré de compreſſion qu'on lui a fait prendre, à la denſité de ſa propre matiére. Cette conſidération m'a fait imaginer une nouvelle machine, avec laquelle on pourra comprimer l'air, ſans diminuer le dégré de pureté qu'il a dans l'atmoſphére, ou même en l'augmentant ; lorſque j'y aurai mis la derniére main, ſi elle en mérite la peine, j'en ferai part au public dans les Mémoires de l'Académie des Sciences, à la ſuite des inſtrumens qui ſervent aux expériences de l'air, dont j'ai commencé la deſcription.

Il paroît par les expériences de Boyle, qu'on peut par compreſſion rendre le volume d'une maſſe d'air 13 fois plus petit qu'il n'eſt dans ſon état naturel à la ſurface de la terre. D'autres Philoſophes ont porté depuis cette épreuve plus loin par différens procédés ; celui qui paroît avoir le plus fait à cet égard eſt M. Hales, qui dit *, avoir réduit l'air à la 1837e partie de ſon volume ordinaire (a), ſur quoi M. Muſchenbroek fait une réflexion qui paroît fort judicieuſe. » L'air par cette ex-» périence, eſt devenu, dit-il, plus » de deux fois auſſi péſant que l'eau ; » ainſi comme l'eau ne peut être » comprimée, il paroît delà que les » parties aëriennes doivent être d'une » nature bien différente de celle de » l'eau ; car autrement ſi l'air étoit » de même nature, on n'auroit pû le » réduire qu'à un volume 800 fois » plus petit, il auroit donc été alors » préciſément auſſi denſe que l'eau, » & il auroit auſſi reſiſté à toutes ſor-» tes de preſſions avec une force éga-» le à celle qu'on remarque dans l'eau.

* Stat des végét. dans l'append. p. 390.

M. Hales à cette occaſion propoſe une eſpéce de jauge, propre à meſurer les hauteurs de la mer ; mais comme la régle de M. Mariotte ſur la condenſabilité de l'air, n'eſt juſte que

(a) Il y a de l'obſcurité dans le calcul de M. Hales ; M. de Buffon ſon traducteur trouve qu'il faut corriger le réſultat, en comptant 1551 au lieu de 1837.

X ij

dans les dégrés moyens de compreſſion, & qu'on ne ſçait point en quelle
proportion ce fluide ſe comprime
dans les dégrés extrêmes, cette jauge
ne pourroit pas avoir lieu.

M. Amontons bien loin de révo-
quer en doute cette grande condenſabilité de l'air, l'a ſuppoſée bien
avant qu'on la connût par expérience, comme un principe par lequel
on peut expliquer, ſelon lui, certains mouvemens inteſtins de notre
globe; car après avoir prouvé que
le reſſort de l'air animé par la chaleur, eſt d'autant plus fort que ce
fluide a plus de denſité, il ne doute
pas que les tremblemens de terre ne
puiſſent être excités, par des maſſes
d'air ſouterrain qui ſe dilatent, & il
fait voir que la partie inférieure d'une
colonne de l'atmoſphére prolongée
de 18 lieues vers le centre de la terre,
auroit à cette profondeur une denſité égale à celle du mercure *.

* Mem. de
l'Acad.
1703. pag.
101.

Les expériences précédentes & les
obſervations que nous y avons jointes, ont appris comment l'air change
de denſité, & de quelle maniére ſon
reſſort augmente ou diminue par une

preffion plus ou moins grande : il
refte à fçavoir maintenant, quels effets produifent le chaud & le froid
fur ce fluide.

Ce n'eft point ici le lieu d'examiner quelle eft la nature du feu, ni
comment il agit fur les corps ; ces
queftions feront traitées dans la fuite
de cet ouvrage avec l'étendue qui
leur convient ; nous dirons feulement par anticipation, & pour faciliter l'intelligence des effets que nous
avons à expliquer préfentement, 1°.
que le froid n'eft ni un être réel, ni
une qualité pofitive, mais feulement
l'état d'un corps qui eft actuellement
moins chaud qu'il ne l'a été ou qu'il
ne le peut être, de forte qu'il n'y a
rien dans la nature qui foit abfolument froid ; la glace, par exemple,
n'eft froide que par comparaifon à
l'eau dont elle eft formée, ou à
quelque corps plus chaud qu'elle ;
c'eft une vérité que nous développerons davantage dans la fuite, &
que nous appuyerons de toutes les
preuves néceffaires. 2°. On peut confidérer la chaleur, comme l'effet d'une
matiére extrémement fubtile, dont

X iij

l'abondance ou l'action tient écartées les unes des autres les parties propres du corps qu'elle pénétre , & leur communique une partie de son mouvement.

En se représentant la chaleur sous cette idée , on concevra facilement deux effets très-remarquables qu'elle produit dans une masse d'air , & que nous allons faire connoître par des expériences. Le premier de ces effets est , qu'elle en augmente le volume, c'est-à-dire , qu'une même quantité d'air est capable d'occuper plus ou moins de place , quand elle est plus ou moins échauffée ; le second effet de la chaleur sur l'air , est d'augmenter son ressort , à proportion de la pression dont il est chargé , deforte qu'un même dégré de chaleur appliqué à un même air doublement ou triplement condensé , lui donne un ressort double ou triple , comme on le verra par le détail des faits qui vont être rapportés.

VIII. EXPERIENCE.

PREPARATION.

Parmi plufieurs tubes de verre, tels que ceux dont on fait les baromé-tres, il en faut choifir un qui ait en-viron un pied ou 15 pouces de lon-gueur, & qui foit partout d'un dia-métre égal; ce que l'on connoîtra facilement, en faifant aller d'un bout à l'autre une petite colonne de mer-cure; car fi elle eft toujours de la même longueur dans tous les endroits du tube où elle fe trouvera, c'eft une marque que la capacité eft égale dans toutes les parties femblables. Enfuite il faut fceller hermétiquement une des extrémités, & le placer fur des charbons ardens, pour le faire chauffer jufqu'à rougir; alors on le prend avec des pinces pour plonger promptement le bout qui eft ouvert dans du mercure bouillant, & on laiffe le tout refroidir. *Voyez la Fig.* 23.

Pour donner un dégré de refroidif-fement connu, on met pendant quel-ques minutes le bout qui eft fcellé dans de la glace pilée, obfervant

X iiij

néanmoins que le tube soit dans une situation presque horizontale, afin que l'air qui y reste ne soit presque point comprimé par le poids du mercure qui le tient renfermé.

EFFETS.

Le tube rougi au feu & plongé dans le mercure, s'en remplit en partie; & quand il a été quelque tems dans la glace, la portion d'air qui est contenue entre le bout scellé & le mercure, occupe à peu-près le tiers de la longueur du tuyau.

EXPLICATIONS.

Le tuyau de verre, avant que d'être chauffé, étoit rempli d'une colonne d'air semblable à celui de l'atmosphére : les parties de cette matiére qui fait la chaleur, quelle qu'elle soit, ayant pénétré le verre, & s'étant mêlées avec l'air, ont écarté les parties propres de ce fluide, & son volume, pour cette raison, s'est augmenté considérablement ; mais comme la capacité du tuyau ne s'est point aggrandie proportionnellement, une grande partie de l'air en est sor-

tie , & le tube eſt reſté plein d'un
peu d'air très-raréfié , & d'une grande
quantité de la matiére du feu.

Ce tube ayant été plongé dans le
mercure , a commencé à ſe refroidir ,
c'eſt-à-dire , que cette matiére étrangére qui avoit pénétré le verre pour
ſe mêler avec l'air , s'eſt évaporée ,
ou qu'elle a perdu peu-à peu la plus
grande partie de ſon mouvement , ce
qui a donné lieu aux parties de l'air
de ſe rapprocher ; d'autant plus que
le poids de l'atmoſphére appuyant
ſur la ſurface du mercure , l'a obligé
d'entrer dans ce tube & de s'y avancer , juſqu'à ce que le peu d'air qui
y étoit reſté , eût acquis par une diminution ſuffiſante de ſon volume ,
aſſez de denſité pour lui réſiſter.

On voit donc par cette expérience ,
qu'une certaine quantité d'air qui a
la température de la glace & qui eſt
ſoumiſe au poids de l'atmoſphére ,
a trois fois moins de volume qu'elle
n'en a ſous la même preſſion , mais
dans une chaleur capable de faire
rougir le verre ; ou , ce qui eſt la même choſe , que le volume de l'air dilaté par ce dégré de chaleur eſt à ce

lui qu'il a dans le froid de la glace, comme 3 à 1.

Par des expériences à-peu-près semblables, on a trouvé que le volume de l'air lorsqu'il commence à geler, est à celui qu'il a dans la chaleur de l'eau bouillante, comme 2 à 3, & qu'il se dilate environ d'un septiéme à compter depuis le froid de la glace commençante, jusqu'à nos chaleurs communes d'été, qui sont à peu-près de 25 dégrés au thermométre de M. de Reaumur.

Mais dans ces fortes d'expériences, sur-tout lorsqu'on chauffe l'air considérablement, on trouve souvent des différences bien considérables, suivant l'état actuel de l'air sur lequel on opére, ou des vaisseaux qu'on employe; car c'est un fait, que l'humidité se joignant à l'air que l'on fait chauffer, elle occasionne une dilatation, qui est quelquefois 10 ou 12 fois plus grande qu'elle ne seroit avec le même dégré de chaleur, si l'on employoit un air plus sec.

D'ailleurs comme l'air est plus dense ou plus comprimé dans un tems que dans un autre, les résultats varient aussi selon la hauteur actuelle du baromêtre, qu'on ne doit pas négliger de consulter en pareil cas.

APPLICATIONS.

C'est en dilatant l'air par une chaleur violente, que l'on fait crever avec éclat ces petites empoules de verre minces, qu'on souffle à la lampe d'un émailleur & qu'on scelle hermétiquement : l'effet en est plus sûr & plus grand, quand on y renferme une petite goute d'eau, non-seulement parce que l'humidité procure une plus grande dilatation, mais aussi parce que la fraicheur de la liqueur empêche que le verre ne s'amollisse au grand feu, & ne se prête sans rompre, à l'extension du fluide renfermé. Quand on met ces pétards à la bougie pour surprendre quelqu'un, on doit craindre que les éclats de verre ne sautent aux yeux, & n'incommodent ceux qui ne sont point en garde. Les châtaignes ou les marons qui crèvent sous la cendre chaude, ne sont pas si dangereux, mais c'est encore un effet qui dépend de la même cause ; l'air renfermé sous l'écorce se dilate, & la fait crever quand on n'a point pris la précaution de l'entamer; plus elle résiste, plus sa rupture est éclatante.

* Prem. Sect. III. Exp. p. 27. Dans la premiére leçon * j'ai fait mention d'une petite cassolette de verre que j'ai supposé être en partie pleine d'une liqueur odorante; mais je n'ai point dit alors comment on s'y prend pour emplir ce petit vase, dont le col & l'orifice sont tellement étroits, qu'il n'y a pas moyen de penser à faire usage d'un entonnoir. On vient facilement à bout de cette opération, si l'on chauffe cette petite bouteille & qu'on plonge aussitôt son ouverture dans la liqueur qu'on y veut introduire; car en dilatant l'air par la chaleur, on en fait sortir une grande partie, & ce qui reste, venant ensuite à se condenser à mesure qu'il se refroidit, laisse un vuide où le poids de l'atmosphére porte la liqueur; comme il est arrivé à l'égard du tube qui a été employé dans l'expérience précédente.

C'est aussi de cette maniére qu'on emplit les verres des thermométres, dont les tuyaux sont ordinairement si

menus, qu'on ne pourroit jamais y
faire entrer la liqueur par tout autre
moyen, à moins que d'y employer
beaucoup de tems. La dilatation de
l'air même, ne seroit encore qu'un
moyen imparfait dans ces sortes de
cas où il s'agit d'emplir entiérement
le vaisseau, puisqu'une très-grande
chaleur ne peut faire sortir qu'environ les deux tiers de l'air ; mais on
y en joint un autre, dont nous parlerons par la suite, & qui procure une
évacuation d'air beaucoup plus complette.

A propos des thermométres, celui de Sanctorius, qui est représenté
par la *Fig.* 24. produit encore ses effets en conséquence de la dilatabilité
de l'air. Lorsqu'on applique la main
à la boule d'enhaut, l'air qu'elle contient & qui remplit une partie du
tuyau jusqu'en *N*, s'échauffe, se dilate ; & fait descendre dans le réservoir d'enbas, une liqueur colorée,
dont la marche devient sensible, &
peut se mesurer par les graduations
qui sont marquées sur la planche. Si
l'air que l'on a échauffé se refroidit
ensuite, il se condense, & la même

liqueur pouffée par le poids d'une colonne de l'atmofphére qui répond en *M*, remonte vers la boule, ce qui devient remarquable, par les dégrés de l'échelle qu'elle parcourt de bas en-haut ; nous reprendrons l'hiftoire de cet inftrument, lorfque nous parlerons de ceux qui fervent à mefurer les dégrés de chaud & de froid.

Comme on fait jaillir l'eau par la compreffion de l'air, on peut de même employer fa dilatation pour former des fontaines qui amufent les curieux : ces principes de mouvemens auroient des applications fans fin ; mais le recueil qu'on en pourroit faire n'entre point dans le deffein de cet ouvrage, je me borne à deux exemples parlefquels on pourra juger des autres. *A B*, *Fig.* 25. eft un vafe de vérre étranglé & ouvert en haut & en-bas, dont la patte eft arrêtée fur le deffus d'une caiffe *C D*, formée en pied d'eftal : on a cimenté en *A*, un petit tuyau *E F*, qui d'une part finit en pointe comme un ajutage, & dont l'autre bout touche à quelques lignes près le fond du vafe. Un autre tuyau qui aboutit en *G* & qui eft

Fig. 20.

Fig. 24.

Fig. 22.

Fig. 21.

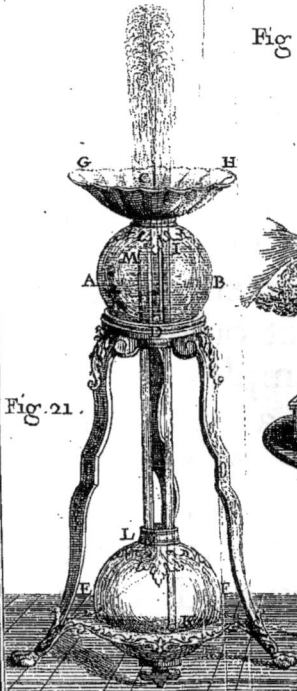

G. C. H.

Z I
A. M. T. B.

L

E. F.

Fig. 23.

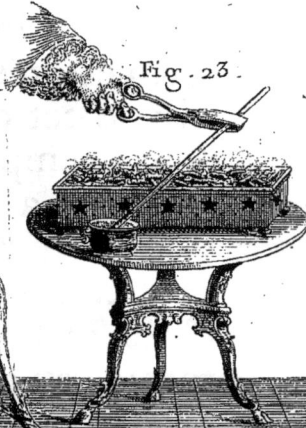

N.

V.

Q. R.
P.
S. T.

Brunet fecit.

ouvert, paffe dans l'étranglement *B* où il eft cimenté, & à travers du pied d'eftal, pour fe joindre à une efpéce de ballon de cuivre mince auquel il eft foudé. La caiffe *C D*, eft garnie de plomb par dedans, & le deffus qui peut fe lever, s'attache avec des crochets.

Le ballon de cuivre ne contient que de l'air ; le vafe *A B* eft rempli d'eau environ jufqu'aux trois quarts de fa capacité, & l'on verfe de l'eau bouillante dans la caiffe *C D*, par un trou qui eft pratiqué au deffus, & dans lequel on place un entonnoir.

L'air du ballon étant échauffé par l'eau bouillante dans laquelle il fe trouve plongé, fe dilate par le canal *G*; & preffant par fon reffort la furface de l'eau qui eft dans le vafe *A B*, il la fait fortir en forme de jet par le petit canal *E*. Il faut que le ballon de cuivre foit au moins deux fois auffi grand que le vafe *A B*; car, comme nous l'avons dit ci-deffus, l'air ne fe dilate que d'un tiers par la chaleur de l'eau bouillante, & l'eau ne peut pas bouillir dans la caiffe qui contient le ballon.

On pourra faire un petit jet semblable à celui qui est représenté par
la *Fig.* 19. si , au lieu de placer la
bouteille dans le vuide , on la plonge
dans un bain d'eau bouillante : mais
alors il est à propos que cette bouteille soit de métal , de crainte que
la chaleur subite , ou la grande dilatation de l'air ne la fasse crever.

Si l'on veut faire un jet de feu, on
se servira d'esprit de vin ou de bonne
eau de vie , & l'on tiendra pendant
quelques minutes l'orifice du vaisseau bouché avec le bout du doigt ou
autrement , pour donner le tems à la
liqueur de s'échauffer un peu; & avec
la flamme d'une bougie on allumera
le jet lorsqu'il partira. *Voyez la Fig.* 26.

On vient de voir que la chaleur
augmente le volume de l'air quand il
est libre de s'étendre ; on apprendra
par ce qui suit , que la même cause
augmente son ressort lorsque le volume est fixé par des obstacles.

IX. EXPERIENCE.

PREPARATION.

A B C , *Fig.* 27. est un tube de
verre

verre qui a un peu plus de 4 pieds de longueur, environ une ligne de diamétre intérieurement, recourbé par en-bas & terminé par une boule creuse & mince qui a 4 ou 5 pouces de diamétre. On y fait couler du mercure, pour emplir seulement la courbure *D B C*, & de maniére que l'instrument étant debout, cette liqueur soit en équilibre avec elle-même dans les deux branches; on juge bien que pour cet effet, il faut que l'air de la boule ne soit pas plus condensé que celui de l'atmosphére au moment de l'expérience. Ensuite on ajoute du mercure dans la partie *A D* du tuyau, jusqu'à ce qu'il y en ait une colonne de 28 pouces, à compter du niveau, c'est-à-dire, de la ligne *D C*; & l'on plonge toute la partie inférieure dans un bain d'eau bouillante, de telle forte que la boule en soit entiérement couverte.

E F F E T S.

L'instrument étant ainsi plongé, le mercure s'éléve de 18 pouces & quelques lignes dans la branche la plus longue, ce qui fait une colonne

Tome I I I.   Y

d'environ 46 pouces, à compter du niveau du mercure dans la plus courte branche.

EXPLICATIONS.

Lorsqu'il n'y a du mercure que dans la courbure du tuyau, & qu'il n'est pas plus élevé dans une branche que dans l'autre; l'air de la boule est, par son ressort, en équilibre avec le poids de l'atmosphère, qu'on suppose équivalent à 28 pouces de mercure, pendant le tems de l'expérience. Les 28 pouces de mercure qu'on ajoute ensuite dans la longue branche, doublent donc cette pression, & par conséquent la densité de l'air qui est dans la boule; si cet air ainsi comprimé & plongé dans l'eau bouillante, devient capable de porter encore 18 pouces & 8 lignes de mercure, c'est une preuve que ce dégré de chaleur augmente son ressort d'un tiers; car 18 pouces 8 lignes font justement la troisiéme partie de 56, somme de la double pression dont l'air est chargé avant l'immersion.

Comme les 18 pouces & 8 lignes de mercure s'élévent dans la longue

branche aux dépens de celui qui est
dans la plus courte , le volume de
l'air échauffé augmente toujours un
peu pour deux raisons ; 1 rement.
parce que le mercure qui passe dans
l'autre branche , lui laisse un peu
de place pour s'étendre ; 2 dement.
parce que le verre se dilate par la
chaleur , & que la capacité de la
boule , devient nécessairement un
peu plus grande , comme nous le
ferons voir ailleurs : c'est pourquoi la
densité de l'air diminuant un peu , la
force de son ressort augmenté par
la chaleur n'est pas tout-à-fait aussi
grande qu'elle le seroit , si le volume
demeuroit constamment dans ses
bornes ; ainsi l'augmentation de la
colonne de mercure au-dessus des 28
pouces ne va jamais jusqu'à 18 pouces 8 lignes ; mais il ne s'en faut que
d'une petite quantité quand on se
sert d'un tuyau fort menu , par comparaison à la capacité de la boule.

C'est donc un fait incontestable, que
la force du ressort de l'air augmente
d'un tiers par la chaleur de l'eau
bouillante : mais quelle est la raison
de ce fait, & comment arrive-t-il que

Y ij

les parties de l'air échauffé acquiérent plus de roideur ? c'est ce que l'expérience n'apprend point. On peut dire cependant, en raisonnant par des conjectures assez plausibles, que

* Hist. de l'Acad. des Sc. 1702. p. 3.

« * l'action de la chaleur consiste, » comme nous l'avons déja dit, en » une infinité de petites particules » très-agitées qui pénétrent les corps. » Quand elles entrent dans une masse » d'air, elles en ouvrent & elles en » développent les lames spirales, » non-seulement parce que ce sont » de nouveaux corps qui se logent » dans leurs interstices ; mais princi- » palement parce que ce sont des » corps qui se meuvent avec beau- » coup de violence ; delà vient l'aug- » mentation de ce volume d'air. Que » s'il est enfermé de maniére qu'il ne » se puisse étendre, les particules de » feu qui tendent à ouvrir les spira- » les, & ne les ouvrent point, aug- » mentent par conséquent leur force » de ressort, qui cesseroit si elles s'ou- » vroient librement. Quand l'air est »condensé, il y a plus de particules d'air » dans un même espace, & quand les » particules de feu viennent à y en-

» trer, elles exercent donc leur ac-
» tion fur un plus grand nombre de
» particules d'air ; c'eft-à-dire , qu'el-
» les caufent ou une plus grande dila-
» tation ou une plus grande augmen-
» tation de reffort. Or quand l'air eft
» chargé d'un plus grand poids , il
» eft plus condenfé ; & par confé-
» quent , s'il ne peut alors s'étendre ,
» comme on le fuppofe toujours, un
» même dégré de chaleur augmente
» davantage fon reffort.

APPLICATIONS.

En procédant comme dans l'expérience précédente , on obferve
que l'augmentation caufée au reffort
de l'air par la chaleur de l'eau bouillante , eft égale au tiers du poids
dont l'air eft alors chargé , fi l'expérience eft faite dans le printems ou
dans l'automne , c'eft-à-dire , dans
un tems qui tienne à-peu-près le milieu entre le grand chaud & le grand
froid. Ainfi l'air que nous refpirons ,
toujours chargé d'un poids égal à celui de 28 pouces de mercure à-peu-
près , étant échauffé par de l'eau
bouillante , augmenteroit la force de

fon reffort de 9 pouces 4 lignes. Un air condenfé au double, l'augmente-roit de 18 pouces 8 lignes, qui font le tiers de 56. Réciproquement un air toujours dans le même état de condenfation augmentera différem-ment fon reffort, felon les différens dégrés de chaleur.

M. Amontons à qui l'on doit cette découverte, en a fait lui-même une application utile, en conftruifant fur ce principe un thermométre d'air * qui me paroît avoir été le premier (a) où les dégrés de chaleur fe rap-portaffent à un terme connu ; car avant lui ces fortes d'inftrumens n'ap-prenoient rien, finon qu'il faifoit plus froid ou plus chaud que dans un autre lieu, dans un autre tems où on les avoit obfervés ; les thermométres comparables ont pris naiffance entre fes mains ; s'il ne les a point portés au dégré de perfection où ils font aujourd'hui, on lui a du moins l'o-bligation de nous avoir mis fur la voye.

* Mém. de l'Acad. des Scienc. 1702. pag. 261.

(a) On trouve dans les Tranfact. Philofop. n. 197. année 1693. un mém. de M. Halley, qui a pour objet de faire un thermométre compa-rable en tous lieux & fans modéle.

Un poelle allumé dans une chambre, ne manque pas d'en raréfier
l'air, parce que cet air n'eſt pas tellement renfermé, qu'il ne communique un peu avec celui du dehors, par
des petits paſſages qui ſe trouvent
toujours à la porte ou aux fenêtres,
& qui lui laiſſent la liberté de s'étendre ; mais l'air, quoiqu'ainſi raréfié
& moins denſe que l'atmoſphére, ſe
tient pourtant en équilibre avec elle,
parce qu'en s'échauffant il acquiert
un dégré de reſſort qui le met en état
d'en ſoutenir la preſſion ; la même
cauſe qui diminue la denſité, augmente d'autant ſon reſſort, & l'un
ſupplée à l'autre.

Il n'en eſt pas de même lorſqu'on
fait du feu dans une cheminée ; l'air
s'y raréfie ſans que ſon reſſort augmente, parce qu'il peut s'étendre facilement ; auſſi-tôt l'équilibre ceſſe
entre les deux colonnes de l'atmoſphére qui répondent aux deux extrémités du tuyau ; celle qui péſe par en-
bas ayant toute ſa denſité, l'emporte
ſur l'autre qui eſt en partie raréfiée,
& il ſe fait un courant d'air de bas-
en-haut : voilà au moins ce qui ar-

rive pour l'ordinaire ; nous aurons peut-être occasion d'examiner ailleurs, quelles sont les causes qui peuvent empêcher cet effet, & déterminer l'air à descendre par la cheminée.

DE tous les usages que nous faisons de l'air, il n'en est point de plus fréquent, de plus remarquable, de plus nécessaire, que celui qu'on nomme *réspirer*. Environ 50 fois dans chaque minute, la poitrine s'éléve & s'abbaisse, & par ce mouvement alternatif assez semblable à celui d'un soufflet qui est en jeu, elle se rétrécit & se dilate ; en se dilatant, elle reçoit l'air extérieur, qui pressé par le poids de l'atmosphére passe dans les vésicules des poulmons ; lorsque la poitrine s'abbaisse ensuite, l'air qui ne peut plus y être contenu, passe au dehors & emporte avec lui les vapeurs dont il s'est chargé ; la première de ces deux actions se nomme *inspiration*, la derniére s'appelle *expiration*, & l'une & l'autre sont tellement nécessaires pour la conservation de la vie, qu'il n'y a aucun animal qui ne périsse infailliblement quand on lui interdit ce double mouvement, ou qu'on le
prive

prive d'un air capable de l'entretenir, comme on le verra dans les expérien- ces fuivantes.

X. EXPERIENCE.

PREPARATION.

On couvre d'un grand récipient un pigeon ou quelqu'autre oifeau que l'on place fur la platine d'une ma- chine pneumatique, & l'on donne plufieurs coups de pifton pour raré- fier l'air peu-à-peu. *Fig.* 28.

EFFETS.

Quand la denfité de l'air eft dimi- nuée à peu-près de moitié dans le récipient, l'oifeau tombe en convul- fion ; affez fouvent il fe vuide par le bec, ou par la voie ordinaire des excrémens ; & fi l'on continue de faire le vuide plus parfaitement, ou qu'on le laiffe feulement quelques minutes en cet état, il périt fans re- tour ; mais lorfqu'on lui rend l'air promptement, il fe rétablit en peu de tems : ce rétabliffement, à dire vrai, n'eft pas, pour l'ordinaire, de longue durée ; je n'ai guéres vû d'oifeaux, ni même d'autres animaux, qui ayent beaucoup furvécu à cette épreuve.

XI. EXPERIENCE.

PREPARATION.

Dans un grand vafe de verre pref-que plein d'eau, on met un petit poiffon vivant, & l'on couvre le tout d'un grand récipient fur la ma-chine pneumatique. *Fig.* 29.

EFFETS.

A mefure qu'on fait le vuide dans le récipient, on voit fortir des bules d'air de deffous les écailles du poif-fon, par les ouies & par fa bouche. L'animal fe tient à la furface de l'eau fans pouvoir aller au fond ; il y meurt enfin, mais ce n'eft qu'après plufieurs heures d'épreuve : & quand on fait rentrer l'air dans le récipient, foit avant foit après fa mort, il retombe au fond du vafe, & ne peut jamais re-monter à la furface de l'eau.

EXPLICATIONS.

La vie animale, comme on fçait,

confifte principalement dans le mouvement du cœur & dans la circulation du fang. Or fi l'on en croit les
plus habiles anatomiftes, & fi l'on en
juge par leurs obfervations & par
leurs expériences, la refpiration entretient l'un & l'autre ; foit parce que
l'air qui eft pouffé dans les poulmons
par le poids de l'atmofphére , fert
d'antagonifte aux mufcles que la nature employe pour l'infpiration, &
que preffant les vaiffeaux où le fang
a été porté par la contraction du cœur,
il le détermine à refluer vers cette
fource, pour aller enfuite aux autres
parties du corps ; foit parce que l'air
divifé & filtré, pour ainfi dire, fe
mêle avec le fang & circule avec lui
en l'animant par fon reffort * : l'animal qui ne peut pas refpirer, ne peut
donc pas continuer de vivre.

*M.Mery.
Mém. de
l'Ac. des
Sc 1700.p.
211.

L'oifeau que l'on a placé dans un
air confidérablement raréfié, ne refpire plus, parce que cet air ne participe plus au poids de l'atmofphére
dont il eft féparé, & que fon reffort,
comme fa denfité, eft beaucoup diminué. C'eft en vain que la poitrine
fe dilate, le fluide qui a coutume de

s'y introduire n'en a plus la force;
ainsi le mouvement alternatif que l'on
nomme respiration , ne peut plus
avoir lieu , puisque des deux puissances qui le produisent on en sup-
prime , ou on en affoiblit une, qui est
le poids ou le ressort de l'air.

Une autre cause qui fait périr un
animal dans le vuide , c'est que l'air
qu'il a dans les différentes capacités
& dans les fluides mêmes de son corps,
se raréfie fortement, lorsqu'il n'est plus
contenu par la pression de l'air extérieur; car toutes ces portions d'air
dilaté , acquérant un volume beaucoup plus grand que celui qu'elles
ont dans l'état naturel , compriment
& rompent souvent les parties où elles se trouvent engagées , ou bien elles font des obstructions dans les
vaisseaux & arrêtent le cours des hu-
meurs. C'est pour cela sans doute que
les animaux ont ordinairement des
nausées , ou qu'ils se vuident lorsqu'on les applique à ces sortes d'é-
preuves ; car l'air des intestins ou de
l'estomac venant à s'étendre , chasse
devant lui les alimens non - digérés ,
ou les excrémens qui lui ferment le
passage.

On ne peut pas douter qu'il n'y ait de l'air dans le corps des animaux, & même de ceux que la nature a destinés à vivre dans l'eau, puisqu'on le voit sortir du poisson à mesure qu'on fait le vuide dans le récipient. Il y a toute apparence que les aquatiques & les amphibies respirent différemment des autres animaux qui vivent continuellement dans l'air, puisque la privation de cet élément, ne les fait pas mourir aussi promptement; mais on doit croire que ce qui accélére le plus leur perte dans le vuide, c'est l'air intérieur qui se dilate & qui met tout en désordre. Cette double vésicule qu'on trouve dans les carpes & dans la plûpart des autres poissons, se distend en pareil cas & fait enfler le corps de l'animal ; c'est pourquoi tant qu'il est dans le vuide il surnage malgré lui, étant plus leger alors que le volume d'eau auquel il répond: mais il devient plus petit & se précipite involontairement, quand on fait rentrer l'air dans le récipient ; parce que la vésicule en se dilatant s'est vuidée en partie, & que le reste de l'air qu'elle contient, lorsqu'il reprend une

Z iij

densité égale à celle de l'atmosphére, n'est plus capable de la remplir,
comme il est facile de s'en assurer en
ouvrant le corps du poisson.

Applications.

Par l'explication que je viens de
donner des deux expériences précédentes, on voit que les animaux
placés dans le vuide y périssent, par
deux raisons principales : premiérement, par défaut de respiration ; secondement, par la dilatation de l'air
qui se trouve renfermé dans leurs
corps. Comme les genres & les espéces différent non-seulement par la
figure & par les mœurs, mais encore par la conformation, le nombre
& la grandeur des parties internes,
il est vraisemblable que tout ce qui
respire, ne respire point de la même
façon ; que dans certains animaux la
respiration doit être abondante, fréquente ; & que dans d'autres au contraire elle peut se faire plus lentement
& avec un air plus rare, au moins pour
un certain tems. Voilà sans doute,
pourquoi de tant d'animaux d'espéces différentes, éprouvés dans le

vuide par Boyle , l'Académie de Florence , Derham, Muschenbroek , & tant d'autres Physiciens , les uns meurent dans l'espace de 30 ou de 40 secondes , comme presque tous les oiseaux , les chiens , les chats, les lapins , les souris , &c. pendant que d'autres soutiennent un vuide de plusieurs heures , comme les poissons , la plûpart des reptiles , & nommément la grenouille , qui résiste quelquefois à cette épreuve pendant un jour entier sans mourir. Car puisque ces derniers animaux vivent commodément dans l'eau , on ne peut pas dire qu'ils ayent besoin de respirer à la maniére des animaux terrestres ; & peut-être soutiendroient-ils le vuide plus long-tems qu'ils ne font , s'ils n'avoient à y souffrir qu'une simple privation d'air , & si celui qu'ils ont au dedans du corps ne dérangeoit rien à l'œconomie des parties , par sa grande dilatation. Ce qui me porte à penser ainsi , c'est qu'on les voit s'enfler considérablement , & qu'après la mort , on leur trouve toujours les poulmons flasques & plus pésans que l'eau.

Une autre raison qu'on pourroit alléguer encore en faveur de cette opinion, c'est que presque tous les infectes, ceux même qui vivent en plein air, les papillons, les mouches, les scarabées souffrent, sans périr, une privation d'air qui va quelquefois à plusieurs jours, sans doute parce que n'ayant dans le corps que de très-petits volumes d'air qui se dilatent peu, le vuide ne peut leur être mortel, que par le seul défaut de respiration; & ces petits animaux vraisemblablement peuvent être long-tems sans respirer, au moins l'air grossier.

Convenons cependant que l'état naturel de tous ces animaux, est de pouvoir prendre l'air, & que c'est leur faire violence que de les en priver. On voit le poisson s'élancer de lui-même à la surface des étangs, pour en prendre de nouveau & pour rejetter celui qu'il a pris précédemment. Les naturalistes conviennent qu'il sçait filtrer & s'approprier celui qui est disséminé dans l'eau; & quand il meurt sous la glace, on a raison de croire que c'est parce que l'air lui a manqué, puisqu'on évite cet accident quand on a soin de rompre les glaçons. Enfin le poisson vit beaucoup plus longtems dans l'air & sans eau, qu'il ne peut faire en pleine eau s'il manque d'air.

En conséquence de ce dernier fait qui est incontestable, en voici un autre que je trouve dans de bons Auteurs, & que j'ai appris moi-même en Hollande & en Angleterre, de plusieurs personnes que je ne puis pas soupçonner d'avoir voulu m'en imposer. On suspend, dit-on, des carpes dans des petits filets sur de la mousse humide & dans un lieu frais, & pendant deux ou trois semaines on les engraisse avec de la mie de pain trempée dans du lait. S'il n'y a rien à rabatre de ce récit (a), il est évident que l'air est plus nécessaire que l'eau au poisson même, & qu'on peut mettre ce principe à profit.

(a) J'ai tenté deux fois cette expérience sans succès ; mais je n'en ai pu rien conclure de certain, parce que les carpes que j'ai employées avoient été fatiguées par un assez long transport, ou assez mal-traitées depuis qu'elles étoient sorties de l'eau. Je n'ai jamais pu leur faire rien avaler : elles sont mortes en moins de 24 heures.

Quelques Auteurs ont observé, que les chiens, les chats, les lapins, &c. nouveaux nés, ne meurent pas dans le vuide aussi promptement que les adultes des mêmes espéces ; c'est que la respiration est d'une nécessité plus pressante pour ceux-ci que pour les premiers. Pour en sentir la différence, il faut sçavoir, qu'avant la naissance, il n'y a qu'une circulation pour la mere & pour le fœtus. Dans celui-ci qui ne respire point encore, le sang va de l'oreillete droite, à l'oreillete gauche du cœur, par une communication que les Anatomistes ont nommée *le trou ovale*, & sans être obligé de passer par le poulmon, où l'air extérieur n'a point d'accès : mais après la naissance, ce passage se ferme peu à peu, & la respiration devient nécessaire, pour enfler les vésicules du poulmon, & pour faire circuler le sang dans le nouvel animal séparé de sa mere, de la même façon que la respiration de celle-ci le faisoit circuler précédemment dans l'un & dans l'autre. C'est pourquoi l'on reconnoît communément si un enfant est mort avant que de naître, ou s'il a respiré avant que de mourir, en mettant son poulmon dans l'eau; car s'il furnage, c'eſt une marque qu'il y a de l'air, & que l'enfant a reſpiré, ce qu'il n'a pû faire qu'après ſa naiſſance. C'eſt une épreuve que la Juſtice mettoit en uſage, lorſqu'il s'agiſſoit de juger une mere qui étoit accuſée d'avoir tué ſon enfant, & qui ſe défendoit de ce crime, en ſoutenant qu'il étoit venu mort au monde. Mais on a obſervé depuis, qu'en certains cas le poulmon d'un fœtus peut furnager, & que celui d'un enfant nouveau né peut aller au fond de l'eau; ce qui rend cette expérience inſuffiſante pour établir un jugement de cette importance.

Pluſieurs Anatomiſtes * préten-dent avoir trouvé le trou ovale en-core ouvert dans des adultes. Cette obſervation, qui n'eſt preſque (*a*) point conteſtée, peut expliquer certains faits dont le récit révolte les eſ-

* *Hiſt. de l'Ac. des Sc.* 1700. *p.* 40.

(*a*) Cheſelden célébre Anatomiſte de Lon-dres, prétend que tous ceux qui ont cru voir le trou ovale dans les adultes, ſe ſont trompés en prenant pour ce trou l'ouver-ture des veines coronaires. *Derham. Theol. Phyſ. liv.* 4. *chap.* 7. *rem.* 15.

prits les plus crédules. Telle est l'histoire du Jardinier (*b*) de Troning-holm en Suéde, qu'on dit avoir été 16 heures perdu dans l'eau & sous la glace, sans avoir été noyé ; telle est celle d'un certain Laurent Jonas qui y resta, dit-on, sept semaines sans mourir : l'une & l'autre sont rappor-

* de aëris & alim. def. c. 10.

tées par Pecklin * sur des témoigna-ges qui paroissent authentiques. Je sens par moi-même qu'on aura bien de la peine à s'y rendre ; mais pour-tant, s'il est vrai qu'on puisse vivre autant que le sang peut circuler, que la circulation se fasse librement sans respirer l'air, dans ceux qui ont le trou ovale encore ouvert, & que ce trou ait été observé dans des adultes, seroit-il impossible qu'il se rencon-trât de ces faits extraordinaires ?

On croira plus facilement ce que l'on raconte de plusieurs personnes qui ont été étranglées par ordre de la

(*b*) Une personne du pays, distinguée par sa naissance & par un goût décidé pour les Scien-ces, m'a assuré que ce fait passe constamment pour vrai en Suéde ; mais que c'est à Stromf-holm, séjour ordinaire de la Cour, & non à Troningholm, qu'il est arrivé.

Justice, ou autrement, & qui ont
été trouvées vivantes, après avoir
été détachées de la potence; ces
exemples se rencontrent plus fréquemment, & plusieurs sont suffisamment attestés. Cependant il paroît
qu'il y a plus de causes de mort dans
les pendus que dans les noyés; la li-
gature du col qui contraint les vaisseaux, les efforts qui se font sur cette
partie, tant par le poids du corps
que par celui qu'on y ajoute, les coups
& les différens mouvemens que l'e-
xécuteur employe pour hâter le sup-
plice: si malgré tout cela il se trouve
encore de tems en tems quelques-
uns de ces malheureux qui reprennent
vie (*a*), je serois tenté de croire
qu'on pourroit sauver beaucoup de
noyés, qui ont été peu de tems dans

(*a*) Ces sortes de suppliciés échappent à
la mort, ou parce que l'étranglement a trop
peu duré, pour éteindre entièrement en eux le
principe de la vie, ou parce que la corde, au
lieu de serrer les anneaux de la trachée, a porté son effort sur le cartilage *Scutiforme*, qu'on
nomme vulgairement le nœud de la gorge, &
qui est capable d'une très-grande résistance
dans certains sujets; au moyen de quoi la respiration n'a point été entièrement interrompue,

l'eau, que l'on juge morts sur des fignes assez souvent équivoques, ou
que l'on achéve de faire périr par des
secours mal entendus. J'appelle secours mal entendus, de les tenir suspendus, la tête en-bas, & souvent
dans un air froid; il seroit mieux d'es-
sayer à ranimer le sang par une chaleur douce, par des liqueurs spiritueuses, par des frictions, & de les
tenir dans une situation naturelle &
commode; cár ils ont avalé peu d'eau,
& ce qu'ils en ont dans l'estomac n'est
pas le mal le plus pressant ou le plus
réel.

Si la respiration manque aux animaux dans le vuide, ou dans un air
considérablement raréfié, elle devient
pénible aussi dans un air condensé au-
de-là de son état ordinaire. MM.
Derham & Muschenbroek ont mis
des oiseaux & des poissons dans un
air deux ou trois fois plus condensé
qu'il ne l'est communément par le
poids de l'atmosphére, & ces animaux pour la plûpart y ont péri en
5 ou 6 heures: on ne doit pas douter
qu'on ne leur ait fait violence, en
rompant ainsi l'équilibre entre l'air

intérieur de leur corps, & celui qui les environnoit ; & qu'ils n'euſſent eû beaucoup plus à ſouffrir encore, s'ils euſſent été mis dans un air exceſſivement comprimé. Mais on ne croira pas qu'une double ou une triple condenſation ait été la principale cauſe de leur mort, lorſqu'on ſçaura, que des animaux des mêmes eſpéces ne vivent guéres plus long-tems dans un air qui a la denſité & la température de l'atmoſphére, s'il lui manque ſeulement d'être renouvellé.

C'eſt un fait conſtaté par l'expérience, & que les Phyſiciens expliquent de diverſes façons. Les uns prétendent (& c'eſt le plus grand nombre) que l'air qui a été reſpiré, eſt chargé des vapeurs & des exhalaiſons, dont il a purgé le ſang ; & qu'il ne peut plus être reſpiré en cet état, ſans cauſer une ſurabondance de ces parties nuiſibles qui arrêtent la circulation, & qui ſuffoquent l'animal. Les autres penſant avec raiſon, que l'air n'eſt propre à la reſpiration qu'autant qu'il eſt élaſtique, croyent qu'il perd une grande partie de ſon reſſort, par le ſéjour qu'il fait dans

les poûmons , ou dans les vaiſſeaux ſanguins ; & qu'ainſi , pour le
reſpirer ſainement , il faut ou qu'il
ſe renouvelle , ou qu'il ſoit purgé des
parties hétérogénes dont il paroît vi-
ſiblement chargé au moment de l'expiration. On peut conſulter à ce ſujet tout ce qui eſt rapporté par M.
Hales dans *ſa Statique des végétaux,
c. 6. Exp. 107. & ſuiv.* où l'on trouvera des obſervations fort curieuſes.

Quoi qu'il en ſoit , c'eſt agir pru-
demment que de ne ſe point expoſer
dans un air que l'on ſoupçonne d'être
infecté d'une grande quantité d'exhalaiſons , ſur-tout de celles qui ſont
ſulfureuſes. Les cloaques qui ont été
long-tems fermés , les ſoûterrains qui
avoiſinent les miniéres , les lieux clos
où l'on a tenu du charbon allumé, les
celliers mêmes dans leſquels fermentent les vins nouveaux ou la bierre ,
* Camera- ſont extrémement dangereux *. On
vius in E- en peut juger par cette fameuſe grot-
piſt. Tauri- te d'Italie , dans laquelle un chien ,
nenſibus. ou tout autre animal, ne peut demeurer une minute ſans être ſuffoqué ; par
* Hiſt. de cet accident auſſi funeſte que mémo-
l'Acad.des rable * , arrivé à Chartres dans la ca-
*Sc.*1710. p.
17.
ve

re d'un boulanger, où 7 perſonnes furent étouffées ſubitement l'une après l'autre, par la vapeur de la braiſe ; enfin par quantité d'ouvriers qu'on ſçait avoir péri de cette maniére, ſoit en fouillant des foſſes, ſoit en nettoyant de vieux puits. L'uſage des poëles même peut-être pernicieux, ſur-tout dans les commencemens, lorſqu'ils ſont de fer ou de cuivre, & qu'on les chauffe fortement ; ce dernier métal ſur-tout peut jetter dans l'air des exhalaiſons très-nuiſibles.

Non-ſeulement on doit éviter cet air empoiſonné, dont les effets ſont ſi prompts ; mais la prudence pourroit aller juſqu'à purifier, ou renouveller au moins, celui qu'on eſt obligé de reſpirer. Pourquoi, par exemple, ne prendroit-on pas cette peine pour des vaiſſeaux ; pour des ſales de ſpectacles, pour des mines, pour des Hôpitaux ? pluſieurs Phyſiciens fort habiles* en ont fourni les moyens, & les épreuves en ont été faites avec ſuccès. Je crois même que des perſonnes qui reſtent 9 ou 10 heures au lit, devroient avoir l'attention de n'y être point enveloppées de rideaux

* Deſaguilliers. Tranſact. Philoſ. n. 487. Hales, deſcript. du Ventilateur par le moyen duquel &c.

Tome III.   A a.

trad. en Fr.
par M.
Demours.

fort épais, & qui se ferment fort exactement ; car il n'est pas sain de demeurer si long-tems dans une petite
masse d'air qui ne se renouvelle point
assez, & dont la pureté ne sçauroit
manquer d'être fort altérée, par la
transpiration insensible & par la respiration.

Si l'on pouvoit purifier l'air avec autant de facilité qu'on le peut renouveller, il n'est pas douteux qu'on ne
le dût faire avec soin dans bien des
occasions ; & nous serions trop heu-
reux, s'il ne s'agissoit que d'en faire
connoître l'utilité. Jugeons de notre
élément, comme nous le faisons de
celui des poissons ; si l'eau d'un vivier
ou d'un étang devient infecte, ne
voit-on pas languir le poisson ? & la
mortalité ne s'y met-elle pas en peu
de tems ? A quoi devons - nous attribuer les maladies épidémiques, dont
les symptômes sont les mêmes dans
des sujets qui vivent tout différemment les uns des autres, dans un enfant, dans un adulte, dans un prin-
ce, dans un paysan, &c. est-ce à la
nourriture, au genre de vie, à l'âge,
au tempérament ? n'est-ce pas plu-

tôt aux qualités actuelles de l'air qu'ils respirent tous en commun ? ne voit-on pas ces sortes de contagions se communiquer souvent , ou se dissi-per par les vents , ou par d'autres changemens qui arrivent dans l'at-mosphére ?

Boyle * fait mention d'une liqueur *Exp. phy-très-volatile , dont Drebell se servoit fico-mech. Exp. 41. pour purifier l'air dans une espé-ce de vaisseau qu'il avoit imaginé pour aller entre deux eaux ; (car on sçavoit déja , qu'un air qui avoit été respiré , devenoit en peu de tems , incapable de l'être davantage :) on trouve des auteurs * qui disent avoir *Papin, recueil de vû le vaisseau , qui l'ont même imi-diverses té avec peu de succès , & dont le té-piéces, &c. édit. 1695. moignage ne nous fait point regretter cette invention. Mais pour la liqueur , qui mériteroit bien des éloges , & dont on pourroit tirer de grands avan-tages , si le secret n'en étoit point mort avec son auteur , personne ne dit l'avoir vûe , & je crois qu'il est très-permis de douter au moins de cette merveille.

Si l'on peut se flatter de purger l'air , je pense qu'on n'y parviendra que par une forte de filtration, en l'obligeant de paſſer par quelque matiére, où il puiſſe dépoſer ce qu'il contient d'étranger : mais il faut pour cet effet que ce dont on veut le dépouiller, ſoit de nature à s'attacher plus fortement au filtre qu'aux parties de l'air; la connoiſſance de cette analogie doit être le fruit d'un grand nombre d'expériences délicates, & d'obſervations bien méditées ; mais l'objet eſt important , & pluſieurs habiles maîtres * ont déja fait à cet égard quelques eſſais qui flatent nos eſpérances : c'eſt en cédant à cette conſidération, que j'ai hazardé de propoſer un inſtrument pour laver l'air, & pour recueillir les matiéres dont il peut être chargé. *Voyez les Mémoires de l'Académie des Sciences pour l'année 1741. p. 335. & ſuiv.*

IL y auroit encore bien des choſes à dire des propriétés de l'air, & de ſes uſages par rapport à la reſpiration, & à la maniére dont il influe ſur la vie des animaux ; mais ces détails, quelqu'intéreſſans qu'ils ſoient, ne peuvent avoir lieu que dans un traité, où l'on auroit entrepris de faire en-

* *Hales, Statiq. des veget. chap. 6. exp. 116.*
Muſchenbroek. orat. de meth. inſtituendi Exp. Phyſ. p. 28.

trer tout ce qui eft connu touchant ce
fluide: les bornes que je me fuis prefcrites dans ces Leçons, ne me permettant
pas de m'étendre davantage fur cette
partie , je paffe à une autre propriété
de l'air , qui eft encore fort importante, par les applications qu'on en
peut faire. Je vais prouver par des
faits., que les matiéres les plus com-
buftibles ne peuvent s'enflammer que
dans un air libre ; & que quand elles
le font , elles s'éteignent promptement dans le vuide.

XII. EXPERIENCE.

PREPARATION.

Il faut placer fur la platine d'une
machine pneumatique , & fous un
grand récipient , une groffe chandelle
bien allumée, *Fig.* 30. & faire agir
la pompe.

EFFETS.

A mefure qu'on raréfie l'air , la
flamme diminue de volume , & après
quelques coups de pifton , elle s'é-
teint tout-à-fait.

XIII. EXPERIENCE.

PREPARATION.

A, *B*, *Fig.* 31. font deux pierres à fufil portées par deux petits montans à reffort, qui font établis fur la platine d'une machine pneumatique, par le moyen d'un petit chaffis de métal, qui eft fixé au centre, & dans lequel ils gliffent pour s'approcher plus ou moins l'un de l'autre ; *C* eft une de ces boëtes à cuirs, dont nous avons parlé ci-deffus, & dont la tige eft engagée d'une part dans l'axe de la poulie *D*, & porte à fon autre extrémité, & entre les deux pierres, une rondelle d'acier trempé, imparfaitement arrondie. Lorfqu'on fait tourner la grande roue *E F*, le mouvement fe communique par les poulies de renvoi *G*, *G*, *D*, jufques en *C*, & fe tranfmet par la tige dans le récipient ; & la rondelle d'acier frottant alors rudement contre les deux pierres qui font tranchantes, fait l'office d'un véritable briquet.

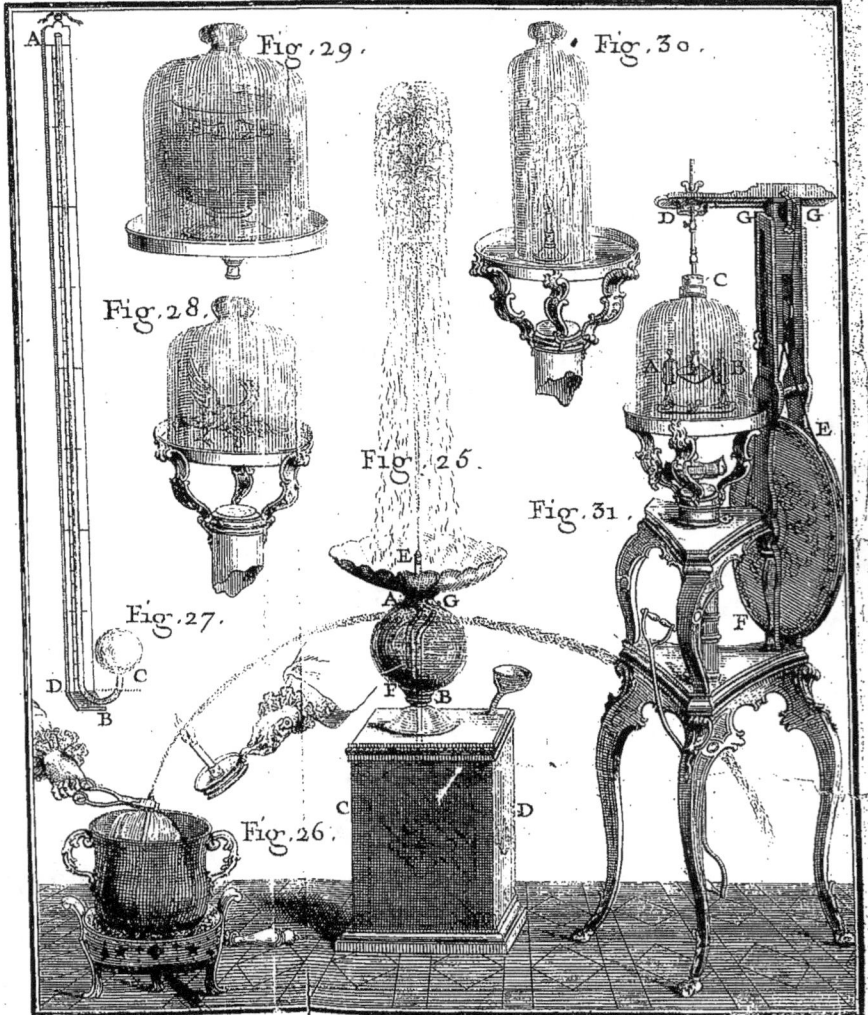

Fig . 29 .

Fig . 30 .

Fig . 28 .

Fig . 26 .

Fig . 31 .

Fig . 27 .

Fig . 26 .

Brunet . D. f. fecit

286

EFFETS.

Tant que l'air du récipient est dans son état naturel, le frottement de l'acier contre les pierres fait naître un grand nombre d'étincelles très-brillantes : à mesure que l'air se raréfie par l'action de la pompe, ces étincelles deviennent moins nombreuses & moins éclatantes ; lorsque l'air arrive à ses derniers degrés de raréfaction, à peine en apperçoit-on quelques-unes, qui n'ont plus alors qu'une couleur rouge & morne : enfin, quand le vuide est aussi parfait qu'il peut l'être, il n'en paroît plus aucune ; mais elles recommencent à paroître aussi-tôt que l'on a rendu l'air dans le récipient.

XIV. EXPERIENCE.

PREPARATION.

Dans un grand récipient, *Fig.* 32. garni comme le précédent d'une boëte à cuirs, on établit de la même manière que les pierres à fusil, un petit chassis de métal, dans lequel se meut sur deux pivots la petite phiole de

verre *H* : on met dans ce petit vaiſ-
feau quelques grains de poudre à canon ; & au centre de la platine, ſur un
morceau de tuile ou de brique, un
vaſe fort épais de cuivre rouge *K*,
que l'on a fait chauffer juſqu'à rougir :
on fait le vuide promptement ; &
lorſque l'air eſt extrêmement raréfié,
en abaiſſant la tige *I*, on appuye ſur
le goulot de la fiole qui s'incline, &
qui jette la poudre dans le vaſe
ardent.

EFFETS.

La poudre, au lieu de s'enflammer
& de faire ſon exploſion ordinaire, ſe
diſſipe en fumée & ſans éclat ; ou
bien, il ne paroît tout au plus qu'une
petite flamme bleue & rampante.

EXPLICATIONS.

C'eſt une opinion reçûe en Phyſi-
que, que la flamme conſiſte dans un
mouvement de vibration imprimé
aux parties du corps combuſtible, qui
ſe diſſipent ſous la forme d'un fluide
extrêmement ſubtile. Si l'on admet
cette ſuppoſition, que nous examine-
rons, lorſque nous traiterons de la
nature

nature du feu ; on conçoit affez aifément pourquoi les corps ne s'enflamment point dans le vuide , &
pourquoi la flamme s'y éteint ; car un
mouvement de vibration ne peut durer que dans un milieu à reffort , capable d'une réaction qui l'entretienne : ainfi la chandelle s'éteint peu à
peu , à mefure qu'on raréfie l'air du
récipient , parce que le reffort du fluide environnant diminue comme fa
denfité , & que les vibrations de la
flamme n'éprouvent plus affez de réaction de fa part. Par la même raifon , la
poudre que l'on fait tomber fur du
métal ardent , ne produit que de la
fumée dans le vuide , ou tout au plus
une flamme très-foible , qui përit dans
l'inftant.

Il eft à propos d'avertir cependant,
que cette derniére épreuve ne doit fe
faire qu'avec quelques grains de poudre feulement , comme on l'a marqué
dans l'article de la préparation ; car le
foufre & le falpêtre brûlés produifent
de l'air dans le récipient , & fi l'on en
employoit une certaine quantité , ce
qui tomberoit à la fin dans le vafe ardent , feroit infailliblement enflam-

mé, & pourroit éclater avec danger.

Les étincelles qui naissent du choc de l'acier contre des cailloux tranchans, sont des particules du métal qui se détachent de la masse par la violence du coup, qui s'échauffent jusqu'à rougir, & le plus souvent jusqu'à se fondre ; c'est ce dont il est facile de se convaincre, en les recevant sur un papier blanc que l'on examine ensuite avec un microscope ; car tous ces petits morceaux d'acier paroissent comme autant de petites boules fort lisses, ce qui dénote visiblement, qu'ils ont été mis en fusion, & qu'ils se sont arrondis, comme toutes les matiéres liquides qui nâgent en petite quantité dans un milieu fluide.

On peut remarquer que plusieurs de ces étincelles éclatent en l'air, & représentent un feu beaucoup plus brillant que les autres ; ce sont celles qui passent la fusion, & qui s'enflamment jusqu'à dissipation de parties ; on les distingue aisément sur le papier par leur couleur qui est plus brune, & parce qu'elles sont friables comme le mache-fer.

M. Muschenbroek, après Boyle,

M. Hughens & plufieurs autres Phyficiens, a fait une grande quantité
d'épreuves fur l'inflammation des
corps dans le vuide, dont on peut
voir le détail dans fes commentaires
fur les expériences de Florence, *pag.*
74 *& fuiv.* Cette lecture ne peut être
que fort utile à ceux qui s'appliquent
à la Phyfique ; & c'eft avec regret
que je me difpenfe de les rapporter
ici.

APPLICATIONS.

Puifque la flamme ne peut naître
& s'entretenir que dans un milieu à
reffort, on ne doit point être furpris
qu'une bougie allumée ou un charbon ardent s'éteigne, lorfqu'on le
plonge dans les liqueurs les plus in-
flammables, comme l'efprit-de-vin &
les huiles;& que l'une ou l'autre mette
tout d'un coup le feu à ces mêmes
liqueurs, lorfqu'elles font réduites en
vapeurs. Car dans ce dernier état elles font mêlées avec l'air, & elles
forment avec lui un fluide élaftique,
capable, par conféquent, d'une réaction telle qu'il la faut pour entretenir
l'inflammation; au lieu que dans l'é-

rat de liqueurs elles font fi peu compreffibles , qu'on doit les regarder comme dépourvûes du degré d'élafticité néceffaire.

Le feu brûle beaucoup mieux & le bois fe confume bien plus promptement pendant les grands froids qu'en tout autre tems , apparemment parce que l'air eft plus denfe , & qu'il a plus de reffort ; & au contraire on remarque qu'un réchaud plein de charbon allumé s'éteint bien-tôt, s'il eft expofé aux rayons du foleil , fur-tout pendant l'été.

Que doit-on croire de ces lampes fépulchrales des anciens, qui , fi l'on en croit quelques Auteurs , brûloient pendant plufieurs fiécles fans s'éteindre? Un feu qui ne confume point fon aliment, & qui s'entretient dans des lieux où l'air ne fe renouvelle point , pleins de vapeurs groffiéres, eft une merveille dont il faudroit conftater l'exiftence, par des preuves plus pofitives que toutes celles qu'on en a , avant que de faire les frais d'une explication qu'on auroit bien de la peine à rendre plaufible. Car ce n'eft point affez qu'il y ait de l'air autour

des matiéres enflammées, pour entretenir le feu, il faut encore que cet air
foit libre & qu'il ait une certaine pureté : voilà pourquoi les incendies
ceffent ordinairement, quand ils commencent dans des lieux qu'on peut
boucher de toutes parts, fi d'ailleurs
leurs parois font capables de réfifter
aux efforts de l'air & des vapeurs qui
fe dilatent au-dedans.

Quoiqu'un air renouvellé entretienne la flamme & anime l'embrafe-
ment, cependant le fouffle de la bouche ou le vent éteint une bougie,
parce qu'il diffipe les parties de la
flamme, & qu'il fépare le feu de fon
aliment : toutes les fois que cette diffipation n'a point lieu, l'inflammation, bien loin de ceffer, ne fait
qu'augmenter.

Je dois avertir auffi, qu'on ne doit
tenter les inflammations dans le vuide qu'avec beaucoup de précautions,
fur-tout celles qui doivent naître de
la fermentation : car comme les liqueurs propres à cet effet font d'autant plus actives qu'elles font moins
gênées par le poids de l'atmofphére,
leur explofion doit être naturellement

plus violente dans le vuide qu'ailleurs; soit qu'elles produisent, en fermentant, une grande quantité d'air dont le ressort se déploye à l'instant, comme l'ont pensé quelques Physiciens*; soit qu'étant réduites en vapeurs, elles se dilatent elles-mêmes par leur propre embrasement. Quoique je ne désaprouve pas la premiére de ces deux explications, je crois pourtant qu'on trouvera plus de vraisemblance dans la derniére, quand j'aurai fait voir ailleurs les prodigieux efforts dont les vapeurs dilatées sont capables.

Slare, dans les leçons de Phys. de Cotes. 16. leç.

Jusques ici nous avons parcouru les principales propriétés de l'air qui environne les corps; mais ce fluide se rencontre aussi dans leur intérieur, il en remplit les vuides, il entre, pour ainsi dire, dans leur composition, comme l'eau d'un étang ou d'une riviére pénétre le bois, les pierres qui y sont plongés, & tient une place dans les concrétions qui s'y forment.

Dans quelque état que soient les corps, on y trouve de l'air : les liqueurs en contiennent beaucoup, les corps solides, pour la plupart,

en ont encore davantage ; & ce qu'il
y a d'admirable, c'est que dans ceux-
ci fur-tout, la quantité d'air qui s'y
trouve renfermé furpaffe affez fouvent
100 ou 150 fois leur volume, quand
il eft dégagé, & qu'il n'eft plus retenu que par le poids de l'atmofphére.

On peut ôter l'air d'un corps de
quatre maniéres différentes ; 1ment,
en le tenant quelque tems dans le
vuide ; 2ment, en le faifant chauffer
fortement ; 3ment, en le divifant &
en défuniffant fes parties, par voie
de fermentation, de diffolution, ou
de diftillation ; 4ment enfin, en les
faifant paffer de l'état de liquidité à
celui de folidité, comme lorfqu'on
fait geler de l'eau. Les deux premiers
moyens, & peut-être le quatriéme,
ne dégagent que les parties les plus
groffiéres de l'air, je veux dire, celui
qui eft dans les pores les plus ouverts,
& qui a une difpofition plus prochai-
ne à s'étendre & à fe dilater. Par le
troifiéme procédé, on fépare les
moindres parties, celles qu'une extrême ténuité rend prefque inflexibles, & qui ne deviennent fenfiblement élaftiques, que quand elles fe

font réunies plufieurs enfemble, pour former des globules un peu plus grof-fiers : car on peut croire que les petites lames qui compofent une maffe d'air, ne font pas des corps fimples, mais des petits compofés d'élémens plus courts, & qu'elles font d'autant plus roides qu'elles font plus divifées, comme une lame d'acier perd de fa flexibilité à mefure qu'on diminue fa longueur. Il peut fe faire que l'air qui entre dans la compofition des mixtes, & qui concourt à la formation de leurs parties intégrantes, foit divifé jufqu'à fes particules élémentaires, & qu'il foit par cela même bien différent de celui qui ne fait que remplir les vuides ou les pores de ces mêmes matiéres.

C'eft à cet air extrait des corps que Boyle, & après lui M. Hales, ont donné le nom de *Faêtice* ; non pas qu'ils ayent cru qu'on pût faire de l'air par la converfion d'une matiére en une autre, mais parce que celui qui exifte dans un corps quelconque, & qui eft intimement mêlé avec lui, fe révivifie ordinairement par le fecours de l'art. On peut voir, dans les ou-

vrages mêmes de ces deux Auteurs *,
le détail des expériences qu'ils ont faites sur cette matiére, & les confé-
quences qu'ils en ont tirées. Je me
bornerai ici à quelques exemples qui
pourront suffire, pour donner une
idée de cet air factice, des qualités
qu'il a, & des effets dont il est capable.

XV. EXPERIENCE.

PREPARATION.

Il faut mettre dans un gobelet de
verre, avec de l'eau claire, un morceau de bois ou de pierre, une noix,
un œuf, ou tout autre corps solide &
fort poreux, de maniére qu'il soit
entiérement plongé ; ce qui se fera
facilement par le moyen d'un plomb
qu'on y joindra, si les matiéres qu'on
doit plonger sont plus légéres que
l'eau. On couvre le tout d'un récipient sur la platine de la machine
pneumatique, & l'on fait agir la pompe pour raréfier l'air. *Fig.* 33.

EFFETS.

A chaque coup de piston, on peut

remarquer qu'il fort une grande quantité de bulles d'air du corps plongé; & lorfqu'on l'oûvre après cette épreuve, on le trouve pénétré & rempli d'eau, plus qu'il ne le pourroit être par une fimple immerfion.

EXPLICATIONS.

L'air qui eft renfermé dans les pores du bois, de la pierre, &c. eft pour le moins aufli denfe que celui de l'atmofphére dont il a coutume de foutenir le poids: quand on fûpprime cette preffion, ou qu'on la diminue par l'action de la pompe, cet air fe dilate en vertu de fon reffort, fon volume augmente, & ne pouvant plus fe loger dans ces petits efpaces où il eft, il s'échappe dans l'eau, & devient vifible fous la forme de petits globules, qui s'élévent promptement à caufe de leur légéreté refpective.

L'air qui paffe du corps folide dans l'eau qui l'entoure, fe met en petites boules, & cet effet arrive en général à tout fluide qui fe trouve plongé dans un autre fluide avec lequel il a peine à fe mêler; apparemment parce que fes parties également

preffées de toutes parts tendent à un
centre commun. Je fçais bien qu'on
objecte contre cette raifon, que les
gouttes d'eau ou de mercure demeurent arrondies dans le vuide de
Boyle ; mais je fçais bien auffi que ce
vuide n'en eft point un à proprement parler, & que tout ce qu'on
peut prétendre, c'eft que la preffion
y foit moindre qu'ailleurs : mais l'effet dont il s'agit dépend bien moins
d'une preffion plus ou moins grande, que d'une preffion égale de toute part, qu'on ne fçauroit nier dans un
vaiffeau où l'on fçait que l'air groffier
n'eft que raréfié, & dans lequel tout
le monde convient qu'il y a toujours
un fluide, indépendamment de celui
qu'on fait fortir par le moyen de la
pompe.

Lorfqu'on fait rentrer l'air dans le
récipient, l'eau du gobelet fe trouve
plus comprimée qu'elle ne l'étoit dans
l'air raréfié ; elle péfe par conféquent
davantage fur toute la fuperficie du
corps plongé. L'air qui a été raréfié
dans les pores de celui-ci obéiffant à
cette nouvelle preffion, fe refferre
dans un moindre efpace, & l'eau va

occuper les vuides qu'il a laissés. Voilà pourquoi ces corps étant ouverts après l'expérience, paroissent pénétrés ou remplis d'eau.

XVI. EXPERIENCE.

PREPARATION.

On place, sous le récipient d'une machine pneumatique, un gobelet de verre plus long que large, & rempli jusques aux deux tiers de bierre, de lait, d'esprit-de-vin, ou d'eau un peu tiéde, & l'on fait agir la pompe.

EFFETS.

A mesure que l'air du récipient se raréfie, celui qui est contenu dans la liqueur se dégage, & s'éléve à la surface en forme de bulles qui augmentent de plus en plus en nombre & en grandeur : celles de l'esprit-de-vin & de l'eau font une ébullition qui dure quelque tems ; & si l'on continue de faire le vuide, cet effet cesse enfin, & l'on ne voit plus sortir d'air : la bierre & le lait s'élévent en mousse, & se répandent hors du vaisseau. Voyez la Fig. 34.

EXPLICATIONS.

C'eſt encore en ſupprimant la preſſion de l'air extérieur qu'on donne
lieu à celui qui eſt répandu dans la liqueur de ſe dégager ; car n'étant plus
chargé comme auparavant , il acquiert un plus grand volume , & ſa
légéreté reſpective plus puiſſante alors
que le frottement & les autres cauſes
qui tendent à le retenir , ne manque
pas de l'élever vers la ſurface.

Plus la liqueur eſt facile à diviſer ,
plus les bulles d'air s'élévent promptement , plus elles s'aggrandiſſent
auſſi , parce qu'elles trouvent moins
de réſiſtance à vaincre , pour s'étendre : c'eſt pourquoi lorſque le récipient eſt évacué à un certain point ,
l'eſprit-de-vin & l'eau tiéde qui ſont
très-fluides , laiſſent tout d'un coup
échapper leur air qui les ſouléve en
gros bouillons. La bierre & le lait au
contraire étant des liqueurs viſqueu-
ſes , ne ſe diviſent que difficilement :
les bulles d'air qui s'y forment demeurent enveloppées de véſicules ,
& ne s'élévent que lentement ; &
comme ces véſicules ne ſont autre

chofe que les parties mêmes de la liqueur qui ont peine à fe féparer, les
bulles d'air, en les emportant, vuident le vaiffeau.

Applications.

Bien des perfonnes s'imaginent que
tous les corps généralement fe confervent très-long-tems dans le vuide;
mais il y a beaucoup à rabattre de ce
préjugé. Il eft vrai que ceux qui font
de nature à fe décompofer par l'évaporation d'une partie de leur fubftance, ou à fe corrompre par l'humidité
qui pourroit les pénétrer, périffent
ordinairement moins vîte dans le vuide que dans l'air libre, parce qu'ils ne
font plus entourés d'un fluide qui fait,
comme nous l'avons dit *, la fonction
d'une éponge ou d'un abforbant, &
qui eft toujours chargé de quelques
vapeurs: mais il n'en eft point ainfi
de ceux qui portent en eux-mêmes
un principe de fermentation ; car,
1ment, en perdant l'air qui remplit
leurs pores, le mouvement inteftin
de leurs parties n'en devient que plus
libre ; 2ment, cette liberté augmente
encore par la fuppreffion du poids ou

*Tom. II.
pag. 121.
& fuiv.

du reſſort de l'air extérieur ; ce qui me fait croire que les matiéres de cette derniére eſpéce ſe conſerve-roient mieux dans un air comprimé que dans le vuide.

Le vin de Bourgogne qui a paſſé les Alpes n'a pas le même corps que celui qu'on boit en France ; il paroît moins coloré & plus pétillant : ne ſe-roit-ce point parce qu'il auroit un peu travaillé en paſſant ſur les hautes montagnes où la preſſion de l'atmoſ-phére étant moins grande qu'elle ne l'eſt dans la plaine , a pû donner lieu à quelque commencement de fer-mentation ? Ce qui me le feroit ſoup-çonner , c'eſt qu'ayant tenu dans un air un peu raréfié , & pendant quel-ques jours , une bouteille de vin , au bouchon de laquelle j'avois prati-qué un petit trou , il me parut un peu défait , & à peu près ſemblable à celui que j'avois goûté en Piémont. Je dois ajouter cependant , que plu-ſieurs perſonnes dignes de foi m'ont aſſûré , que le vin de Bourgogne qui va par mer en Italie , eſt ſujet à de pareils changemens : le même effet peutêtre produit par différentes cauſes.

L'air qui se dégage d'une liqueur en augmente nécessairement le volume jusqu'à ce qu'il en soit entiérement sorti, parce que les globules insensibles qui étoient logés dans les pores se réunissant plusieurs ensemble, forment des masses plus grandes qui occupent de nouvelles places dans la liqueur : comme si l'eau qu'on fait entrer, comme on sçait, sans difficulté dans un verre plein de cendres ou de sable, se convertissoit tout d'un coup en plusieurs petits glaçons de la grosseur d'un pois, on conçoit bien que la masse totale alors seroit trop grande pour être contenue dans le même vase. L'air se dégage aussi dans les liqueurs qui fermentent, & l'effort qu'il fait pour en augmenter le volume, fait souvent casser les vaisseaux qui les contiennent.

Il est inutile de proposer ici aucune expérience, pour prouver qu'on peut faire sortir l'air d'une matiére, en la faisant chauffer fortement; nous avons tous les jours sous les yeux assez d'exemples de cette seconde méthode, dans la préparation de nos alimens; on entend, & l'on voit même sortir
l'air

l'air des viandes & des fruits qu'on fait cuire, du bois verd qu'on met au feu, de l'eau, & des autres liqueurs que l'on fait bouillir. Les premiers bouillons doivent être attribués aux parties les plus grossiéres de l'air, qui, dilatées par la chaleur dans un fluide qui se dilate lui-même, augmentent en volume, & soulévent avec violence ce qui s'oppose à leur extension & à leur ascension. Je dis les premiers bouillons ; car je ferai voir, en parlant du feu & de ses effets, qu'une liqueur qui continue de bouillir jusqu'à ce qu'elle soit entiérement évaporée, ne le fait pas en vertu d'une quantité d'air assez considérable pour fournir jusqu'à la fin. Mais quand l'air sort d'une liqueur que l'on fait chauffer, on voit à peu près le même effet que dans le vuide ; les bulles qui se forment ont d'autant plus de peine à se dégager, que la matiére qui les enveloppe est plus difficile à rompre ou à étendre : elles se dégagent donc & s'élévent plus lentement dans du lait que dans de l'eau, & l'action du feu qui tend à les dilater agit plus long-tems sur chacune, & en même-

Tome III. Cc

tems fur un plus grand nombre ; c'eft pourquoi ces fortes de liqueurs, le beurre, les réfines & les gommes fondues, fe gonflent peu à peu, & trompent, par des effervefcences fubites & affez fouvent dangereufes, ceux qui les font chauffer avec trop peu d'attention.

A peu près comme l'eau fort d'une éponge mouillée que l'on preffe, l'air fe dégage de toutes les matiéres dont les parties fe rapprochent & fe condenfent fortement : on s'en apperçoit rarement dans les folides, parce qu'étant communément plongés dans l'air de l'atmofphére, celui qui fort de leur intérieur fe mêle immédiatement avec un fluide femblable à lui-même, & qui empêche, par cette raifon, qu'on ne le diftingue : ce n'eft qu'en preffant ces corps dans l'eau, ou dans quelque autre liqueur, qu'on peut s'affurer de l'effet dont il eft queftion.

Les liquides qui fe gêlent fe défaififfent aufli de l'air qu'ils contiennent à mefure que leurs parties fe rapprochent ; & quand cet air qui étoit difféminé dans les pores en particules infenfibles , s'en trouve exclu , il fe raffemble en plufieurs bulles , & prend différentes formes dans la maffe , s'il s'y trouve renfermé & retenu par les progrès trop rapides de la congéla-tion. Je pourrois appeller en preuves les phénoménes de la glace ; mais il fera tems d'en faire mention lorfque je traiterai de l'eau & de fes différens états.

Le dernier procédé , & celui qui eft peut-être le plus efficace de tous , pour féparer l'air des matiéres avec lefquelles il fe trouve mêlé , c'eft la divifion de leurs parties , fur-tout fi cette divifion va jufqu'à les décom-pofer , comme il arrive ordinaire-ment lorfqu'on fait putréfier , fer-menter , diftiller , ou brûler les corps mixtes.

Que la quantité d'air que l'on tire ainfi , égale prefque le volume des corps d'où il fort , c'eft une merveil-le que l'on n'a dû croire que d'après l'expérience ; mais que cet air extrait , & foumis au poids de l'atmofphére furpaffe un grand nombre de fois la grandeur de ces mêmes corps qui le contenoient, c'eft ce qu'on ne peut apprendre sans étonnement ; & l'on seroit tenté d'en douter , si les Auteurs les plus accrédités , de qui nous tenons cette découverte , n'avoient appuyé leurs témoignages sur un détail bien circonstancié de leurs épreuves. Celles de MM. Mariotte & Hales m'ont paru les plus décisives ; c'est dans leurs écrits que j'ai puisé les preuves suivantes : le lecteur qui prendra la peine de les chercher dans leurs sources , y trouvera un grand nombre de faits , plus curieux les uns que les autres , & qui établissent de concert la doctrine que je viens d'exposer.

XVII. EXPERIENCE.

PREPARATION.

La *Fig.* 35. représente une tasse de métal fort mince , au fond de laquelle on a pratiqué un enfoncement que l'on emplit d'une grosse goutte d'eau; on verse ensuite de l'huile d'olives , jusqu'à la hauteur d'un travers de doigt , & l'on couvre la goutte d'eau d'un petit vase de verre qui a la forme & à peu près la grandeur d'un

dé à coudre, ayant attention qu'il
foit plein d'huile, ce qu'il eft aifé de
faire en l'inclinant dans la taffe avant
que de le placer debout.

EFFETS.

Si l'on tient la taffe fur une bougie
ou fur une lampe allumée, pour faire chauffer la goute d'eau ; 1°. Il s'en
éléve peu à peu une grande quantité
de petites bulles d'air, qui, lorfque
tout eft refroidi, occupent dans le
vafe de verre, un efpace plus grand
(a) que le volume de la goutte
d'eau d'où elles font forties : 2°. l'huile qui refte dans le petit vafe de verre, perd fa tranfparence, en fe refroidiffant.

EXPLICATIONS.

A mefure que la goutte d'eau s'é-
chauffe, les parties s'écartent un peu
les unes des autres ; les pores ou petits intervalles qui font entr'elles, fe
dilatent, les particules d'air qui fe
trouvoient retenues deviennent plus
libres, & leur légéreté refpective
fuffit alors pour les dégager entiére-

(a) M. Mariotte dit 8 ou 10 fois plus grand ;
cependant quoique j'aye répété cette expérience
bien des fois, & avec foin, je n'ai jamais trouvé tant d'air au haut du petit vafe.

ment, & pour les élever dans la partie supérieure du petit vase de verre. Mais ce qui aide encore davantage cette séparation, c'est que la même chaleur qui dilate la goutte d'eau, dilate aussi les petites bulles d'air, & leur volume considérablement augmenté les rend d'autant plus légéres, & par conséquent d'autant plus propres à s'élever au-dessus de l'eau & de l'huile. On peut ajouter encore que la liquidité de l'eau & de l'huile augmente par l'action du feu, que le frottement & la viscosité diminuent d'autant; ce qui donne lieu aux bulles d'air de se dégager & de s'élever plus facilement.

La colonne d'huile qui couvre la goutte d'eau devient opaque, parce que la chaleur y éléve la vapeur de l'eau, qui se mêle aux parties de l'huile, & qui forme avec elles des molécules dont l'assemblage devient moins perméable à la lumiére : soit que les pores de ce liquide composé soient moins directs qu'ils ne le sont dans l'eau & dans l'huile séparément; soit que ses parties deviennent trop grossiéres. Cette derniére raison (qui n'exclut point l'autre) paroît d'autant plus probable , que cette même huile chargée d'eau & devenue opaque , reprend presque sa première transparence lorsqu'on la fait chauffer de nouveau , sans doute , parce qu'alors les parties atténuées par l'action du feu laissent à la lumière un passage plus libre.

XVIII. EXPERIENCE.

PREPARATION.

La préparation de cette expérience se fait à peu près comme celle de la précédente , excepté seulement , qu'on employe des vases plus grands , & qu'au lieu d'une goutte d'eau au fond de l'huile , on met dans de l'eau tiéde un petit cylindre de sucre commun , égal à la partie *A B* , prise intérieurement. *Fig.* 35.

EFFETS.

A mesure que le sucre se fond dans l'eau , on en voit sortir des bulles d'air qui s'élévent vers la partie supérieure du vaisseau ; & lorsque la dissolution est faite , la quantité d'air qui s'est élevée égale affez fouvent les $\frac{2}{3}$ ou les $\frac{3}{4}$ de l'efpace *A B*.

EXPLICATIONS.

L'eau chaude, en pénétrant le fu-cre, défunit fes parties, & les fubdi-vife ; alors les petites bulles d'air qu'elles renfermoient entr'elles, étant comme ifolées ; s'élévent à travers de l'eau qui eft toujours beaucoup plus péfante. La quantité de ces particules d'air varie felon la qualité du fucre, & la folution plus ou moins parfaite de fa maffe : mais on peut toujours comparer le volume d'air qui eft forti à celui du fucre qu'on a fait fondre, puifque l'efpace *A B* fert de mefure commune à l'un & à l'autre.

XIX. EXPERIENCE.

PREPARATION.

Il faut joindre la cornue *A B*, *Fig.* 36. dans laquelle on aura mis quelque matiére à diftiller, au matras *A C*, avec quelque efpéce de lut qui ne fe fonde point à une médiocre chaleur, & qui ne fe diffolve point non plus par une légére humidité. Ces deux vaiffeaux
étant

étant ainsi joints, il faut faire entrer dans le col du dernier une branche du scyphon *E D F*, par un trou pratiqué au fond du vaisseau; on plonge ensuite le matras & le scyphon dans l'eau, afin que le premier s'emplisse par *D* jusqu'à la hauteur *F*; ce qui se fait aisément par le moyen du scyphon qui permet à l'air de s'échapper : on ôte ensuite ce scyphon, & l'eau demeure suspendue à la hauteur *F*, par la pression de l'atmosphère qui agit sur celle du bacquet. Enfin l'on chauffe la cornue, en la posant sur un fourneau disposé à une hauteur convenable. Si les matiéres que l'on distille rendent de l'air, on s'en apperçoit, parce que le volume de celui qui est renfermé en *A F*, augmente ; si au contraire elles en absorbent, comme il paroît en certains cas, on le voit aussi par la diminution de ce même volume d'air. Et si l'on veut comparer la quantité d'air rendu ou absorbé, à celle des matiéres qu'on a mises dans la cornue, on le peut facilement en réduisant à une mesure connue, comme au pouce cubique, par exemple, ce qu'on met dans la cornue : car après la diſtillation, on pourra voir combien il faut de pouces cubiques d'eau pour remplir l'eſpace occupé par l'air, en plus au-deſſous, ou en moins au-deſſus de *F*.

Mais ce volume d'air que l'on veut meſurer, ne doit l'être que quand tout eſt refroidi au même degré que l'é-toit celui de la partie *A F*, au moment que l'on a commencé l'expérience ; car on ſçait combien quelques degrés de chaleur de plus ou de moins peuvent faire varier les dimenſions de ce fluide ; & pour n'avoir point d'erreur conſidérable à ſoupçonner à cet é-gard, il faudroit y avoir enfermé un petit thermométre très-ſenſible.

Une autre attention que l'on doit avoir encore, ſi l'on veut procéder avec exactitude, c'eſt de conſulter la hauteur du barométre, au commen-cement & à la fin de l'expérience, pour s'aſſurer ſi le poids de l'atmoſ-phére n'a point varié pendant l'opé-ration : car il eſt certain que le volu-me d'air contenu dans le col du ma-tras doit augmenter ou diminuer, ſe-lon que l'eau y ſera pouſſée plus ou moins haut, par la preſſion de l'air extérieur fur la furface du bacquet.

Enfin s'il s'agiffoit d'une exactitude fcrupuleufe, on devroit confidérer encore, que la colonne d'eau qui
demeure au-deffus du niveau, ou qui
eft portée au-deffous, par la quantité plus ou moins grande de l'air qui
occupe le col du matras, empêche
que cet air ne foit jamais d'une denfité parfaitement égale à celle de l'air
extérieur; mais heureufement dans
la plûpart de ces épreuves, on peut
fe contenter d'un à peu près; & le
Phyficien doit fouvent fe mettre au-
deffus des minucies, pour n'être point
découragé dans fes recherches.

EFFETS.

Par des procédés à peu près femblables à celui que je viens de décrire, M. Hales * ayant éprouvé
toutes fortes de matiéres animales,
végétales, & minérales, folides &
liquides, a trouvé par exemple, qu'un
pouce cubique de fang de cochon
diftillé jufqu'aux fcories féches pro-
duifoit 33 pouces cubiques d'air.

Que la moitié d'un pouce cubique
de la pointe des cornes d'un daim

* Stat.
des végot.
ch. 6.

donnoit 117 pouces cubiques d'air ; ce qui faisoit un volume 234 fois aussi grand que celui de la matiére distillée.

Que d'un demi-pouce cubique de bois de chêne, il en sortoit 128 pouces cubiques d'air.

Que d'un pouce cubique de terre vierge, il vint à la distillation 43 fois autant d'air.

Le même Auteur trouva que l'eau forte, le soufre, & plusieurs autres matiéres, bien loin de rendre de l'air en absorboient ; c'est-à-dire, qu'après la distillation, le volume d'air contenu en *A F*, se trouvoit moins grand qu'il n'étoit avant l'expérience.

EXPLICATIONS.

Lorsqu'on distille une matiére, l'action du feu divise ses parties, les réduit, & les éléve en vapeurs. Les particules d'air qui se trouvent dans la masse demeurant isolées par sa division, & par son évaporation, s'unissent avec le volume d'air qui est renfermé dans la cornue & dans le col du matras, & ce volume est d'autant augmenté : de-là il arrive que la surface de l'eau baiffe communément au-deffous de *F*.

Mais fi la matiére que l'on diftille eft de telle nature, que l'air s'uniffe à elle plus facilement & plus forte-ment qu'il ne peut s'unir avec d'autre air, non-feulement cette matiére ne fe défaifit point des particules d'air qu'elle contient ; mais acquérant plus de furface par fa divifion, elle s'ap-proprie encore de nouvelles parties d'air en paffant par l'efpace *A F ;* & l'eau s'éléve d'autant, pour occuper la place de l'air abforbé.

Ce que l'on a de la peine à com-prendre, c'eft qu'il puiffe fe loger une fi grande quantité d'air dans cer-taines matiéres, fans qu'il y paroiffe comprimé, autant qu'il faudroit qu'il le fût, fi l'on vouloit le réduire à un auffi petit volume, lorfqu'une fois il eft dégagé ; car quelle force ne fau-droit-il pas pour reftraindre dans l'ef-pace d'un demi-pouce cubique 234 fois autant d'air femblable à celui de l'atmofphére ?

Ce phénoméne nous apprend que l'air intimement mêlé à d'autres ma-tiéres, y eft dans un état tout diffé-

D d iij

rent de celui où nous le voyons lorſqu'il en eſt dégagé ; quel eſt donc
cet état de l'air dans l'intérieur des
corps ? & comment en reçoit-il un autre lorſqu'il ſe dégage ?

On peut ſuppoſer , comme l'ont
fait pluſieurs habiles Phyſiciens * de
nos jours, que les parties de l'air,
lorſqu'il eſt intimément mêlé à quelqu'autre matiére, ne ſe touchent plus,
& qu'elles ſont immediatement appliquées aux parties même du corps
qui les contient, comme pourroient
être de petits poils ou des filets de
coton qui envelopperoient , par
exemple, des grains de ſable, ou qui
feroient logés ſéparément dans les
intervalles qui ſe trouveroient à remplir entre ces mêmes grains raſſem-
blés en une maſſe : car quoique pluſieurs brins de coton enſemble forment ordinairement un petit flocon
flexible , & qui occupe un eſpace
aſſez ſenſible, à cauſe de tous les vuides qui font partie de ſon volume ;
on conçoit bien cependant qu'il en
occuperoit incomparablement moins
par ſa matiére propre , & ſi ſes vuides remplis d'une autre ſubſtance ne

* M. de
Mairan,
diſſertation
ſur la glace.
Mariotte,
eſſais ſur la
nat & les
propr. de
l'air.

contribuoient plus à sa grandeur. On
doit convenir aussi que sa flexibilité ,
& par conséquent son ressort , seroit
nulle , si chacun de ses petits filets
étoit soutenu par un corps dur, comme il arriveroit infailliblement, si l'espace de l'un à l'autre étoit rempli
par une matiére solide.

Cette hypothése est d'autant plus
vraisemblable , que l'air ne paroît
contribuer ni à la compressibilité des
corps , ni à leur dilatabilité ; l'esprit
de vin des thermométres étant purgé
d'air*, n'en paroît ni plus ni moins
sensible à l'augmentation du froid ou
du chaud : & les corps qu'on a tenus
dans le vuide , n'en sont pas moins
compressibles, quoiqu'on en ait vû sortir une quantité d'air assez considérable. L'air dans l'intérieur des corps ,
est donc comme dit M. Hales , dans
un état de fixité ; & lors même qu'il
s'en dégage , il n'acquiert point de
ressort , s'il emporte avec lui quelque
substance étrangére qui l'empêche de
se joindre à d'autre air , pour former
de petits globules : car ce n'est que
dans ce dernier état, qu'il peut être
flexible & élastique.

* *Mém. de
l'Ac. des
Sc. 1731.
p. 267.*

D d iiij

Ce raifonnement, je l'avoue, eft fondé fur des faits inconteftables; mais il en eft d'autres, qui ne font ni moins certains, ni moins connus, & qui nous portent à raifonner tout autrement; lorfqu'une matiére paffe dans le vuide, ou que l'action du feu ou d'un diffolvant diminue, ou fait ceffer la cohérence de fes parties, on voit auffi-tôt l'air s'en dégager; ne devons-nous pas penfer que cet air étoit dans l'état d'un reffort tendu, & qu'il n'attendoit pour fe déployer que la fuppreffion des obftacles qui l'en empêchoient?

Voici, ce que l'on peut dire, pour concilier ces phénoménes qui femblent fe contredire: l'air, dans la plûpart des corps, fe trouve fous deux états différens; les plus grands vuides, ces pores qui communiquent enfemble, le contiennent en globules, ou pour mieux dire, en petites colonnes que le poids de l'atmofphére a condenfées, & qui par la continuité de leurs parties ont confervé la faculté de s'étendre & de fe porter en dehors lorfque la preffion extérieure vient à ceffer; l'autre air beaucoup

plus divifé, ne remplit que des pores ifolés plus petits, & la matiére
qui l'environne a plus de cohérence
qu'il n'a d'élafticité. Pour dégager
le premier, il fuffit ou d'augmenter
fortement fon reffort par la chaleur,
ou de lever l'obftacle qui le tient
tendu : ces deux moyens font faci-
les ; 1^{rement}, parce que le reffort
de l'air s'anime d'autant mieux que
fon volume eft plus grand ; 2^{dement},
parce que les pores qui contien-
nent ces petites colonnes font ouverts jufqu'à la furface. Il n'en eft
pas de même de l'autre air, il faut
pour l'extraire, divifer le corps jufques dans fes moindres parties ; &
comme on fuppofe ce fluide réduit
prefque à fes premiers élémens, on
ne doit rien attendre de fon reffort,
pour aider cette féparation.

A l'aide de cette fuppofition, je
conçois comment l'air ne rend ni
plus dilatables, ni plus compreffibles
les matiéres avec lefquelles il eft mêlé, quoiqu'il y jouiffe de fon élafticité ; car 1°. fi les petits globules
contigus les uns aux autres dans toute
l'étendue de chaque pore, s'y trou-

vent contenus comme dans une gai-
ne dont les parties folides fe foutiennent mutuellement, ce canal comprimé par dehors, n'empruntera rien
de la flexibilité de l'air qu'il renferme,
& par conféquent le corps entier qui
n'eft qu'un affemblage de ces tuyaux,
ne fera ni plus ni moins compreffible, foit que fes pores foient remplis d'air, foit qu'ils en foient vuides.
2°. Si ces colonnes d'air moulées dans
les pores font compofées de globules
fort petits, comme on le doit fuppofer;
l'action modérée du feu ne pourra les
dilater que très-peu, & leur accroiffement n'excédera pas fenfiblement
celui des pores qui fe dilatent auffi
par le même dégré de chaleur: ainfi
la maffe totale ne fera ni plus ni moins
dilatable, foit qu'elle contienne de
l'air élaftique, foit qu'elle n'en contienne pas.

Mais cet air même le plus intimement mêlé, celui que nous regar-
dons comme n'ayant point de reffort
parce qu'il eft extrêmement divifé,
n'en a-t-il point en effet ? Ses parties
au lieu d'être devenues trop courtes
pour être flexibles, ne feroient-elles

pas plutôt repliées sur elles-mêmes
autant qu'il est possible qu'elles le
soient ? & leur inflexibilité ne viendroit-elle pas de ce qu'elles ne pourroient plus s'approcher davantage ,
à peu près comme un fil roulé en pe-
loton , devient un corps dur qu'on a
peine à comprimer , & qui , lorsqu'il
se développe , occupe une place incomparablement plus grande. En
m'arrêtant à cette idée , j'apperçois la
raison pour laquelle cet air extrait
des corps prend un volume si considérable qu'il excéde deux ou trois
cent fois , celui dont il faisoit partie.
La nature a pu se ménager des moyens
pour restraindre ainsi les particules
d'air qu'elle fait entrer dans la composition des mixtes ; & la cohérence
de ces mêmes corps, quelle qu'en
soit la cause , est une puissance qui
peut suffire pour résister à sa réaction.

Une raison que l'on peut ajouter
encore pour expliquer cette prodi-
gieuse extension de l'air extrait , c'est
que cet air n'est point pur , c'est un
fluide composé , qui tient beaucoup
des matiéres d'où il sort ; je ne veux
pour preuves que les effets dont il est

capable : celui que l'on tire de la pâte fermentée , des fruits, & de la plûpart des végétaux , éteint le feu , suffoque les animaux, & se fait sentir par une odeur pénétrante * ; il est donc évident que cet air est chargé d'une vapeur abondante , qui fait partie de son volume , & l'on sçait d'ailleurs que toutes les substances qui s'évaporent s'étendent prodigieusement ; ainsi les cent vingt-huit pouces cubiques d'air qui sortent d'un demi-pouce cubique de bois de chêne, se réduiroient vraisemblablement à une quantité bien moins grande , si l'on en séparoit ce qu'ils contiennent d'étranger.

* [Boyle Exp. Phys. mech. continuat. 2. Hales Stat. végét. p. 152.

APPLICATIONS.

Les alimens tant solides que liquides qui entrent dans l'estomac, s'y décomposent par la digestion ; ils se défaisissent par conséquent de l'air qu'ils contiennent ; cet air ainsi dégagé se rassemble en bulles, & prend un volume beaucoup plus considérable ; non-seulement parce qu'il se développe & s'étend lorsqu'il est libre , comme on l'a vû par les ex:

périences précédentes ; mais encore
parce qu'il éprouve un dégré de chaleur affez grand , qui dilate ce fluide
d'autant plus que fa maffe eft plus
ample.

Si l'air qui fe dégage ainfi des alimens dans l'eftomac, ne trouve point
d'iffue libre pour en fortir , il preffe
& diftend les parties qui le retiennent,
& fes efforts font naître quelquefois
des douleurs affez vives , que l'on
nomme *coliques de vents*.

Lorfque rien ne s'oppofe à fon paf-
fage , il fort par la bouche , & caufe
ces rapports le plus fouvent défa-
gréables & plus ou moins fréquens,
felon la quantité des alimens qu'on a
pris, leurs qualités , leurs prépara-
tions , ou la difpofition actuelle de
l'eftomac qui les digére.

Ces rapports déplaifent prefque
toujours , quoique l'on ait mangé
ou bû des fubftances qui foient par
elles-mêmes d'une odeur & d'un goût
fort agréables : c'eft que la digeftion
les décompofe , & que l'air qui s'en
exhale n'en emporte que des extraits :
or dans les alimens les plus fains , il
y a des parties , qui lorfqu'elles font

féparées des autres , font capables
d'affecter nos fens d'une manière dé-
plaifante , ou même dangereufe. Le
pain & la pâte de froment , le raifin
& les autres fruits , &c. font du goût
de tout le monde , & ne nuifent point
au commun des hommes ; cependant
l'air qui en fort , quand on les fait
fermenter , eft infect & mortel.

Un eftomac furchargé d'alimens,
eft plus incommodé qu'un autre de
ces fortes d'exhalaifons ; on en voit
affez la raifon. Mais la qualité & la
préparation font deux chofes qui ont
beaucoup de part à cet effet. En
général les liqueurs fpiritueufes &
fermentées comme le vin, la bierre,
&c. & tous les alimens cruds , portent avec eux une très-grande quantité d'air ; & l'on doit s'attendre d'en
être incommodé , fi l'on n'en ufe avec
modération.

Un ufage modéré des alimens ne
garantit pas même toujours des rapports d'eftomac ; on voit des perfonnes précautionnées & fobres , qui
s'en plaignent beaucoup. C'eft qu'a-
lors il y a fans doute quelqu'humeur
vicieufe qui occafionne une mauvaife

digeſtion. Suivant nos principes, cette digeſtion eſt mauvaiſe par excès; car puiſqu'elle rend une plus grande quantité d'air, il paroît que les alimens ſont plus diviſés; ainſi en pareil cas, on pourroit dire peut-être que l'on digére trop; mais ceci paſſe les bornes de mon deſſein, c'eſt une queſtion que je ſoumets à l'examen de la Faculté.

En certains tems de l'année le vin & la bierre travaillent dans les tonneaux & dans les bouteilles; c'eſt-à-dire, qu'il s'y fait une légére fermentation, ſur-tout ſi ces liqueurs ſont remuées ou placées dans des lieux qui ne ſoient pas aſſez frais. Ces mouvemens inteſtins ne manquent point de donner lieu aux particules d'air de ſe dégager & de monter à la ſurface; & comme il lui faut alors beaucoup plus de place qu'il n'en occupoit lorſqu'il étoit diviſé & logé dans les pores; il ſort avec impétuoſité, dès qu'on débouche les vaiſſeaux, & ſes efforts vont même juſqu'à les faire créver, lorſqu'on néglige de lui ouvrir un paſſage.

Dans les laboratoires de chymie,

Les artistes ont grand soin de laisser une issue à l'air, quand ils lutent leurs vaisseaux ; l'usage leur a appris que sans cette précaution, les ballons sont en danger de crever avec éclat : quand cet accident arrive, on a coutume de s'en prendre à la masse d'air qu'on a laissé enfermée dans le récipient & que la chaleur dilate ; & en effet cette cause y contribue : mais la rupture des vaisseaux vient principalement de la quantité d'air qui sort de la plûpart des matiéres qu'on distille ; car pour l'ordinaire, le ballon est capable de résister aux efforts de l'air qu'on y renferme, & qui n'y souffre qu'un dégré de chaleur assez médiocre.

Quand on enfonce une canne ou un bâton dans la vase au bord d'une riviére ou d'un étang, on voit communément beaucoup de bulles d'air s'élever à la surface de l'eau ; cet air vient sans doute des feuilles, des branches d'arbres, des plantes & autres végétaux qui se sont amassés & pourris au fond ; il demeure engagé dans la boue jusqu'à ce qu'on lui ouvre une issue.

Si

Si l'on fait fortir l'air d'une matiére fans défunir les parties de fa
maffe, en la plaçant, par exemple,
dans le vuide; dès qu'on l'expofe
enfuite à l'air libre, elle reprend ce
qu'on lui a ôté, à peu près comme
une éponge qui fe remplit toujours
d'eau, toutes les fois qu'on l'y plonge
après l'avoir preffée. M. Mariotte * $\quad$ * Effai fur
s'eft affûré du fait par une expérience $\quad$ la nat. &
auffi fimple qu'ingénieufe. Il purgea $\quad$ les propriét.
d'air une certaine quantité d'eau, en $\quad$ de l'air. p.
la faifant bouillir; & en la mettant $\quad$ 163.
enfuite quelque tems dans le vuide,
il en remplit une phiole qu'il ren-
verfa dans un vafe plein d'eau, fans
la boucher, en obfervant de faire
monter dans le haut une bulle d'air
de la groffeur d'une aveline; peu à
peu, il vit diminuer cet air, qui dif-
parut enfin tout-à-fait au bout d'environ 3 jours, ce qui lui fit connoître évidemment que l'eau de la phiole
s'en étoit faifie; ce qui s'eft paffé à
l'égard de l'eau, arriveroit fans doute
à toute autre matiére; on pourroit
tout au plus foupçonner quelques va-
riétés, dans la quantité d'air qui rentre, ou dans le tems qu'il met à rentrer.

Des expériences d'un autre genre aufquelles j'étois occupé ayant éxigé que je fçuffe avec plus de précifion, en combien de tems l'eau peut reprendre l'air qu'elle a perdu par l'ébullition & par la fuppreffion du poids de l'atmofphére , je fis l'expérience qui fuit.

XX. EXPERIENCE.

PREPARATION.

A , Fig. 37. eft une caraffe que je remplis d'eau récemment purgée d'air , environ jufqu'aux deux tiers de fa capacité ; je la bouche avec du liége que je couvre enfuite d'une couche de cire fondue & mêlée avec de la térébenthine ; à travers de ce bouchon je fais paffer le bout du tuyau de verre B C D , qui eft recourbé en deux fens oppofés , & dont la partie C D attachée fur une planche graduée en pouces & en lignes, eft foutenue verticalement fur un pied. Je fais encore paffer à travers du même bouchon le tube d'un thermométre , dont la boule eft en partie plongée dans l'eau de la caraffe. Je place enfuite cette même caraffe dans un fceau qui eft rempli d'eau, ainfi que la partie *C E* du tuyau ; je marque alors avec un fil *K*, la hauteur du thermométre, & j'obferve au baromètre celle du mercure, au moment que je commence l'expérience.

Tout étant ainfi difpofé, je remarque de 12 en 12 heures l'afcenfion de l'eau dans le tuyau au-deffus du point *E* ; & pour être fûr que l'air eft toujours d'une égale denfité entre l'eau du tuyau & celle de la caraffe, à chaque obfervation, je prens foin 1°. de rappeller le bain du fceau *G H* à fa première température, en le réchauffant ou en le refroidiffant jufqu'à ce que la liqueur du thermométre revienne, & fe fixe au fil *K.* 2°. Je vois de combien le mercure a hauffé ou baiffé dans le baromètre, & comme une ligne de mercure répond à 14 lig. d'eau pour le poids, je les ajoute ou je les diminue dans la partie *C D* du tuyau, afin que la preffion de l'atmofphére demeure toujours à peu-près la même.

La quantité d'eau qui s'éléve au

deſſus du point *E*, indique, comme
on voit, le volume d'air qui rentre
dans l'eau de la caraffe ; & après l'expérience, on peut comparer ce volume d'air à celui de l'eau dans laquelle
il rentre, en meſurant avec un chalu-
meau renflé *F*, combien de fois l'eau
de la caraffe ſurpaſſe celle qui s'eſt
élevée au-deſſus du point *E*.

EFFETS.

En procédant ainſi j'ai obſervé ;
1°. Que l'eau du tuyau s'eſt élevée
continuellement pendant 7 à 8 jours
au-deſſus de *E* ;

2°. Que le progrès de ſon aſcen-
ſion a toujours été en diminuant, de
façon que dès le ſixiéme jour, il étoit
preſqu'inſenſible ;

3°. Que la ſomme de toutes les
quantités d'eau élevées égaloit à peu
près la trentiéme partie de celle de
la caraffe.

EXPLICATION.

La maſſe d'eau qui eſt dans la caraffe, eſt à l'égard de l'air qui eſt contenu au-deſſus, à peu près comme un
corps ſpongieux que l'on a preſſé ou

deſſéché , & que l'on applique à la ſurface de quelque liqueur ; les pores qui
ont été vuidés , comme autant de petits tubes capillaires , abſorbent le fluide qui s'y préſente,& qui eſt encore ai-
dé par la preſſion de l'atmoſphére
qui agit en *D*. Mais comme l'air eſt
compoſé de parties rameuſes, ou de
petites lames tortillées , ce n'eſt que
peu à peu qu'il s'atténue , & que ſes
globules peuvent ſe proportionner
aux petites capacités tortueuſes qu'il
doit remplir ; la difficulté qu'il a pour
s'introduire dans l'eau , devient d'autant plus grande , que la maſſe de la
liqueur eſt plus profonde ; & c'eſt
par ces raiſons, ſans doute , qu'il la
pénétre ſi lentement , & que les progrès de cette pénétration vont toujours en diminuant.

APPLICATIONS.

En ſuivant le procédé de l'expérience précédente , on peut connoître à peu près la quantité d'air , que
l'on a fait ſortir d'une matiére ; car il
y a toute apparence , qu'après un
tems ſuffiſant, ce qui eſt rentré eſt
égal à ce qui en étoit ſorti ; & con-

féquemment on pourra juger entre plusieurs espéces, celle qui abonde le plus en air, celle qui le reprend plus promptement, & combien de tems on peut la regarder comme étant purgée d'air.

Ne pourroit-on pas même par ce moyen introduire certaines odeurs dans des matiéres fluides ? car l'air en y rentrant, pourroit servir de véhicule aux parties odorantes, dont il se charge très-facilement, & en très-grande quantité

Ces différentes vûes ouvrent un champ assez vaste à de nouvelles & curieuses expériences ; j'en ai déja tenté avec quelque succès plusieurs, dont je rendrai compte ailleurs ; je souhaite que mon exemple excite le zéle des Physiciens ; la même matiére maniée par différentes mains, fournit ordinairement un plus grand nombre de connoissances.

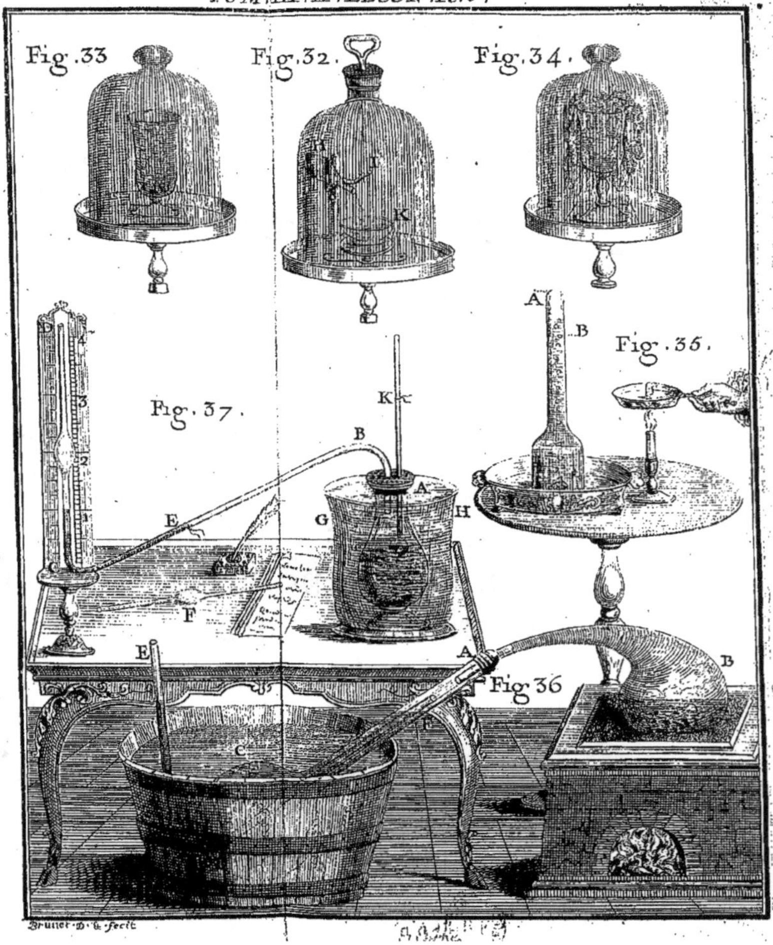

Fig.33.

Fig.32.

Fig.34.

Fig.37.

Fig.35.

Fig.36.

Bruner D.G. fecit

XI. LEÇON.

Suite des propriétés de l'Air.

II. SECTION.

De l'Air considéré comme Atmosphére terrestre.

LA plûpart des matiéres terreſtres contiennent beaucoup d'air entre leurs parties, comme nous l'avons fait voir à la fin de la Leçon précédente; réciproquement auſſi, une maſſe d'air quelconque ſe trouve toujours mélangée de quelques ſubſtances étrangéres, & l'on peut dire d'elle, comme de tout autre corps, qu'elle n'eſt jamais parfaitement pure, c'eſt-à-dire, qu'elle comprend toujours dans ſon volume quelqu'autre choſe, que ſa matiére propre. Tout ce qui s'exhale de la terre & des eaux, des animaux & des plantes, entre auſſi-tôt dans cet élément que nous refpirons, dans lequel nous vivons, & à qui l'on a donné le nom d'*Atmofphére*, parce qu'il enveloppe de toutes parts le globe dont nous habitons la furfa-ce. C'eft un fait dont nous avons ef-fayé de rendre raifon *, en fuppofant qu'il étoit fuffifamment connu; & en effet, fi l'on en pouvoit douter, la diffipation d'une infinité de fubftan-ces qui difparoiffent tous les jours à nos yeux, & l'opinion raifonnable & généralement reçûe, que rien ne s'a-néantit de tout ce qui a été créé, fuffi-roient pour nous convaincre de cette vérité : lorfque le feu décompofe un mixte, ne voyons-nous pas les parties les plus fubtiles s'élever en flamme & en fumée ? quand le cadavre d'un chien ou d'un cheval qu'on a jetté à la voirie, diminue de jour en jour, & devient à rien, n'eft-ce point tou-jours en infectant les environs par une mauvaife odeur, effet, comme on fçait, des parties qui s'en exhalent ? enfin quel-qu'un ignore-t-il que les vaiffeaux qui contiennent des liqueurs, fe vuident par évaporation, fi l'on néglige de les boucher ? L'atmofphére terreftre

eft

* *Tom. II.* p. 110. & *fuiv.*

eſt donc un fluide mixte , un air chargé d'exhalaiſons & de vapeurs. Son
état varie ſelon les tems & les lieux ,
parce que les parties qui entrent dans
ce mélange ne ſont pas toujours &
par-tout en même quantité , ni avec
les mêmes qualités.

On peut conſidérer l'atmoſphére
ſous deux aſpects différens : 1ment ,
comme un fluide en repos , qui péſe
également de toutes parts ſur la terre ,
qui reçoit d'elle des matiéres de différentes natures , qui les ſoutient pendant un tems , qui les laiſſe retomber ,
& qui nous tranſmet le chaud & le
froid dont il eſt ſuſceptible : 2ment ,
comme un fluide agité , dont les mouvemens peuvent être différemment
modifiés. En examinant l'atmoſphére ſous ces deux points de vûe , nous
parcourrons dans les deux articles
ſuivans ſes principales propriétés.

ARTICLE PREMIER.

De l'Atmoſphére conſidérée comme un fluide en repos.

Le repos que je ſuppoſe ici ne
doit point s'entendre dans un ſens

absolu, & pour toute l'atmosphére
en même-tems ; car à la rigueur les
parties qui la composent sont dans
un mouvement presque continuel,
puisqu'elles s'élévent ou s'abaissent
fréquemment, & que les changemens
de température les étendent ou les
resserrent alternativement. Indépendamment de ces vicissitudes, il ne
régne jamais un calme si complet dans
ce vaste fluide, qu'il n'y en ait toujours quelque portion agitée ; & d'ailleurs l'atmosphére est une dépendan-
ce du globe terrestre qui se meut comme lui & avec lui en 24 heures sur un
axe commun, & en un an dans le
même orbe autour du soleil ; ainsi
quand je la considére comme étant en
repos, c'est bien moins en lui attri-
buant absolument cet état, qu'en faisant abstraction de ses principaux
mouvemens.

Nous ne voyons jamais qu'aucune
portion de l'atmosphére perde sa fluidité, quoiqu'une grande partie de ce
qui la compose soit propre à former
des corps solides : l'eau s'y durcit &
retombe en petits glaçons ; mais l'air
dans lequel elle étoit soutenue ne se

congéle point avec elle ; c'eſt que ces
parties aqueuſes , quelqu'abondantes
qu'elles ſoient , ne le ſont jamais aſſez
pour intercepter entiérement la contiguité des parties propres d'un volume d'air un peu conſidérable ; & cet
élément , tant qu'il fait maſſe , conſerve toujours ſon reſſort , qui paroît
être , comme nous l'avons dit ci-
deſſus , la principale cauſe de ſa fluidité.

Toute matiére qui appartient à la
terre a une tendance naturelle vers le
centre de cette planéte. Or comme
l'atmoſphére eſt compoſée d'air , &
d'un extrait, pour ainſi dire , de tous
les corps ſublunaires , dont nous
avons prouvé la péſanteur dans les
Leçons précédentes ; on ne peut
douter qu'elle ne péſe ſur nous & ſur
tout ce qui s'y trouve plongé comme
nous : on en a douté cependant , ou
plutôt , on a été très-long-tems ſans
y faire attention. Nous avons dit ailleurs * de quelle maniére enfin l'on
s'en eſt convaincu , & comment la
connoiſſance du poids de l'atmoſphére a éclairé les Phyſiciens ſur pluſieurs phénoménes qui en réſultent.

* Tom. I.
p. 290. &
ſuiv.

F f ij

Mais cette péſanteur eſt celle d'un fluide ; elle doit donc croître & diminuer ſelon la hauteur des colonnes & la largeur de leur baſe ; c'eſt auſſi ſelon cette proportion qu'elle agit, comme on l'a déja vû dans la ſeptiéme Leçon, où nous avons rapporté l'origine du baromètre, ſes principaux uſages , & l'épreuve qu'on en fit dans les différentes ſtations de la montagne du Puy de Dome en Auvergne: je rapporterai encore ici une expérience du même genre , & d'une exécution plus facile , qui me donnera occaſion d'expoſer ce qu'il me reſte à dire ſur cette matiére.

PREMIERE EXPERIENCE.

PREPARATION.

Il faut faire choix de quelque lieu élevé & acceſſible, comme d'une tour, d'un clocher, ou de quelque autre édifice , dont on puiſſe aiſément meſurer la hauteur perpendiculaire, & ſe munir de deux barométres bien ſemblables ; c'eſt-à-dire , que dans le même lieu le mercure ſoit toujours dans l'un & dans l'autre à des hauteurs pareilles. On laiſſe un de ces inſtrumens au pied de la tour avec un Obſervateur qui examine attentivement, s'il n'arrive point de variation à la hauteur du mercure, pendant qu'on porte l'autre en haut.

EFFETS.

1°. A meſure qu'on s'éléve avec le baromètre, le mercure s'abbaiſſe dans le tube, comme je l'ai déja dit * en rapportant l'expérience de M. Paſcal, exécutée au Puy de Dome par M. Perrier.

* Tom. II. p. 300.

2°. Si, lorſque le mercure s'eſt abbaiſſé d'une ligne, on meſure la hauteur de l'endroit où l'on fait cette premiére ſtation, on trouve qu'elle eſt d'environ 12 toiſes.

3°. Si l'édifice ou la nature du lieu permet que l'on s'éléve davantage à des hauteurs connues ou meſurables, on trouve que les ſtations ſuivantes, qui ſe font à chaque fois qu'on obſerve une ligne d'abbaiſſement au mercure, ſont toujours à peu près de 12 toiſes les unes au-deſſus des autres.

4°. On remarque que les hauteurs perpendiculaires de toutes ces ſta-

tions, dont chacune répond à une ligne d'abbaiſſement du mercure, ſont
d'autant plus petites que l'air péſe davantage dans le tems de l'expérience, ſoit par le peu d'élévation du lieu
où l'on opére, ſoit par l'état actuel
de l'atmoſphére.

5°. Si l'on répéte cette épreuve
dans des lieux qui ne ſoient que mé-
diocrement éloignés les uns des autres, & dans des circonſtances qui
rendent la preſſion de l'atmoſphére à
peu près ſemblable, on trouve auſſi à
peu près les mêmes réſultats ; mais
lorſque les diſtances ſont très-gran-
des, comme de 400 ou 500 lieues,
on peut s'attendre à des différences
aſſez conſidérables.

EXPLICATIONS.

L'atmoſphére ayant plus de hauteur à compter du rez-de-chauſſée
d'une tour, ou du pied d'une montagne, qu'elle n'en a à toutes les ſtations que l'on fait en montant, ſon
poids eſt auſſi plus grand ; & s'il eſt
capable de ſoutenir d'abord 27 pouces $\frac{1}{2}$ de mercure dans chaque barométre, celui des deux que l'on por-
te plus haut ſe trouve ſous une co-

ïonne d'air plus courte, qui, par conféquent, foutient moins de mercure.
Cette diminution de poids dans la colonne de l'atmofphére ne peut être
attribuée qu'à fon raccourciffement ;
car le barométre de comparaifon
qu'on a laiffé dans le lieu le plus bas,
& qui foutient une colonne entiére,
foit qu'il varie, ou qu'il ne varie pas
pendant l'expérience, fe trouve toujours plus haut que l'autre, & fuivant
les proportions marquées dans les réfultats ci-deffus.

Par le fecond & le troifiéme de ces
réfultats, on voit que chaque ligne
d'abbaiffement du mercure dans le
barométre répond environ à 12 toifes de hauteur perpendiculaire dans
l'atmofphére : ce rapport nous donne
l'air plus péfant que nous ne l'avons
eftimé dans la Leçon précédente; car
nous avons dit que fa denfité ou péfanteur fpécifique eft à celle de l'eau,
à peu près comme l'unité eft à 900 ;
& comme le mercure péfe 14 fois autant que l'eau, il fuit qu'une ligne de
mercure équivaut à 14 fois 900 lignes d'air dont la fomme 12600 fait
15 toifes 4 pieds 6 pouces & 3 li-

gnes, au lieu de 12 toises dont nous venons de faire mention dans les résultats précédens.

Mais il faut observer aussi, que de tous ceux qui se sont appliqués à cette recherche par des expériences soigneusement faites en différens tems & en différens lieux, il en est bien peu qui s'accordent à conclure le même rapport. M. Cassini , après avoir porté le baromètre sur la montagne de Notre-Dame de la Garde près de Toulon, évalue a 10 toises & 5 pieds la hauteur de l'air qui soutient une ligne de mercure. M. de la Hire le pere la trouva de 12 toises , par des épreuves qu'il fit sur le Mont-Clairet , dans le voisinage de la même Ville ; ce même Académicien la jugea de 12 toises 4 pieds à Meudon, & de 12 toises 2 pieds 8 pouces à Paris. Selon les observations de M. Picart faites au Mont Saint Michel , une ligne de différence dans la hauteur du mercure au baromètre , répond à 14 toises 1 pied & 4 pouces d'air. Enfin M. Vallerius * , sçavant Suédois, qui répéta ces expériences dans son pays après avoir observé les diverses

hauteurs d'un baromètre qu'il defcen-
dit d'abord dans une mine très-pro-
fonde, & qu'il porta enfuite au fommet d'une montagne voifine, compta
pour chaque ligne de mercure 10 toifes 1 pied & 4 lignes de hauteur
dans l'atmofphére. M. de la Hire * le
fils attribue toutes ces différences à
deux caufes principales : 1°. à des
couches de vapeurs, qui peuvent re-
gner dans certaines parties de l'atmofphére & qui en augmentent pour un
tems la péfanteur ; ce qui paroît très-
vraifemblable : 2°. à la fituation des
lieux où l'on fait ces expériences, ou
à la péfanteur actuelle plus ou moins
grande de l'atmofphére ; & en effet,
on voit par le quatriéme réfultat que
la portion d'une colonne d'air qui répond à une ligne de mercure, eft
d'autant plus grande ou plus petite,
que cet air eft plus ou moins denfe ;
& la denfité ou le poids d'un fluide
compreffible, croît à mefure qu'il eft
plus chargé, foit par fa propre matiére amoncellée, foit par des parties
étrangéres qui s'y mêlent.

On peut ajouter encore pour troifiéme raifon, (& c'eft peut-être la

*Mem. de
l'Académ.
des Science
1712. pag.
114.

plus forte ;) on peut, dis-je, ajouter qu'il eſt très-difficile d'eſtimer au
juſte chaque ligne d'abbaiſſement du
mercure dans le baromètre ; cependant les plus petites erreurs dans cette
eſtimation ſont d'une grande conſéquence, lorſqu'il s'agit de juger avec
exactitude de la hauteur d'une colonne d'air correſpondante. Car puiſque le mercure ne s'abbaiſſe que d'u-
ne ligne pour un retranchement d'environ 12 toiſes fait à la colonne d'air,
on peut aiſément ſe tromper de quelques toiſes ſur celle-ci ; il ſuffit pour
cela qu'il y ait un mécompte d'un $\frac{1}{12}$
de ligne dans l'obſervation du baromètre. Ceux qui connoiſſent bien cet
inſtrument, conviendront ſans peine
que l'obſervateur le plus attentif peut
fort bien commettre de pareilles fau-
tes, non-ſeulement à cauſe de quelque défaut de mobilité qui peut empêcher le mercure de ſe remettre dans
un parfait équilibre avec l'atmoſphére, après ſes balancemens, mais encore à cauſe de la convexité de ſa
ſurface & des petites réfractions oc-
caſionnées par l'épaiſſeur du verre, &
qui peuvent tromper l'œil.

Puisque l'atmosphére est un fluide compressible, on ne peut pas supposer que sa densité soit uniforme ; on doit penser au contraire, que les couches supérieures, pésant sur celles qui sont au-dessous, resserrent & condensent de plus en plus leurs parties ; & conséquemment à ce principe, les différentes stations où l'on observe en montant, une ligne d'abaissement dans le mercure du baromètre, doivent se trouver toujours de plus en plus éloignées les unes des autres. C'est ce qu'on observe en effet : mais jusqu'à une hauteur de 1000 ou 1200 toises au-dessus du niveau de la mer, les différences sont peu considérables ; apparemment parce que la grande quantité de vapeurs grossiéres dont l'air est chargé dans cette basse région, & le grand poids qui le presse, rendent sa densité presque uniforme. Mrs. Cassini & Maraldi, après un grand nombre d'expériences faites sur diverses montagnes dont ils avoient mesuré géométriquement les hauteurs, jugérent que les portions retranchées d'une colonne de l'atmosphére pour plu-

fieurs lignes d'abaiffement du mercure au baromètre, croiffent fuivant
cette progreffion, fçavoir, que fi la
première ligne de mercure répond à
61 pieds d'air, il y en a pour la feconde 62, pour la troifiéme 63, &
ainfi de fuite. Mais ils ont penfé avec
raifon, que cette proportion ne continue point au-delà d'une demie-lieue
au-deffus du niveau de la mer; car
alors, l'air étant plus pur, fon reffort eft plus libre, & fes différens dégrés de denfités ne dépendent prefque plus que de la preffion des couches fupérieures.

APPLICATIONS.

Si l'on a péfé la colonne de mercure d'un baromètre dont le tuyau
foit parfaitement cylindrique; on fçait
auffi-tôt quel eft le poids de la colonne totale de l'atmofphére qui la tient
en équilibre; & l'aire du cercle qui
fait fa bafe eft un efpace connu qu'on
peut multiplier autant de fois qu'on
voudra, pour fçavoir quelle eft la
preffion de l'atmofphére, fur un efpace donné à la furface de la terre;

un exemple rendra ceci plus intelligible.

Suppofons que le tube du baromètre ait trois lignes de diamétre intérieurement, & que le mercure qu'il contient péfe une livre ; cela m'apprend que dans le même lieu où eft le baromètre, tout efpace circulaire qui a trois lignes de diamétre, comme l'ouverture du tuyau, fe trouve chargé d'une colonne d'air qui péfe une livre : & cette preffion fe fait contre une porte de même que fur une table ; parce que c'eft ici le poids d'un fluide, qui agit dans toutes fortes de directions, comme nous l'avons enfeigné en traitant de l'hydroftatique.

Suppofons maintenant qu'on voulût fçavoir, combien péfe l'atmofphére fur un efpace circulaire d'un diamétre trois fois plus grand que le précédent ; ce dernier efpace eft 9 fois plus étendu que le premier, car les cercles font entr'eux comme les quarrés de leurs diamétres, & le quarré de 3 eft 9. Je dirai donc : Puifqu'une colonne de l'atmofphére, dont la bafe a trois lignes de diamétre péfe une livre ; une autre colonne qui s'appuye sur un espace 9 fois plus grand pése 9 livres : & l'on pourra sçavoir ainsi , quelle est la pression de l'atmosphére , sur tout espace dont on connoîtra l'étendue.

Quelques curieux , fondés sur ce principe , se sont proposés de chercher quel est le poids de toute l'atmosphére ; mais ce qu'ils ont pû sçavoir à cet égard , tient à des hypothéses dont les unes visiblement fausses , les autres très-incertaines , ont rendu leurs laborieux calculs presque inutiles. Et en effet quelle connoissance peut-on tirer d'un pareil travail , si l'on ignore quelle est au juste l'étendue de la surface de la terre ; si l'on néglige de tenir compte de la hauteur de ses inégalités ; si l'on considére l'atmosphére , comme un fluide d'une densité uniforme dans ses parties semblables ; si l'on n'a point égard aux effets de la force centrifuge qui résulte du mouvement de la terre sur son axe , &c ? On voit assez combien il seroit difficile de saisir avec justesse tous ces élémens ; mais cette question n'étant heureusement que de pure curiosité, la solution qu'on pourroit se flatter d'en avoir, ne mérite pas la peine qu'elle exige.

On fera du baromètre une application plus heureuse & plus utile, si l'on s'en sert pour mesurer la hauteur des montagnes; car suivant les expériences qui furent faites par MM. Cassini, Marlaldi & Chaselles en Auvergne, en Languedoc, & en Roussillon *, il paroît que depuis le niveau de la mer jusqu'à une demie-lieue de hauteur, on peut compter environ 10 toises d'élévation pour chaque ligne d'abaissement du mercure, en ajoutant un pied à la première dixaine, 2 pieds à la seconde, 3 pieds à la troisième, & ainsi de suite.

* Mém. de l'Acad. des Scienc. 1703. p. 229. & suiv.

On voit bien que pour mettre ce moyen en usage, il faut sçavoir à quelle hauteur se tient actuellement le mercure au bord de la mer pendant que l'on opére; & c'est ce que l'on peut sçavoir facilement, par un baromètre de comparaison qu'on y laisse avec un Observateur attentif. Il n'est pas même besoin que ce baromètre & cet Observateur soient au

bord de la mer; il suffit que l'observation se fasse dans un lieu dont on
connoisse l'élévation au-dessus du niveau de la mer; & c'est ce qu'il n'est
point rare de trouver maintenant dans
presque tous les Etats. La salle de
l'Observatoire Royal de Paris, par
exemple, où l'on fait perpétuelle-
ment les observations du baromètre,
& dont on tient un état tous les ans,
est de 45 toises au-dessus de la Méditerranée, & de 46 au-dessus du niveau de l'Océan; & le mercure s'y
tient toujours, pour cette raison, environ 4 lignes plus bas qu'on ne l'observe au bord de ces deux mers.

Je suppose donc que l'on ait porté
un baromètre au sommet d'une montagne dont la hauteur est inconnue;
si l'on y trouve le mercure 10 lignes
au-dessous du terme où il seroit sur
le bord de la mer, en comptant d'a-
bord 10 toises pour chaque ligne de
mercure, on aura 100 toises, ausquelles ajoutant un pied pour la premiére dixaine, 2 pieds pour la seconde, 3 pieds pour la troisiéme, &
ainsi de suite jusqu'à la dixiéme inclu-
sivement, on aura encore 55 pieds
qui

qui font neuf toifes & un pied ; ainfi l'on concluera 109 toifes & un pied, pour la hauteur de la montagne au-deffus du niveau de la mer.

Il eft vrai que cette méthode ne donne point des mefures précifes, & qu'en l'employant on ne peut guéres compter que fur des à-peu-près : ...ment, parce que les expériences fur lefquelles elle eft fondée, ayant varié dans leurs réfultats, ne déterminent pas avec précifion la hauteur qui répond à une ligne de mercure ; en fecond lieu, parce qu'il eft très-difficile de juger avec toute l'exactitude qui feroit néceffaire, de combien le baromètre a baiffé lorfqu'il eft parvenu au plus haut de la montagne ; & enfin, parce que pendant l'opération, il peut arriver quelque changement dans la partie de l'atmofphére qui couvre le lieu où l'on opére. Mais combien y a-t-il d'occafions où les mefures géométriques ne peuvent être employées, & où l'on peut fe contenter de connoître ces hauteurs à 10 ou 12 toifes près?

Une des vûes que l'on pourroit avoir encore en faifant ufage du ba-

romètre , ce feroit de connoître l'é-
tendue de l'atmofphére , en détermi-
nant la hauteur de cette colonne d'air
qui foutient celle du mercure, & dont
nous avons appris ci-deffus à mefurer
le poids ; il femble qu'on en pourroit
aifément venir à bout , fi l'air de l'atmofphére , comme de l'eau ou comme toute autre liqueur , étoit par-
tout d'une denfité uniforme ; car en
fuppofant qu'une ligne de mercure,
répondît toujours à 10 toifes de cette
colonne , elle devroit avoir autant
de fois 10 toifes que l'on compte de
lignes dans 28 pouces , hauteur
moyenne du baromètre au niveau de
la mer. Or il y a 336 lignes dans 28
pouces , ce qui donneroit 3360 toifes pour la hauteur totale de l'atmofphére : mais le fluide dont il s'agit eft
une matiére compreffible ; & par cette
raifon , les parties femblables de cette
colonne étant prifes les unes au-deffus des autres , ne doivent pas péfer
également , ou (ce qui eft la même
chofe,) toutes ces portions, pour être
de même poids , doivent avoir des
longueurs différentes ; les plus baffes
feront plus courtes que celles qui font
au-deffus.

Cette difficulté cependant n'empêcheroit pas qu'on ne vînt à bout d'é-
valuer par cette méthode la hauteur
de l'atmofphére, fi l'on fçavoit au
jufte dans quelle progreffion l'air fe
raréfie, à mefure que fa maffe diminue, & qu'il fe trouve moins chargé
par fon propre poids : fi l'on étoit
certain, par exemple, que fa denfité
augmente & diminue comme les
poids qui le compriment, & que cette régle établie par M. Mariotte peut
être fuivie à toutes fortes de hauteurs.
Mais bien loin de pouvoir compter
fur cette fuppofition, on fçait, par
un nombre fuffifant d'obfervations &
d'expériences, que l'air ne fe raréfie
& ne fe comprime ainfi que dans une
denfité moyenne, & que dans les
cas extrêmes il fuit une autre progreffion que l'on ne connoît point
affez, & qui, telle qu'elle puiffe être,
doit varier fuivant certaines circonftances. Plus ou moins de chaleur ou
de pureté dans une région où nos
obfervations ne peuvent s'étendre,
fuffit pour caufer des changemens affez confidérables à la péfanteur de
l'atmofphére, & à fa hauteur : on ne

Gg ij

peut, fans incertitude, juger de l'une par l'autre, (je veux dire, de la hauteur par le poids,) quand on ignore quel eft l'état actuel de l'air dans toute fon étendue.

Un corps à reffort que l'on a comprimé fortement avec un certain nombre de poids égaux, lorfqu'on vient à le décharger peu à peu, fe déploye par des quantités qui vont toujours en augmentant, & qui fuivent d'abord une progreffion affez réguliére ; mais fur la fin, lorfqu'on ôte les derniers poids, le developpement ou l'extenfion du reffort fe fait, dans des rapports beaucoup plus confidérables. Comme l'air eft un fluide élaftique, on doit préfumer que dans les hautes régions, où il eft bien moins chargé par fon propre poids, que par-tout ailleurs où nous pouvons faire des épreuves, il s'étend auffi beaucoup davantage, ce qui doit donner à l'atmofphére une hauteur plus grande qu'elle n'auroit, fi nous en devions juger par les quantités qui répondent ici-bas à une ligne d'abaiffement du mercure dans le barométre.

D'ailleurs on doit faire attention

qu'à une plus grande distance du centre de la terre, la pésanteur diminue, & la force centrifuge augmente : ces deux causes concourent encore à diminuer le poids de l'air, & à faciliter sa raréfaction, dans la partie la plus élevée de l'atmosphére.

De ces différentes considérations, & des expériences faites avec le barométre il suit, que notre atmosphére ne peut pas avoir moins que 6 lieues d'étendue en hauteur ; il suit aussi, (& c'est l'opinion commune), que cette même hauteur peut être de 15 ou 20 lieues : quelles différences ! & combien nous sommes encore peu instruits sur cette question !

M. de la Hire, touché de cette incertitude, & désirant une solution moins vague, se proposa de connoître la hauteur de l'atmosphére, en faisant usage d'une méthode indiquée par Kepler, mais qu'il perfectionna, & sçut employer plus heureusement que cet astronome. Ce qu'on appelle *crépuscule*, cette lumiére qui commence le jour avant que le soleil soit levé, & qui le fait durer encore quelques tems, après que cet astre est couché,

est un effet de la réflexion caufée par
l'atmofphére aux rayons qui , fans
cela , paſſeroient au-deſſus de cette
partie de la terre que nous habitons ,
& ne l'éclaireroient point : cette lumiére réfléchie qu'on apperçoit fenfiblement dans le climat de Paris ,
lorfque le foleil n'eft pas plus bas que
18 degrés au-deſſous de l'horizon ,
commenceroit plus tard le matin , &
finiroit plus tôt le foir , fi l'atmofphére avoit moins d'étendue , parce
qu'alors les rayons de lumiére pourroient partir d'un point plus élevé
vers l'horizon fans rencontrer cette
maſſe fluide qui les renvoye vers la
terre. Il y a donc un rapport néceffaire entre la durée des crépufcules
& la hauteur de l'atmofphére ; & comme la premiére de ces deux chofes eft
connue ou facile à connoître , dans
toutes les pofitions de la fphére , on
voit qu'elle peut généralement conduire à découvrir l'autre. En effet ,
M. de la Hire & M. Halley , en ma-
niant cette méthode avec une adreſſe
& des précautions dont il faut lire le
détail dans leurs propres ouvrages * ,
ont conclu avec aſſez de vraifemblan-

* Mém.
de l'Acad.
des Scienc.
1713. pag.
54.

ce la hauteur de l'atmofphére de 15
ou 16 lieues ; je dis avec affez de
vraifemblance , & non avec certitu-
de , parce que leur doctrine tient encore à quelques hypothéfes, qui pourroient bien n'être pas précifément
d'accord avec la nature.

Si l'on connoiffoit bien la hauteur
de l'atmofphére pour chaque climat,
on fçauroit quelle eft la figure de toute fa maffe ; car une fuite de colonnes , qui depuis l'équateur jufqu'aux
poles , feroient rangées dans un même plan , formeroient , par leurs extrémités , une courbe d'où réfulte-
roit la folution du problême. Mais
comme il refte des doutes fur la premiére de ces deux queftions , la feconde demeure encore indécife , au
moins pour ceux qui ne veulent fe
rendre qu'à des raifons tout-à-fait évidentes.

Sur les obfervations de M. Richer
à la Cayenne , & fur celles qui furent
faites à peu près dans les mêmes tems
avec le barométre en différens climats , on conjectura que la hauteur
de l'atmofphére augmentoit de plus
en plus, depuis l'équateur jufques aux

pôles , parce que le mercure se tient
plus haut dans les pays septentrio-
naux que sous la ligne équinoxiale &
aux environs. Suivant cette conjecture , l'atmosphére formeroit donc ,
avec la terre qu'elle enveloppe , un
sphéroïde allongé vers les pôles , &
son épaisseur seroit moindre à l'équateur que par-tout ailleurs.

Mais sans donner atteinte aux observations du baromètre , qui ne se
font point démenties depuis , & qui
ont été même réitérées en dernier
lieu avec toute l'exactitude possible ,
ne pourroit-on pas conjecturer tout
autrement qu'on n'a fait touchant la
figure extérieure de l'atmosphére ? en
jugeant de ses hauteurs , par ses différens degrés de pression , a-t-on pû
négliger d'avoir égard à la force centrifuge qui résulte du mouvement de
la terre sur son axe , & qui est commun sans doute à l'air qui l'environne ? une pareille considération a fait
conclure que les parties de notre globe , pour être en équilibre entr'elles ,
avoient dû s'arranger sous la forme
d'un sphéroïde plus élevé à l'équateur
qu'aux pôles , comme nous l'avons expliqué

pliqué ailleurs*. Ne peut-on pas dire la
même chose, & avec plus de raison
encore d'un fluide plus disposé par sa
nature à se prêter aux loix de la statique, & à celles des forces centrales? Il
y a donc beaucoup d'apparence, que
l'air est plus haut entre les deux tropiques qu'il ne l'est par-tout ailleurs,
parce que cette partie de l'atmosphére tourne avec plus de vîtesse, & que
la force centrifuge y agit plus fortement & plus directement contre la
pésanteur.

On peut ajouter aussi, que sous la
Zone torride où il régne une chaleur plus grande & plus continuelle,
au moins vers la surface de la terre,
l'air doit y être plus raréfié, & que les
colonnes par conséquent doivent augmenter en longueur, pour être en
équilibre avec celles d'un autre climat. Si le mercure du barométre s'y
tient plus bas que dans le nord, on
ne peut point douter que l'air n'y soit
moins pésant ; mais cette moindre pésanteur vient-elle de ce que les colonnes sont moins hautes, ou bien
doit-on s'en prendre aux causes que
je viens d'exposer ? le dernier parti

* Tom. II.
p. 150.

me paroît le plus vraifemblable.

II. EXPERIENCE.

PREPARATION.

Il faut mêler de la glace pilée ou de la neige avec du fel dans un vafe de verre ou de métal fort mince, qui foit bien effuyé en-dehors, & que l'on tient environ un quart d'heure dans un lieu frais.

EFFETS.

Tous les dehors du vaiffeau fe couvrent peu à peu d'une efpéce de frimas ou de gelée blanche affez femblable à celle qu'on voit le matin fur les toits & à la furface de la terre, vers la fin de l'automne ou au bord de l'hyver.

EXPLICATIONS.

Le mélange de glace & de fel refroidit confidérablement les parois du vafe qui le contiennent : ce refroidiffement condenfe auffi-tôt l'air extérieur le plus prochain ; & les particules d'eau dont cet air eft chargé étant condenfées auffi par la mêne caufe, s'appliquent & fe gélent contre le vafe ; à la premiére couche il s'en joint une autre, à celle-ci une troifiéme, &c. ce qui fait que cette congélation extérieure s'épaiffit plus ou moins, felon la durée & l'intenfité du froid artificiel qui la caufe.

Si l'on étoit tenté de croire que cet effet n'eft qu'une tranfpiration de ce qui eft dans le vafe, on feroit bientôt défabufé de cette erreur en goûtant la glace extérieure ; car on la trouveroit infipide & bien différente de ce qu'elle devroit être, fi elle fe formoit d'eau falée.

Pour diffiper entiérement ce préjugé, avant que de refroidir mon vafe avec le mélange de fel & de glace, je le place dans un autre vafe de verre, & j'empêche que l'air extérieur ne puiffe entrer dans le peu d'intervalle qui fe trouve entre lui & l'autre ; & alors quel que foit le refroidiffement, je n'apperçois aucune congélation autour du vafe enfermé : celle qu'on y voit lorfqu'il ne l'eft pas, ne peut donc être attribuée qu'à l'humidité de l'air extérieur.

III. EXPERIENCE.

PREPARATION.

La *Fig.* 1. repréſente un ballon de verre bien tranſparent, de 9 à 10 pouces de diamétre, qui n'a jamais été rempli d'aucune liqueur, & qui eſt joint avec le plus grand récipient de la machine pneumatique par un canal garni d'un robinet, de ſorte qu'on peut ouvrir & fermer la communication entre les deux vaiſſeaux : la clef du robinet eſt percée de façon que, quand le récipient & le ballon ne communiquent point enſemble, celui-ci communique avec l'air extérieur : le canal étant donc fermé, on épuiſe l'air du récipient, & l'on ouvre enſuite la communication entre le ballon & lui.

EFFETS.

Si le ballon eſt placé entre la lumiére & l'œil du ſpectateur, on y apperçoit une vapeur légére qui tournoye, & qui ſe précipite vers le bas du vaiſſeau ; s'il rentre de nouvel air dans le ballon, & qu'on ouvre de nouveau la communication, on voit aussi-tôt renaître la vapeur; & cet effet arrive autant de fois qu'on ouvre le robinet, pourvû que l'air soit encore suffisamment raréfié dans le récipient.

EXPLICATIONS.

Toutes les fois qu'on ouvre une communication entre deux capacités, dont l'une est vuide d'air, l'autre en étant pleine, ce fluide s'étend & se partage à toutes les deux, suivant le rapport qu'elles ont entr'elles, comme on l'a dit en parlant des fonctions de la machine pneumatique; c'est pourquoi, dans le ballon de l'expérience précédente, l'air se raréfie considérablement, dès que le vaisseau vient à communiquer avec le récipient que l'on a évacué. Mais comme les petits corps étrangers dont cette masse d'air est chargée ne sont pas de nature à s'étendre comme elle, ils demeurent isolés, ils sont abandonnés à leur propre poids, & au mouvement de l'air qui se porte de toutes parts vers le canal de communica-

tion, ce qui les fait tournoyer en tombant en forme de vapeur.

Le même effet s'apperçoit toujours
plus ou moins à tout récipient où l'on
commence à faire le vuide ; & j'aurois
pû me contenter de rappeller ce fait
si familier à ceux qui font usage de la
machine pneumatique, pour prouver
que l'air est toujours mêlé de matiéres étrangéres ; mais on auroit pû
m'objecter, que cette vapeur qui fait
ici le fond de ma preuve, n'est dûe
qu'à l'humidité du cuir mouillé qui
couvre la platine, & sur lequel on
applique le vaisseau : je dissipe ce
soupçon quand je la fais voir dans un
ballon bien net, & dans lequel il
n'entre autre chose que l'air qui vient
immédiatement de l'atmosphére : qui-
conque ne voudra pas se rendre à cette
raison, en trouvera beaucoup d'autres encore, dans un écrit * où j'ai
traité exprès de cette matiére.

Mém. de l'Ac. des Sc. 1740. p. 243.

On pourroit demander pourquoi
les corpuscules qui forment la vapeur
dont il s'agit, n'étant point visibles
dans l'air de l'atmosphére, le deviennent aussi-tôt que ce fluide vient à se
raréfier.

Il y a toute apparence que ces petits corps, dès qu'ils ceſſent d'être ſou-
tenus , retombent les uns ſur les autres , & s'uniſſent pour former des
maſſes plus groſſiéres , & par conſéquent plus propres à être apperçues.

D'ailleurs c'eſt un fait que nous exa-
minerons en traitant de l'optique, que
la tranſparence des corps diminue , à
meſure que leurs parties deviennent
plus denſes les unes que les autres :
or quand cette maſſe fluide qui remplit le ballon vient à ſe raréfier , il
n'y a que la denſité de l'air proprement dit , qui diminue ; celle des autres matiéres qui s'y trouvent mêlées ,
augmente au contraire , & ce double
effet occaſionne ſans doute cette petite opacité qu'on apperçoit , & qui
ne manque pas de diſparoître auſſi-tôt
qu'une raréfaction ſuffiſante a donné
lieu à l'air de ſe purifier , en ſe déſaiſiſ-
ſant entiérement de ce qu'il avoit d'é-
tranger.

Applications.

On diſtingue communément en
deux claſſes toutes les matiéres qui
s'élévent de la ſurface de la terre dans

l'atmosphére ; l'une comprend sous le
nom de *Vapeurs* tout ce qui tient de la
nature de l'eau ; dans l'autre on ran-
ge toutes les parties salines , sulfureu-
ses , grasses , & spiritueuses , & c'est
ce qu'on appelle *Exhalaisons*.

Toutes ces substances , tant celles qui s'exhalent , que celles qui s'é-
vaporent , étant différemment mé-
langées ou modifiées , prennent des
formes , & produisent des effets qui
varient beaucoup , & que l'on connoît sous le nom de *Météores*. On en
peut distinguer de trois sortes ; sçavoir , ceux qui sont produits par les
vapeurs seules , & que l'on appelle
météores *aqueux* ; comme le brouillard , les nuages , la pluie , la grêle ,
le frimas , &c. ceux que font naître
des exhalaisons qui s'allument , &
que l'on nomme météores *enflam-
més* ; tels sont le tonnerre , les éclairs ,
les feux folets , &c , & ceux qui résultent des vapeurs & des exhalaisons
combinées avec la lumiére , & qu'on
peut appeller météores *lumineux* ;
comme l'arc-en-ciel, les parhélies, &c.

Pour ne point faire une trop longue
digression , je me contenterai de par-

courir ici les météores de la premiére
espéce ; & je remettrai à parler des
autres dans les Leçons où je traiterai
du feu & de la lumiére.

Pendant le jour, les rayons du foleil échauffent en même-tems & la
terre & l'air qui l'environne. Lorfque
cet aftre eft couché, la chaleur qu'il
a fait naître fe ralentit peu à peu ;
mais elle fe conferve plus long-tems
dans les corps qui ont plus de matiére, de forte que pendant la nuit, la
terre & les eaux font communément
plus chaudes que l'air de l'atmofphére. Alors la matiére du feu, qui tend
à fe répandre toujours uniformément
à la maniére des autres fluides, paffe
de la terre dans l'air, & emporte avec
elle les parties les plus fubtiles des
corps terreftres, qu'elle détache &
qu'elle anime par fon mouvement.
Cette caufe particuliére fe joignant à
celles dont nous avons fait mention *
en parlant de l'élévation des vapeurs
en général, fait que la partie de l'atmofphére la plus voifine de la terre reçoit une plus grande quantité de ces
parties évaporées : de-là vient cette
humidité qu'on apperçoit fenfible-

* Tome II.
p. 110 &
fuiv.

ment fur les habits, lorfqu'on fe pro-
méne à la campagne pendant les foi-
rées fraîches du printems & de l'automne, & que l'on nomme *le ferein*.
Ces fortes de vapeurs s'attachent plus
promptement & en plus grande quantité aux taffetas & aux toiles fines
qu'aux groffes étoffes, parce que
celles-ci prenant plus lentement que
les autres la température de l'air qui
fe refroidit, le feu qui continue de
s'en exhaler emporte avec lui les particules d'eau qui fe préfentent à leur
furface.

Le ferein dure toute la nuit, dans
les faifons & dans les climats où la
terre s'échauffe fuffifamment pendant
le jour. Au foleil levant, la chaleur
commence à renaître dans l'atmofphére, & l'air, en fe dilatant, fe défaifit pour l'ordinaire de ces vapeurs,
trop fubtiles peut-être pour remplir
fes pores, ou bien elles fuivent la
matiére du feu à laquelle elles font
encore unies, & qui retourne alors
vers la terre. Les vapeurs qui retombent ainfi, s'appellent *rofées*; elles font
plus abondantes aux champs qu'à la
ville, & dans les campagnes couver-

tes d'arbres & de plantes que dans les
lieux arides ; car il en tombe à proportion de ce qu'il s'en eft élevé.

Il ne faut pas confondre cependant
cette rofée qui tombe de l'air, avec
celle qu'on remarque le matin fur les
plantes. Ces gouttes qu'on voit à
leurs tiges & fur leurs feuilles, font
des effets de la tranfpiration ; & l'on
peut aifément s'en convaincre, fi l'on
couvre un choux ou un pied de lai-
tue pendant la nuit ; car on y verra le
matin la même rofée qu'on a coutume d'y voir lorfque ces plantes demeurent découvertes. Les particules
d'eau qui forment ces gouttes viennent de la terre comme les autres, &
font élevées par la même caufe; mais
au lieu d'en fortir immédiatement
comme par-tout ailleurs, elles enfi-
lent des tiges, des branches, des
feuilles, leur mouvement fe ralentit,
& elles demeurent plufieurs enfemble à l'orifice des petits canaux par
lefquels elles tranfpirent.

Les Empiriques & les Alchimiftes
ont attribué de grandes vertus à la
rofée ; mais il paroît que toutes les
merveilles qu'ils en ont annoncées

n'ont pas plus de réalité qu'une infinité de chiméres dont ils ont coutume de repaître leur imagination, &
la crédulité des ignorans.

Plufieurs Auteurs ont dit avec plus
de fondement & de vraifemblance,
que la rofée peut nuire aux animaux
que l'on méne paître trop matin, &
qu'elle peut diminuer la fécondité des
terres lorfqu'elle eft trop abondante:
car quoique cette vapeur ne foit pour
la plus grande partie que de l'eau, on
ne peut nier qu'elle n'emporte avec
elle d'autres fubftances qui varient,
foit pour la quantité, foit pour la
qualité, felon les lieux, felon les
degrés de chaleur, & felon les plantes d'où elle tranfpire. Ce qui prouve
bien que la rofée n'eft pas de l'eau
pure, c'eft qu'elle fe corrompt, &
qu'elle dépofé lorfqu'on la garde dans
des bouteilles. On peut attribuer auffi
à la rofée, ou au ferein qui tombe,
ces couches légéres de matiéres graf-
fes & fulfureufes qui fe font remarquer
par leurs couleurs d'Iris à la furface
des eaux dormantes après plufieurs
jours d'un tems ferein, pendant lequel on ne voit tomber du ciel rien

autre chofe qui puiffe caufer cet effet.

Il y a même des cas où la partie aqueufe de la rofée n'eft pas la plus abondante : alors ce qui exfude de la plante, ou de l'arbre, eft un fuc qui s'épaiffit à mefure que l'humidité s'évapore ; telles font certaines gommes & quelques efpéces de mannes dont la médecine fait ufage.

Or puifque la rofée eft une vapeur qui contient un extrait des matiéres minérales ou végétales d'où elle fort, il n'eft point douteux qu'elle ne puiffe avoir des qualités bonnes ou mauvaifes, felon la nature des principes dont elle eft chargée. Mais comme en différens lieux il naît différentes plantes, que la nature y varie de même fes autres productions, & que la chaleur qui anime les exhalaifons n'eft ni toujours ni par-tout également forte, on doit préfumer que la rofée & le ferein changent de qualités fuivant les tems & les lieux, & que les effets dont l'une ou l'autre feroit capable en telle faifon ou en tel climat, n'auroient pas lieu ailleurs, ou dans un autre tems. A Rome, & dans fes environs, par exemple, il est dangereux, dit-on, de prendre l'air le soir ; à Paris, on le peut faire impunément : c'est qu'ici le serein n'est presque autre chose qu'un peu d'humidité, au lieu qu'en Italie cette vapeur est chargée apparemment d'exhalaisons nuisibles, qui tiennent de la nature du terrain, & dont la quantité répond au grand chaud du climat ; ainsi l'on ne peut guéres prononcer en général sur cette matiére.

Vers la fin de l'automne, quand les nuits commencent à être longues, la terre a plus de tems pour se refroidir, & très-souvent sa surface & les corps qui y sont isolés sont assez froids, pour glacer les particules d'eau dont la rosée tombante a coutume de les couvrir ; alors au lieu d'humidité on apperçoit sur le gazon, sur les toits des bâtimens, &c. une couche de petits glaçons fort menus que l'on nomme *Gelée blanche*, à cause de sa couleur, & qui ne manque pas de se fondre & de se dissiper dès que le soleil commence à faire sentir sa chaleur.

La rosée, ou la gelée blanche qui a été fondue, se dissipe de deux maniéres ; elle rentre dans les terres arides & dans les corps poreux qui ont plus de difpofition à l'abforber que l'air de l'atmofphére ; mais le plus fouvent elle s'éléve de nouveau, foit qu'une médiocre raréfaction mette l'atmofphére en état de la pomper, foit qu'un vent fort doux y tranfporte un air plus fec que celui fous lequel elle étoit.

Affez fouvent, quand la rofée remonte, elle diminue la tranfparence de l'atmofphére, parce qu'alors les parties de cette vapeur font beaucoup plus groffiéres, & qu'elles s'élévent plus lentement. Ces deux caufes qui naiffent l'une de l'autre, doivent néceffairement rendre l'air opaque : 1°. parce qu'un corps tranfparent l'eft d'autant moins que fes parties différent davantage par leur denfité, comme nous le prouverons par la fuite : 2°. parce que la vapeur qui monte lentement s'étend moins, & devient plus denfe.

Mais cette opacité que fait naître la rofée qui remonte, ne s'empare prefque jamais d'une grande portion de l'atmofphére ; elle fe cantonne, pour ainfi dire, & devient plus forte dans les lieux bas & humides, & au-deſſus des prairies que par-tout ailleurs, parce que, comme nous l'avons déja dit, la roſée retombe à proportion de ce qu'il s'en éléve ; & ſi le tems eſt calme, elle doit être plus abondante le matin, aux endroits qui en fourniſſent une plus grande quantité pendant la nuit. C'eſt par cette raiſon ſans doute, qu'on ne voit guéres au-deſſus des Villes & des lieux arides l'atmoſphére obſcurcie par la roſée qui remonte, mais bien plus ſouvent au voiſinage des riviéres, des étangs, & des herbages.

Un préjugé généralement reçû & fondé ſur les apparences, avoit établi, touchant la roſée & le ſerein, des idées bien fauſſes qui ont été diſſipées dans ces derniers tems par MM. Geſten, Muſchenbroek & Du-fay. Le lecteur qui ne voudra rien ignorer de ce que l'on ſçait ſur cette matiére, doit parcourir leurs écrits * où il trouvera un grand nombre d'expériences ingénieuſes & d'obſer-vations auſſi curieuſes que nouvelles. De tous les faits qui y ſont rappor-tés, celui qui ſurprend davantage, c'eſt

*Chriſt. Lud. Gerſ-ten, ten-tam. Fran-cof. 1733. Eſſais de Phyſ. page 753. Mémoires de l'Acad. des Scienc. 1736. pag. 352.

c'eft que le ferein ou la rofée femble
éviter certains corps, tandis qu'ils s'attachent facilement aux autres : le
verre , la porcelaine , & quantité
d'autres matiéres fe mouillent confidérablement , tandis que des morceaux de métal poli, de quelque étendue qu'ils foient , expofés au même
lieu , demeurent conftamment fecs ;
& cette efpéce de préférence eft fi
marquée , qu'un écu placé au milieu
d'un grand plat de fayance , ou de
verre , ne reçoit pas la moindre humidité , quoique le refte du vaiffeau
foit tout mouillé.

Une certaine difpofition de l'atmofphére, & un concours de circonftances qu'il feroit fort difficile de mar-
quer avec précifion , déterminent
quelquefois une grande quantité de
vapeurs groffiéres à s'élever à peu
près comme la rofée qui remonte :
alors ces vapeurs qui s'élévent à peine, s'étendent uniformément dans la
partie baffe de l'atmofphére , & la
rendent opaque, tout le tems qu'elles
y demeurent fufpendues.

Toutes ces vapeurs flottantes &
baffes , tant celles qui viennent de la

rofée du matin , que celles qui naiffent dans d'autres tems. , & d'une maniére différente , fe nomment *Brouillards.* Ce n'eft ordinairement que de
l'eau ; mais quelquefois il s'y mêle
des exhalaifons qui fe manifeftent
par leur mauvaife odeur , par une certaine âcreté qui prend aux yeux , &
par le dommage qu'elles caufent aux
fruits & aux grains. Il régne en certaines années des brouillards auf-
quels on attribue la *nielle* & la *rouille*,
maladies affez communes au froment
& au feigle : quelques fçavans ont re-
jetté fur ces mêmes caufes , ce qu'on
remarque à certains épics dont le
grain devient noir & s'allonge en
forme de corne , & que les Labou-
reurs appellent *Ergot* ou *Bled cornu*;
la farine en eft pernicieufe ; on lui attribue une maladie , qui régne quelquefois dans les campagnes , & qui
eft connue fous le nom de *feu Saint
Antoine*; on prétend auffi qu'elle donne la gangrenne *.

** Hift. de
l'Academ.
des Scienc.
1710. pag.
61. Journ.
des Sçav.
Mars.
1675.*

En hyver les brouillards font plus
fréquens qu'en été , parce que le
froid qui régne dans l'air condenfe
promptement les vapeurs , & ne leur

donne pas le tems de s'élever beaucoup; si le froid augmente, le brouillard se géle & s'attache aux branches des arbres, aux plantes séches, aux cheveux des voyageurs, aux crins des chevaux, & généralement à tout ce qui s'y trouve exposé; c'est ce qu'on appelle *Givre* ou *Frimas*.

Quand les brouillards ou les vapeurs qui sont propres à les former, peuvent s'élever assez haut, il s'en fait des amas qui flottent au gré des vents dans l'atmosphére; ce sont ces *nuées* que nous voyons suspendues de côtés & d'autres au-dessus de nous, & qui nous cachent de tems en tems le soleil & les autres astres par leur opacité; leurs figures & leurs grandeurs varient à l'infini, selon la quantité des vapeurs qui les forment, & selon la maniére dont elles s'arrangent en s'unissant, ce qui dépend beaucoup de la direction & des différens degrés de vîtesses que les vents leur donnent.

Les nuées ne sont pas toutes également élevées, parce que, comme il faut qu'elles soient toujours en équilibre avec l'air dans lequel elles flottent, & que ce fluide eſt plus rare à une plus grande diſtance de la terre, les vapeurs les plus ſubtiliſées peuvent ſe ſoutenir où les plus groſſiéres ſe trouveroient trop péſantes ; c'eſt pourquoi ces nuages épais qui ſont prêts à fondre en pluie ſont ordinairement fort bas. Ceux qui voyagent ſur les hautes montagnes, comme celles des Alpes ou des Pyrenées, paſſent ſouvent à travers des nuages qui dérobent la terre à leurs yeux après leur avoir caché le ciel ; les moins attentifs ne manquent point d'obſerver, qu'à ces hauteurs la terre eſt toujours fort humectée par les nuages qui viennent s'y briſer, ce qui contribue beaucoup à entretenir ces torrens & ces ſources qu'on voit ſi fréquemment au pied & aux environs de ces mêmes montagnes. Ainſi dans le tems même qu'il ne pleut point, les nuées ſont autant de voies d'eau que les vents diſtribuent en différentes contrées, & qui vont s'épuiſer contre les montagnes, d'où elles ſe répandent enſuite dans les plaines par les canaux ſouterrains que la nature y a pratiqués. Mais les nuées

ne s'épuifent pas toujours de cette
maniére ; le plus fouvent elles s'é-
paiffiffent , foit par l'action des vents
qui les pouffent les unes contre les
autres , foit par la condenfation de
l'air qui les porte ; & alors leurs parties réunies en gouttes deviennent
trop péfantes , & font , en tombant,
ce qu'on nomme *la Pluie*.

Lorfque cette condenfation fe fait lentement , ou que les vapeurs tombent
feulement parce que l'air qui les foutient fe raréfie , comme il arrive quelquefois après un brouillard du matin,
les gouttes demeurent très-petites ;
la pluie qu'elles forment eft très-fine ,
& fe nomme communément *Bruine*.
Au contraire , quand les vapeurs fe
condenfent précipitamment , & dans
une partie peu élevée de l'atmofphére où l'air a plus de denfité , les gouttes acquiérent plus de groffeur , & elles demeurent plus écartées les unes
des autres , comme on l'obferve prefque toujours dans les pluies d'orage.

Les refroidiffemens qui fe font dans
la région des nuages , non-feulement
condenfent les vapeurs & les conver-
tiffent en pluies ; il arrive fouvent que

le froid eſt aſſez conſidérable pour
les geler : elles tombent alors ou en
neige ou en *grêle* ; en neige ſi la congélation faiſit les vapeurs avant qu'elles ſe ſoient réunies en groſſes gouttes ; car ces glaçons infiniment petits s'uniſſant mal entr'eux , ne peuvent compoſer que des flocons fort
légers : en grêle , ſi les particules
d'eau ont le tems de ſe joindre avant
que d'être priſes par la gelée.

La grêle ne devroit jamais être naturellement plus groſſe que des gouttes de pluie ; ſi l'on en voit quelquefois tomber qui égale en groſſeur une
noix ou un œuf, c'eſt que pluſieurs
grains s'uniſſent enſemble en tombant ; ou bien lorſqu'ils ont reçû un
degré de froid ſuffiſant , ils gélent
toutes les particules d'eau qu'ils touchent dans leur chûte ; & ils deviennent comme les noyaux de pluſieurs
couches de glaces qui augmentent
beaucoup leur volume & leur poids.
C'eſt pour cela que la groſſe grêle eſt
toujours fort anguleuſe , & que les
grains qui ſont arrondis ne ſont jamais d'une denſité uniforme , depuis
la ſurface juſqu'au centre.

On a vû, quoiqu'affez rarement, tomber en forme de pluie ou de grêle, des matiéres qui n'étoient point de l'eau. En 1695, il tomba en Irlande une pluie graffe & vifqueufe qui demeura 14 ou 15 jours dans les endroits où elle s'étoit amaffée, & qui devint noire en fe féchant. Dans les mémoires de Breflaw *, il eft fait mention d'une pluie de foufre qui mit l'allarme dans la ville de Brunfwick. Les habitans de Copenhague, en 1649, ramafférent auffi du foufre dans les rues après une groffe pluie qui en avoit fortement l'odeur. Scheuchzer obferva en 1677 une poudre jaune qui tomba abondamment, & qu'on auroit volontiers pris pour du foufre ; mais en l'examinant avec attention, il fe détermina à croire que cette matiére venoit de la fleur des jeunes pins, qui font fort communs dans les environs du lac de Zuric, où il fit cette obfervation. On a vû des pluies de fable à une diftance affez confidérable de la mer ; c'étoit fans doute un effet du vent ou de la tempête, comme les pluies de cendres & de pierres, fi l'on peut les nommer

* Oct. 1728.

ainſi, ſont cauſées par les éruptions
des volcans.

Au reſte, quand il arrive de ces ſortes de phénoménes, on doit avant
que de prononcer, les examiner avec
beaucoup de circonſpection, & ne
point céder précipitamment aux premiéres apparences ; car ordinairement
l'attention d'un obſervateur intelligent
diſſipe une fauſſe merveille, & dévoile
une vérité obſcurcie par les circonſtances. Si l'on jugeoit, par exemple, ſans
autre examen, que tout ce qu'on apperçoit de nouveau ſur la terre, après
ou pendant la pluie, vient, comme
les goutes d'eau, de la nuée ou de
l'atmoſphére, on croiroit, comme le
vulgaire, qu'il pleut quelquefois des
crapaux, du ſang, du grain, &c.
Mais quand on ſçait que tous les animaux, juſques aux reptiles & aux inſectes, ont une génération réglée, &
qui ſe fait toujours par les mêmes
voies dans chaque eſpéce ; que le
crapau, à peu près comme la grenouille, vient d'un frai trop gros &
trop péſant pour s'élever comme les
vapeurs ; & que la femelle qui le fait,
& le mâle qui la féconde, ne peuvent

vent se soutenir en l'air ; on trouve
qu'il est plus raisonnable de penser,
que tous ces petits animaux nouvelle-
ment éclos, & cachés sous des herbes ou ailleurs, sont déterminés par
la pluie à sortir de leurs retraites,
que de croire qu'ils viennent de naître fortuitement, & qu'ils ont pû
tomber contre la terre la plus dure
& la plus battue, sans s'écraser.

Des taches rouges, dont les murailles, & les couvertures des maisons se sont trouvées teintes en différens tems, ont fait croire au peuple
ignorant & préoccupé par la crainte,
qu'il avoit plu du sang ; les Histo-
riens * même n'ont pas manqué de
transmettre à la postérité ces phénoménes effrayans, & de les joindre à
des événemens contemporains ; jusqu'à ce qu'enfin quelques Sçavans *
plus attentifs remarquerent, que la pré-
tendue pluie de sang avoit marqué
des endroits couverts, comme le dessous des entablemens des portes &
des fenêtres, & qu'immédiatement
après, l'air se trouvoit rempli d'une
multitude innombrable d'insectes d'u-
ne même espéce.

*Plutar-
que. Dion.
Tite - L. v.
Pline, &c.

*Peiresc.
Merct.

K k

La premiére de ces deux obfervations prouve d'abord & fans réplique,
que les taches rouges n'étoient point
les veftiges d'une pluie qui fût tom-
bée d'en-haut. La feconde fit connoître avec le tems quelle étoit leur véritable origine : voici comment on ex-
pliqua le fait après un peu de réflexion.

Quand un papillon fort de fa chry-
falide, il dépofe toujours deux ou
trois gouttes d'une férofité rouge qui
reffemble affez à du fang ; or il y a
telle circonftance de tems, où il en
naît un nombre prodigieux, car cette
efpéce d'infectes, comme la plûpart des autres, eft extrêmement féconde, & fi tous les œufs venoient
à bien, nous en ferions fort incom-
modés : on fe fouvient encore du
dommage que caufa une feule efpéce de chenille aux environs de Paris,
pendant l'été de 1735 ; il ne refta
point de légumes dans les marais, &
jufqu'au gramen, tout fut rongé dans
les jardins & dans les champs. Lors
donc qu'un pareil nombre de chenil-
les devenues chryfalides fe changent
en papillons, combien ne doit-on

pas voir de taches rouges , quand
c'eſt une eſpéce qui s'attache aux
murs & aux bâtimens ; car il y en
a beaucoup qui ſe mettent en terre , ou qui ſe branchent aux tiges des
plantes , & alors on n'apperçoit preſque point les traces de leur métamor-
phoſe.

Les pluies de grains n'ont pas plus
de réalité que celles de ſang ; il eſt
vrai qu'on a vû quelquefois après une
groſſe pluie , la terre couverte d'une
grande quantité de menus grains qui
ont une ſorte de reſſemblance avec le
froment : les payſans qui les ont ra-
maſſés , & qui ont eſſayé d'en faire
du pain , n'ont pas manqué de croire
qu'il étoit tombé du ciel , & ſuivant
la maniére de penſer du peuple , ils
en ont tiré des conjectures ſur la di-
ſette , ou ſur l'abondance ; mais des
perſonnes plus éclairées , & moins
ſuſceptibles de préjugés , ont reconnu que ces grains étoient des petites
bulbes , qui ſe forment en grande
quantité aux racines d'une eſpéce de
renoncule qu'on nomme *la petite che-*
lidoine , & alors tout le merveilleux
diſparoît : car on ſçait que les racines

de cette plante sont très-déliées, & à fleur de terre ; ce sont de petits filets rampans, qui se dessèchent, & qui disparoissent ; & leurs bulbes qui ont plus de consistance, demeurent isolées, & ressemblent un peu à des grains répandus sur la terre.

Comme les nuées sont des amas de vapeurs, il s'en fait plus que par-tout ailleurs au-dessus des mers & des grands lacs, où l'évaporation est plus abondante. C'est pourquoi toutes choses égales d'ailleurs, les pluies sont plus fréquentes dans le voisinage des côtes, que dans le milieu des continens ou des grandes isles. En Hollande, par exemple, il y pleut communément davantage qu'aux environs de Paris ; & quand le vent est au Sud ou à l'Ouest, nous avons ordinairement un tems pluvieux à cause de la méditerranée & de l'Océan, dont nous ne sommes point fort éloignés.

On mesure continuellement à l'Observatoire Royal, la quantité de pluie qui tombe pendant le cours de l'année, comme on fait depuis long-tems en Angleterre, en Italie, en Hollande, & dans plusieurs villes d'Allemagne. Ces sortes d'observations se font par le moyen d'un vase quarré ou cylindrique, gradué par dedans selon sa hauteur, que l'on expose dans un lieu découvert, mais cependant à l'abri du vent. Chaque fois qu'il pleut, on marque sur un journal de combien de lignes l'eau s'est élevée dans le vaisseau; & au bout de l'année, en additionnant toutes ces quantités, on voit quelle est la somme totale de la pluie qui a tombé pendant les douze mois. En procédant ainsi, on a appris que dans les années moyennes il tombe à Paris environ 19 pouces d'eau; à Londres 37 pouces ½ mesure d'Angleterre, ce qui fait environ 35 pouces de France; à Rome 20 pouces; à Zuric en Suisse 32 pouces; à Utrecht 24 pouces *.

La pluie purifie l'atmosphère, en précipitant avec elle toutes les exhalaisons qui s'y amassent pendant la sécheresse, & dont la trop grande quantité corromproit l'air, & causeroit des maladies épidémiques. On s'apperçoit sensiblement de cet effet,

* Environ 23 pouces, mesure de France.

K k iij

non seulement parce qu'on respire plus
à son aise , mais encore parce que
l'air devient plus transparent ; les objets s'apperçoivent plus distincte-
ment & de plus loin , & jamais les
lunettes à longue vûe ne font aussi-
bien qu'après une grosse pluie , &
par un tems calme.

Un autre effet de la pluie , & qui
nous est encore très-avantageux , c'est
de rafraîchir l'air , & de modérer la
chaleur , qui nous incommode souvent dans certaines saisons. On en
reconnoît bien-tôt la cause , quand on
sçait que la région des nuages est presque toujours beaucoup plus froide ,
que cette partie de l'atmosphére où
nous sommes. C'est un fait que ne
peuvent ignorer ceux qui ont vû la
cime des montagnes couverte de neige , lorsqu'il fait encore assez chaud
dans les lieux bas. Ainsi , quand il
pleut en été , c'est de l'eau froide qui
se filtre à travers d'un air plus chaud
qu'elle ; celui-ci perd nécessairement
une partie de sa chaleur.

Mais de tous les bons effets de la
pluie , il n'en est pas dont nous ayons
plus de besoin , & qui tourne plus

directement à notre avantage que la part qu'elle a à la fertilité de la terre : quand elle manque trop long-tems, & que rien n'y supplée, tout devient aride dans les champs, & leur culture demeure sans succès ; mais lorsqu'elle les arrose modérément, elle amollit la terre, elle entretient la souplesse des plantes, elle développe les germes, elle réunit les principes de la seve & lui sert de véhicule pour l'introduire dans les racines, & pour la distribuer à la tige & aux branches.

Comme les vapeurs qui doivent retomber en pluie, élévent avec elles, ou rencontrent dans l'atmosphére, les parties les plus subtiles de toutes ces substances que la nature fait entrer dans la composition des mixtes, les sels, les soufres, les huiles, &c. les nuages agités par les vents, transportent tous ces principes d'un lieu dans un autre, & les distribuent de maniére qu'ils ne tarissent jamais. C'est donc pour leur donner le tems de se rassembler, qu'on laisse reposer les terres épuisées, où qu'on y varie les semences : car une plante peut souvent se passer de ce qu'une autre tire de la terre. Kk iiij

Les pluies peuvent avoir aussi de mauvais effets, comme elles en ont de bons ; lorsqu'elles sont froides, ou trop fréquentes, lorsqu'elles tombent hors de saison, elles retardent les progrès de la végétation, & la maturité des fruits ; elles pourrissent les moissons & font germer le grain sur les champs ; elles font périr le gibier ; elles gâtent les chemins ; elles rendent impratiquable la navigation des riviéres, par les débordemens & les inondations qu'elles causent ; & tous ces fâcheux effets incommodent le commerce & occasionnent la disette.

On voit assez souvent sur mer, & beaucoup plus rarement sur terre, un phénoméne surprenant & très-dangereux, qu'on appelle *Trombe* : c'est une nuée épaisse, qui s'allonge de haut en bas, en forme de colonne cylindrique, ou de cône renversé ; elle jette autour d'elle beaucoup de pluie, ou de grêle, & fait entendre un bruit semblable à celui d'une mer fortement agitée ; elle renverse les arbres & les maisons par tout où elle passe, & lorsqu'elle s'abat sur un vaisseau, elle ne manque gueres de le submerger. Les

gens de mer qui connoiſſent ce danger, s'en éloignent le plus qu'ils peuvent ; & quand ils ne peuvent éviter
d'en approcher, ils tâchent de la rompre à coups de canon, avant que d'ê-
tre deſſous, pour prévenir l'inonda-
tion dont ils ſont menacés. Peu
d'obſervateurs ont eu le loiſir d'examiner de près ces ſortes d'accidens
& par cette raiſon, l'on n'eſt pas encore bien inſtruit de la maniére dont
ils naiſſent. On croit * avec aſſez de
vraiſemblance que la nuée déterminée à tourner par la double impulſion
de deux vents contraires, & dont les
directions ſont paralléles, prend la
forme d'un tourbillon d'eau, qui s'allonge & s'élargit plus ou moins,
ſuivant la vîteſſe avec laquelle il tourne, & ſuivant l'étendue en hauteur
des vents qui l'agitent.

* *Hiſt. de l'Acad. des Sc. 1727. pag. 5.*

J'aurois encore bien des choſes à
dire touchant les météores aqueux ;
mais je paſſerois les bornes que je me
ſuis preſcrites dans un ouvrage, où
je me ſuis moins propoſé de donner
une hiſtoire complette des effets na-
turels, que d'expoſer les cauſes de
ceux qui ſont les plus connus & les

plus intéreſſans : le Lecteur qui déſire-
ra d'en ſçavoir davantage, pourra conſulter les Auteurs * qui ont écrit ſur cette matiére *ex profeſſo*, & les Mémoires
des principales Académies, où l'on
trouve un recueil d'Obſervations Mé-
téorologiques pour chaque année.

Stanhu-
ſius, Reſta,
Dechales,
Geſſen,
Muſch.&c.

ARTICLE II.

De l'Atmoſphére conſidérée comme un Fluide en mouvement.

On obſerve principalement deux
ſortes de mouvemens dans l'air de
l'atmoſphére : l'un eſt une eſpéce de
frémiſſement imprimé aux parties de
ce fluide, & qui les agite quelques
inſtans, ſans les déplacer ; (*a*) l'autre eſt un déplacement ſucceſſif qui

(*a*) On pourroit dire contre cette définition,
que le bruit du canon caſſe les vîtres d'un ap-
partement voiſin, ce qui ne ſe peut faire ſans
un déplacement ſenſible de la maſſe d'air qui les
touche, & qui les enfonce ; mais on verra aiſément par tout ce qui ſera expoſé dans cet article, que cette commotion violente de l'air peut
bien quelquefois accompagner le ſon ou le bruit,
mais qu'elle ne lui eſt point eſſentielle, & qu'elle ne ſe rencontre pas dans les cas les plus ordinaires.

fe fait d'un grand volume d'air, avec
une vîteffe fenfible & une direction
déterminée. Le premier de ces deux
mouvemens s'appelle *fon* ; le dernier
eft ce qu'on nomme le *vent*.

Du Son en général.

Le fon naît communément du choc
ou de la collifion de deux corps,
dont les parties ébranlées font frémir
comme elles, & de toutes parts jufqu'à une certaine diftance, le fluide
qui les environne ; & ce frémiffement
fe communique aux autres corps qui
en font fufceptibles, & qui fe rencontrent dans cette fphére d'activité ; de
forte que la même cloche que l'on
fait fonner, peut fe faire entendre à
un nombre infini de perfonnes placées
aux environs. On peut donc confidérer le fon, 1°. dans le corps fonore ;
2°. dans le milieu qui le tranfmet ;
3°. dans l'organe qui en reçoit l'impreffion. On pourroit encore tenter
de le fuivre jufque dans l'ame qui en
perçoit l'idée ; mais c'eft une entreprife qui appartient à la Métaphyfi-
que, & qui n'eft point de mon ref-

fort : j'en uferai pour l'ouie, comme
j'ai fait pour les autres fens ; je me
contenterai de conduire l'objet jufqu'à la partie de l'organe , où s'accomplit la fenfation , & je me difpen-
ferai d'examiner comment naiffent les
idées , à l'occafion de l'objet fenfible.

Des Corps Sonores.

On appelle *Corps Sonores* proprement dits, ceux dont les fons, après
le choc ou le frottement qui les fait
naître, font diftinéts, comparables entre eux , & de quelque durée. Car
on ne doit pas nommer ainfi ceux
dont la chûte ou l'ébranlement ne
fait entendre qu'un bruit confus ou
fubit, tels qu'un tombereau que l'on dé-
charge, le murmure d'une eau couran-
te , ou le mugiffement des flots agités. Or on remarque qu'il n'y a que
les corps élaftiques qui foient véritablement fonores, fuivant cette définition ; & que le fon qu'ils rendent,
eft toujours proportionnel à leurs vibrations , foit pour la durée , foit
pour l'intenfité ou force.

PREMIERE EXPERIENCE.

PREPARATION.

La *Fig.* 2. repréfente une cloche de verre fufpendue fixement entre deux montans qui font élevés fur une bafe ; on frappe légérement plufieurs coups fur les bords de cette cloche, pour la faire fonner ; & auffi-tôt on fait avancer la vis *A* qui a fon écrou dans l'épaiffeur du montant : & on la fait avancer, jufqu'à ce que le bout foit fort près de la cloche fans la toucher.

EFFETS.

On entend un petit frémiffement du verre contre la pointe de la vis, & ce bruit dure autant que le fon de la cloche fubfifte.

II. EXPERIENCE.

PREPARATION.

On attache à deux poids fixes une corde de clavecin, ou de vielle, qui a environ deux pieds de longueur, & avec un curedent, ou une épingle, on appuye deffus le milieu pour la mettre en jeu.

EFFETS.

Pendant que la corde réfonne, on l'apperçoit fous la figure d'un parallé-logramme, *B C D E*, *Fig.* 3. & cette figure ceffe avec le fon, dès-qu'on la touche avec le doigt, ou avec quel-que autre corps folide.

EXPLICATIONS.

On peut regarder une cloche com-me une fuite de zones circulaires, dont les diamétres décroiffant fuivant une certaine proportion, font re-préfentés par les lignes ponctuées 1, 2, 3, 4, 5, 6, 7, *Fig.* 4. & cha-que zone, par rapport à fon épaif-feur, comme un anneau plat compo-fé de plufieurs circonférences concen-triques; *Fig.* 5. Ce que je dirai d'un de ces anneaux plats, doit s'enten-dre de toutes les zones.

Si la matiére de la cloche n'étoit point poreufe, toutes les circonfé-rences concentriques qui compofent la largeur d'un anneau, & qui font l'épaiffeur de la cloche, feroient au-tant de lignes pleines & fans interrup-tion, comme les repréfente la *Fig.* 5.

Mais comme les parties qui les compoſent, laiſſent entre elles de petits
intervalles, ces anneaux ſont repré-
ſentés par la *Fig.* 6. d'une maniére
plus conforme à la nature.

Maintenant qu'on ſe rappelle ce que
nous avons dit * en expliquant le mouvement réfléchi ; « Qu'une boule é-
» laſtique qui tombe ſur un mar-
» bre, perd ſa figure ſphérique, &
» ne la reprend qu'après avoir été
» quelque tems un ellipſoïde, dont
» le grand diamétre eſt de deux fois
» une, horizontal & vertical. » Il ſuit
de-là que, quand on frappe extérieurement le bord d'une cloche qui eſt
un anneau élaſtique *a*, *b*, *c*, *d*, *Fig.* 7.
il devient alternativement ovale ſur
deux ſens ; & c'eſt en cela même que
conſiſtent ſes vibrations. Ainſi la même partie de la cloche *a*, par exemple, ſe portant d'*f* en *g* & de *g* en *f*
ſucceſſivement avec une grande vîteſſe, heurte autant de fois le bout
de la vis, & fait entendre ce frémiſſement qui a été le principal effet de
la première expérience.

Mais cet anneau circulaire ne peut
devenir ovale qu'à deux conditions :

* *Tom. I.* f.
311.

1ᵐᵉⁿᵗ. Il faut qu'à deux endroits op-
poſés de ſa circonférence, les petites
lames, ou les petits filets qui le compoſent, ſe plient d'abord davantage;
& enſuite moins qu'ils ne le ſont, lorſqu'ils compoſent un cercle : 2ᵐᵉⁿᵗ. Il
eſt néceſſaire qu'aux endroits de la
plus grande courbure, celles de ces
parties qui forment les couches ex-
térieures, s'écartent les unes des autres, plus qu'elles ne le ſont dans leur
état ordinaire.

Quant à la corde tendue, il faut
auſſi ſe ſouvenir de ce que nous en
avons dit * en parlant des loix du reſſort, « que ſes vibrations qui nous la
» font voir ſous la figure d'un paral-
» lélogramme, (parce qu'elles ſont
toujours très-promptes, & que les
impreſſions qui nous la repréſentent,
faiſant un angle en-haut, ſubſiſtent
encore au fond de l'œil, lorſqu'il en
naît d'autres qui nous la font voir, faiſant un angle en-bas;) « que ces vi-
» brations, dis-je, ſe font en conſé-
» quence de la réaction de toutes les
» petites fibres, dont elle eſt com-
» poſée. » Car lorſque cette corde
devient angulaire, elle eſt plus longue

* Tom. I. p. 209.

gue que quand elle tend en droite ligne d'un point fixe à l'autre. Il faut
donc que ſes moindres parties s'écartent un peu les unes des autres, pour
ſe prêter à cet allongement, & qu'elles ſe rapprochent, pour ſe réduire dans
la premiére longueur.

Ainſi dans la corde, comme dans
la cloche, lorſqu'on excite le ſon,
je conçois deux ſortes de vibrations,
les unes que j'appellerai *totales*, parce qu'elles ſont du corps ſonore tout
entier, je veux dire, celles qui rendent les zones de la cloche ovales,
de circulaires qu'elles ſont, & qui
nous font voir une corde de violle ou
de clavecin ſous la figure d'un paral-
lélogramme; les autres que je nomme-
rai *particuliéres*, qui appartiennent aux
parties inſenſibles, & qu'on peut regarder comme les élémens des premiéres.

On avoit toujours crû que les corps
étoient ſonores par leurs vibrations
totales; mais on s'eſt déſabuſé de cette fauſſe idée, & c'eſt principalement
à MM. Perault, Carré & de la Hire,
qu'on doit cette correction. Le dernier de ces trois Académiciens prouve par une expérience bien ſimple,

que le son consiste essentiellement
dans les vibrations particulieres des
parties insensibles : « Que l'on tienne, dit-il, * une pincette suspendue sur
le doigt, & qu'avec l'autre main on
presse les deux branches pour les
laisser échapper ensuite ; elles se
mettent en vibrations , mais elles
demeurent muettes : au lieu de les
mettre en jeu de cette maniére,
qu'on frappe dessus avec un doigt,
ou avec quelqu'autre corps solide,
elles feront encore des vibrations
comme dans la premiére épreuve,
mais pour cette fois elles auront un
son très-intelligible : qu'y a-t-il de
plus ici, sinon un tremblement dans
les parties du fer , & que l'on sent
quand on y porte doucement la
main ? »

* Mem. de
l' Acad. des
Sc. 1716.
p. 264.

C'est donc à ces parties qui fré-
missent que le son doit être attribué ;
& après cette expérience on doit être
persuadé, que toutes les fois qu'il sera
possible de séparer ces deux espéces
de vibrations , on n'aura jamais aucun
son avec celles que nous appellons
totales ; mais quand celles-ci naissent
des autres, (& c'est le cas le plus or-

dinaire) quoiqu'elles ne faſſent point le ſon par elles-mêmes, elles en réglent cependant la force, la durée & les modifications.

APPLICATIONS.

L'explication des deux expériences précédentes peut ſervir à rendre raiſon de plûſieurs faits qui ont rapport à cette matiére, & qui méritent attention. Pourquoi, par exemple, fait-on les cloches d'un métal compoſé d'étain & de cuivre rouge? C'eſt que tout métal compoſé eſt plus dur, plus roide, & par conſéquent plus élaſtique que les métaux ſimples qui entrent dans le mélange : & comme les corps ſonores le ſont d'autant plus que leurs parties ont plus de reſſort, on allie la matiére des cloches & des timbres pour en tirer plus de ſon. La plûpart des ſonnettes cependant ne ſont que de cuivre ; mais c'eſt un mauvais cuivre, un métal devenu aigre que les ouvriers appellent *Potain*: comme cette matiére eſt fort roide & caſſante, elle eſt plus ſonore que ne ſeroit un cuivre neuf & plus doux qu'on nomme *Roſette*. Quand on fait des ſon-

nettes d'argent pour les cabinets, elles ne peuvent avoir qu'un affez mau-
vais fon, fi le métal eft fans alliage,
ou fi l'on n'y fupplée, en le forgeant à
froid, ce qui lui donne plus de reffort.

On fait fubitement ceffer le fon
d'une cloche, en la touchant avec la
main ou avec quelque autre corps,
parce qu'on interrompt les vibrations. C'eft pour cela que les timbres
des horloges, lorfqu'ils font couverts
de neige, ne fonnent que fourde-
ment, ainfi que les tambours que
l'on couvre d'étoffe dans les cérémo-
nies lugubres. Par la même raifon une
cloche fendue ne peut continuer fes
vibrations, parce que les bords de
la fente fe heurtent réciproquement,
& font, l'un à l'égard de l'autre, ce
que pourroit faire un corps étranger
qui toucheroit la cloche. Le fon feroit probablement moins interrompu,
fi au lieu d'avoir une fimple félure,
elle étoit entr'ouverte de la largeur
d'un travers de doigt ou davantage,
On peut remarquer encore, que les
Horlogers ont toujours foin que les
marteaux des timbres foient relevés

fubitement après le coup par un reffort, afin que le même corps qui a
excité le fon ne l'altére pas, en reftant
trop long-tems appliqué au corps fonore.

Puifque le fon n'eft jamais qu'une
fuite de vibrations, on doit concevoir qu'il n'y en a point qui foit abfolument continu ; s'il nous paroît
tel, c'eft que le filence d'une vibration à l'autre eft trop court pour être
apperçû. Rien n'eft plus propre à faire fentir cette vérité qu'un inftrument
à anche, comme le haut-bois ou la
mufette : une anche eft compofée de
deux lames à reffort & fort minces,
de métal, de bois, ou de quelque
autre matiére ; elles font jointes par
un bout, & forment enfemble un petit tuyau ; par l'autre bout elles font
plattes, & s'approchent de fort près
fans fe toucher. Lorfque le fouffle de
la bouche ou le vent d'un foufflet met
l'anche en jeu, les deux lames battent l'une contre l'autre avec une vîteffe extrême, & rendent un fon qui
paroît auffi continu que celui d'une
flûte ou d'un violon. Cependant puifque ce fon vient des coups multipliés

d'une lame fur l'autre, il eſt inconteſtable qu'il y a un petit intervalle entre les battemens, & que le ſon qu'elles rendent n'eſt point continu.

C'eſt une méchanique aſſez ſemblable à celle d'une anche, qui fait la
voix de la plûpart des inſectes; car
c'eſt une erreur de croire que le bour-
donnement des mouches, le cri des
cigales, celui des ſauterelles & des
grillons, vienne de la bouche de ces
petits animaux, ou des organes par
leſquels ils prennent leur nourriture:
dans les uns, c'eſt un certain battement
des aîles; dans les autres, c'eſt le jeu
d'une eſpéce de tambour, qu'ils ont
quelquefois dans le ventre, comme
la cygale, & d'autres fois ſur le dos
vers le corcelet, comme il eſt aiſé
de l'obſerver à certaines ſauterelles
qui ſe retirent dans les buiſſons, &
qui n'ont point d'aîles.

Mais le ſon doit-il toujours ſon origine au choc ou aux battemens de
deux corps ſolides, comme celui
d'une cloche qui eſt frappée par un
marteau, ou celui d'une corde qui eſt
pincée avec l'ongle, ou avec le bout
d'une plume ? Les fluides ne ſeroient-

ils point sonores par eux-mêmes ? ou bien ceux-ci frappés par des corps durs, ne seroient-ils pas capables de rendre des sons ?

On sçait à quoi s'en tenir sur ces questions, quand on refléchit un peu sur certains effets qui se présentent journellement. Un coup de fouet qu'un charretier ou un postillon fait retentir, le bruissement d'une petite planchette qu'un enfant fait tourner rapidement au bout d'une ficelle, le sifflement d'une baguette que l'on secoue avec une grande vîtesse, qu'est-ce autre chose que le son de l'air frappé par un corps dur ? dans tous ces cas, & dans une infinité d'autres, c'est donc un fluide qui résonne, & dont les parties se mettent en vibrations pour avoir été choquées par un corps solide. Dans le son d'un sifflet, ou d'une flûte, je ne vois rien autre chose qu'un certain volume d'air qui part de la bouche du joueur pour frapper une autre masse d'air contenue dans l'instrument : car je pense que les vibrations du bois n'y entrent pour rien, (si ce n'est peut-être pour transmettre, avec plus ou moins d'éclat, le son qui eſt déja formé.) Ce qui me fait croire que les vibrations de la flûte ne participent point à la formation des ſons qu'elle rend, c'eſt qu'on la tient & qu'on la touche pendant qu'elle eſt en jeu, & que ſes vibrations, ſi elle en avoit, ceſſeroient par ces attouchemens. L'inſtrument ne ſert donc, pour ainſi dire, que de meſure & d'enveloppe au volume d'air ſur lequel on ſouffle; & l'on peut dire que tous les cas qui reſſemblent eſſentiellement à celui-ci, ſont autant d'exemples de ſon rendu par des fluides qui s'entre-choquent.

Il y a des gens, comme on ſçait, qui caſſent un verre à boire par le ſon de leur voix, en préſentant l'ouverture de la coupe devant leur bouche. Ce n'eſt pas, comme l'ont cru certaines perſonnes peu au fait de cette matiére, en prenant un ton aigre & diſſonnant, ni comme l'a prétendu un Auteur * (qui a fait une diſſertation entiére ſur ce fait,) que l'air agité par la voix pénétre le verre, & le force de s'ouvrir. C'eſt au contraire en prenant l'uniſſon du verre, & ſeulement en forçant la voix; car alors on augmente

* Morhoff. de Siph. vitr. per cert. humanæ vocis ſonum fracto.

gmente la grandeur des vibrations totales, & par conséquent celles des vibrations particuliéres d'où elles résultent : mais comme ces derniéres ne peuvent se faire, sans que les parties du verre s'écartent les unes des autres, lorsqu'elles deviennent trop grandes, l'écartement de ces parties va jusqu'à séparation ou solution de continuité, & alors le verre tombe en piéces ; en un mot la voix forcée fait sur le verre, ce que fait un archet que l'on traîne trop fort sur une chanterelle. C'est encore ici un exemple du son excité, ou du moins augmenté, dans un corps solide par le choc d'un fluide.

Du MILIEU qui transmet les sons.

Les vibrations d'un corps sonore se passeroient dans un parfait silence, s'il n'y avoit entre lui & nous quelque matiére capable de recevoir & de transmettre cette espéce de mouvement : car tel est l'ordre de la nature, qu'un corps n'agit point sur un autre, s'il ne le touche par lui-même ou par quelque matiére interposée ; & de tous ceux qui ont imaginé des exceptions à cette loi générale, on peut dire qu'aucun n'en a encore donné des preuves suffisantes. Mais quand bien même le corps sonore agiroit sur une matiére, la propagation du son n'auroit pas encore lieu, si cette matiére inflexible ou trop molle n'étoit capable de s'animer du même mouvement que lui. Voici donc deux conditions également nécessaires & suffisantes dans le milieu qui doit transmettre le son : 1ment, il doit avoir une certaine densité, afin que ses parties agissent assez fortement & assez librement les unes sur les autres : 2ment, il doit être élastique, parce que le mouvement de vibration naît du ressort des parties. Les expériences qui vont suivre serviront de preuves à ces deux propositions.

III. EXPERIENCE.

PREPARATION.

On établit, sur la platine d'une machine pneumatique, *Fig.* 8. un petit mouvement d'horlogerie, qui, lorsqu'il est en jeu, fait mouvoir deux

marteaux qui battent alternativement
fur un timbre. Cet inftrument eft mon-
té fur une bafe de plomb, qui eft garnie
par-deffous d'un couffinet rempli de
coton ou de laine (*a*); on couvre le
tout d'un récipient qui eft garni par
en haut d'une boëte à cuirs : la tige
de métal qui paffe à travers, fert à
détendre le petit lévier *F*, pour mettre le rouage en mouvement, auffi-
tôt qu'on a raréfié l'air du récipient
le plus qu'il eft poffible.

EFFETS.

Si l'air eft fuffifamment raréfié, &
que la tige de la boëte à cuirs ne touche plus au lévier de la détente, on
voit battre les marteaux fans entendre aucun fon ; mais fi l'inftrument
touche à la platine, au récipient ou
à quelque autre corps dur qui communique au-dehors, comme la tige
qui a fervi à détendre le lévier, on
entend un peu le tact des marteaux.

IV. EXPERIENCE.

PREPARATION.

Il faut fixer une montre à réveil fur

(*a*) Cet inftrument eft repréfenté plus en
grand, *Tome I. 3e Leçon, Planche 2. Fig. 5.*

une platine de plomb épaiſſe de 4 à 5 lignes, que l'on couvre enſuite d'un petit récipient dont on lute les bords ſur le plomb avec de la cire molle : on ſuſpend enſuite cet aſſemblage avec 4 fils qu'on réunit au-deſſus du récipient, pour le plonger dans un grand vaſe cylindrique qui contient environ 30 pintes d'eau, que l'on a purgée d'air. *Voyez la Fig. 9.*

E F F E T S.

Lorſque le réveil vient à ſonner, on l'entend quoiqu'il ſoit environné de pluſieurs pouces d'eau de toutes parts ; mais le ſon paroît fort affoibli.

E X P L I C A T I O N S.

Un timbre qui fait ſes vibrations dans le vuide, ne les peut communiquer à rien ; par conſéquent, puiſqu'elles n'opérent le ſon que quand elles ſe tranſmettent, elles doivent ſe paſſer dans le vuide avec un profond ſilence. A la vérité il n'y a point un vuide abſolu dans le récipient de notre expérience ; mais l'air qui y reſte eſt ſi raréfié, que ſes parties alors trop lâches n'ont point aſ-

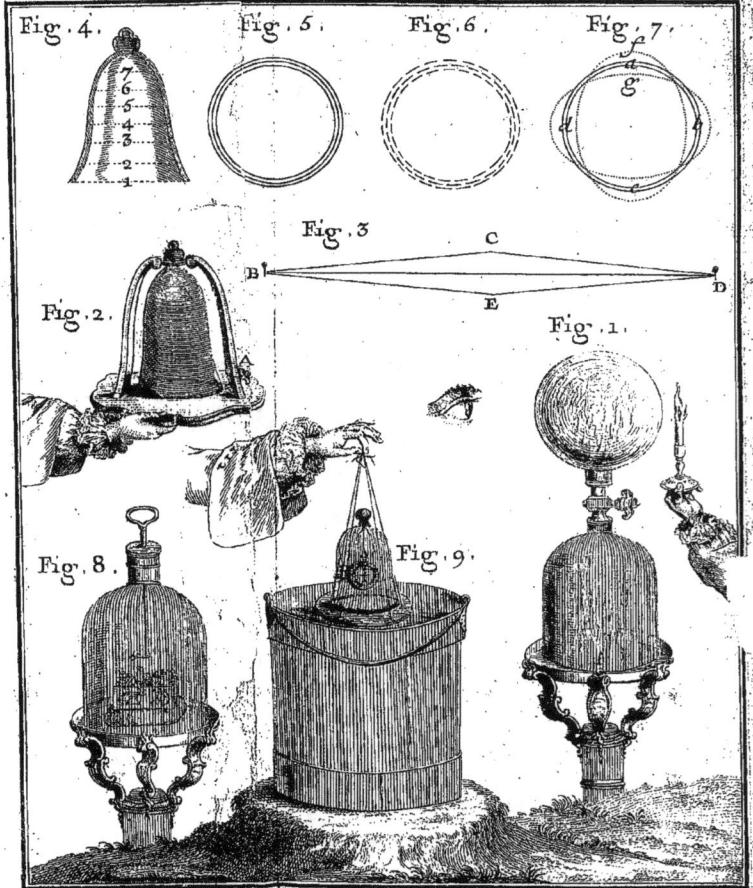

Fig. 4. Fig. 5. Fig. 6. Fig. 7.

Fig. 3.

Fig. 2. Fig. 1.

Fig. 8. Fig. 9.

Brunet De et fecit

fez de réaction. Il manque à ce fluide la première des deux conditions que nous avons marquées ci-deſſus, c'eſt - à - dire, une denſité ſuffiſante qui mette les parties en état d'agir fortement les unes ſur les autres.

On dira peut-être qu'au défaut de l'air groſſier, il y a toujours dans ce vaiſſeau une matiére plus ſubtile, ne fût-ce que celle de la lumiére ou du feu ; mais apparemment que cette matiére, telle qu'elle ſoit, n'eſt point propre à la propagation du ſon, ſoit que ſon reſſort ne ſoit point analogue à celui des corps ſonores, ſoit que ceux-ci n'ayent point de priſe ſur elle, à cauſe de l'extrême facilité avec laquelle elle pénétre tous les corps.

Cette expérience du timbre ou d'une ſonnette dans le vuide, ſi connue & tant répétée dans les colléges, a fait conclure à bien des gens, que l'air eſt le ſeul milieu propre à la propagation du ſon. Qu'il y ſoit propre & plus qu'un autre, cela n'eſt point douteux ; qu'il ſoit le ſeul, je crois que c'eſt trop dire. Car pourquoi cette même expérience ne réuſſit-elle pas au gré de ceux qui la font, quand ils n'ont pas soin d'isoler le corps sonore, ou d'empêcher qu'il ne touche immédiatement la platine, le récipient ou quelqu'autre corps dur qui communique au-dehors ? n'est - ce point parce que le son se transmet par les corps solides qui ont communication d'une part avec le timbre, & de l'autre avec l'air extérieur ?

D'ailleurs la quatriéme expérience ne nous laisse, ce me semble, sur cela aucun doute. Si le son ne pouvoit se transmettre que par l'air, pourquoi l'entendroit-on lorsque le corps sonore enfermé par le verre & par le plomb, se trouve plongé dans un vase plein d'eau? n'est-on pas forcé de reconnoître que le son se communique du réveil à l'air qui l'environne, de l'air au récipient, du récipient à l'eau, & de l'eau à l'air extérieur?

Dira t-on que cette communication ne se fait point par les parties propres du verre & de l'eau, mais par celles de l'air qu'ils contiennent & qui se trouve naturellement dans tous les corps ?

J'ai prévenu cette objection en me servant d'eau purgée d'air : & quand on m'objecteroit encore, que l'on n'ôte jamais tout l'air qui est dans l'eau ; j'aurois à répondre, que j'en ai ôté une grande partie , & que si cet air contribuoit nécessairement à la propagation du son , je devrois au moins trouver une différence sensible, en répétant la même expérience avec pareille quantité d'eau non purgée d'air ; ce que je n'ai cependant jamais apperçu , quelque attention que j'aye apporté.

Si quelque raison pouvoit faire douter que les parties de l'eau fussent capables par elles - mêmes de transmettre les sons , ce seroit l'opinion où l'on est communément,que les liqueurs ne sont point compressibles ; car si cela étoit à la rigueur , elles n'auroient pas de ressort; & tout corps qui n'est point élastique , n'est point susceptible d'un mouvement de vibration.

Mais sur quel fondement a-t-on crû jusqu'ici que les liqueurs étoient incompressibles?C'est parce que lesAcadémiciens de Florence , & plusieurs autres Physiciens qui les ont éprouvées à cet égard , n'ont jamais pû res-

treindre leur volume par compreſſion.
Mais cela ſuffit-il pour établir ſans reſ-
triction que les liquides ſont incom-
preſſibles ? n'auroit-on pas conclu
plus ſagement , que ſi elles ſe compriment par les efforts que nous ſommes en état d'employer contre elles ,
c'eſt d'une ſi petite quantité, que leur
volume n'en diminue jamais ſenſiblement ?

Aucun fait connu ne prouve donc
l'incompreſſibilité abſolue de l'eau ;
* *Tome I.* j'ai expoſé ailleurs * des raiſons , qui
p. 122. & combattent fortement cette opinion;
ſuiv. & il me ſemble que notre derniére expérience achéve de la détruire : car
ſi l'eau tranſmet le ſon , elle eſt élaſtique ; & ſi elle eſt élaſtique , il faut
qu'elle ſoit compreſſible.

APPLICATIONS.

Puiſque le ſon ſe tranſmet par les
corps ſolides, comme le prouvent d'u-
ne maniére inconteſtable les précautions qu'il faut prendre, pour faire réuſ-
ſir la premiére des deux expériences
précédentes ; on ne doit plus être
auſſi ſurpris d'un fait qui amuſe les enfans , & qui intéreſſe l'attention des

perſonnes les plus ſérieuſes ; c'eſt d'entendre diſtinctement le choc d'une épingle contre l'extrémité d'une longue poutre , lorſqu'on a l'oreille à l'autre bout : car à cauſe de la contiguité des parties, ce choc eſt rendu à l'air qui touche le bout oppoſé de la piéce de bois. Il eſt cependant toujours bien ſingulier que le bruit perde ſi peu de ſa force pour parvenir à une ſi grande diſtance , tandis qu'à peine peut-il être entendu à travers l'épaiſſeur de la même poutre ; c'eſt apparemment parce que les fibres longitudinales du bois ſont bien moins interrompues par leur poroſité, que ne l'eſt l'aſſemblage de ces mêmes fibres , qui fait l'épaiſſeur de la piéce.

Non-ſeulement le ſon excité dans l'eau ſe tranſmet à l'air de l'atmoſphére , mais auſſi celui qui naît dans l'air paſſe dans l'eau , & y fait ſentir toutes ces modifications. J'ai eu la curioſité de me plonger exprès à différentes profondeurs dans une eau tranquille , & j'y ai entendu très-diſtinctement toutes ſortes de ſons , juſques aux articulations de la voix humaine.

Il eſt vrai que tous ces ſons étoient
fort affoiblis, ſans doute parce que
les parties de l'eau, beaucoup moins
flexibles que celles de l'air, ne peuvent avoir des vibrations ni ſi amples,
ni d'une ſi longue durée : mais ce
qu'il y a de remarquable, c'eſt que
cet affoibliſſement ſe fait preſque tout
entier au paſſage de l'air dans l'eau ;
car à trois pieds de profondeur, j'en-
tendois preſqu'auſſi - bien qu'à trois
pouces.

C'eſt une queſtion parmi les Na-
turaliſtes de ſçavoir, ſi les poiſſons ne
ſont pas ſourds comme ils ſont muets;
& quoique les plus habiles * s'en
foient mêlés, elle eſt encore indéciſe,
au grand étonnement du vulgaire,
qui juge toujours ſur les premiéres apparences, & ſur l'analogie la moins ap-
profondie. « Tous les autres animaux
» entendent ; pourquoi les poiſſons
» n'entendroient-ils pas ? les poiſſons
» fuyent comme les oiſeaux quand on
» fait du bruit ; les uns comme les au-
» tres en ſont donc effarouchés. » Mais
le vulgaire ne ſçait pas qu'on ne connoît point d'oreilles aux poiſſons, ni
rien qui en faſſe l'office ; il ignore

* Pline,
Boyle, Ar-
thedi, Ron-
delet, &c.

aussi qu'on a coutume de regarder l'eau qui est leur élément naturel, comme incapable de ressort, & que dans cette supposition, on seroit bien fondé à la croire imperméable au son. Si le poisson fuit quand on fait du bruit, il faut être bien assuré qu'il n'a pû appercevoir aucun mouvement qui l'ait déterminé à fuir ; & je sçais par moi-même que ce n'est point une chose fort aisée à décider, pour quelqu'un qui est en garde contre le préjugé.

Quoi qu'il en soit, si le poisson n'entend point les sons qui viennent de l'air, l'empêchement ne vient pas de l'eau, puisqu'elle les transmet ; je ne regarde point non plus comme une raison qui établisse absolument sa surdité, un défaut d'oreilles semblables à celles des autres animaux : cet organe, dans le poisson, pourroit être tout autrement constitué qu'il ne l'est dans les animaux qui respirent l'air ; que sçait-on si ce sens n'est point universel pour eux, comme le toucher l'est pour nous ? ce qui me fait hazarder ce soupçon, c'est qu'ayant plongé avec moi des corps sonores, le bruit ou le son que j'ai fait naître dans l'eau, m'affectoit tout le corps par une certaine commotion très-sensible, ce qui vient sans doute de la grande solidité des parties de l'eau.

Par quelque milieu que le son se transmette, il employe un tems qui est sensible, lors même que la distance est assez médiocre; bien différent en cela de la lumiére, dont la propagation se fait dans un instant très-court à des distances fort grandes. Cette différence est un moyen commode, & dont on n'a pas manqué de faire usage pour mesurer la vîtesse du son. Car si l'on fait tirer un coup de canon ou une boëte à une distance connüe, on peut prendre sans erreur sensible, l'éclat de lumiére qu'on apperçoit comme le signal du son naissant; & l'on comptera, par le moyen d'un pendule à secondes, le tems qui s'écoulera jusqu'à ce qu'on l'entende; ainsi le tems sera connu comme l'espace, ce qui donnera la vîtesse.

Cette expérience faite & répétée depuis long-tems, par l'Académie del Cimento, par MM. Flamsteed, Halley, Derham, &c, avoit fait conclure la vîteffe du fon, de 180 toifes mefure de France par feconde ; mais il reftoit encore quelque incertitude fur les réfultats, foit parce qu'ils ne s'accordoient point parfaitement en- tr'eux, foit parce qu'on avoit em- ployé des diftances trop peu confi- dérables. En 1738, l'Académie des Sciences *, pour terminer avec pré- cifion une queftion qui peut être d'u- ne application utile, foit pour la Géographie, foit pour la fûreté de la navigation, chargea MM. de Turi, Maraldi, & l'Abbé de la Caille, de faire à cet égard les expériences né- ceffaires, & avec les précautions les plus convenables au fujet. Ces Aca- démiciens firent leurs opérations fur une ligne de 14636 toifes qui avoit pour termes la tour de Montlhery, & la pyramide de Montmartre ; & voici quels en furent les principaux réful- tats.

* Mém. de l'Ac. des Sc. 1738. p. 128.

1°. Le fon parcourt 173 toifes me- fure de Paris en une feconde de tems, de jour ou de nuit, par un tems fe- rein ou par un tems pluvieux. Le mouvement de la lumiére n'a donc point de part à la propagation du fon ; & les vapeurs mêlées avec les particules de l'air n'interrompent point le mouvement de vibration.

2°. S'il fait un vent dont la direction soit perpendiculaire à celle du son , celui-ci a la même vîtesse qu'il auroit par un tems calme.

3°. Mais si le vent souffle dans la même ligne que parcourt le son¹, il le retarde ou il l'accélére selon sa propre vîtesse ; c'est-à-dire , qu'avec un vent favorable le son parcourt 173 toises par seconde , plus la vîtesse du vent ; & tout au contraire , si le vent est directement opposé. Et voilà pourquoi, lorsque le vent change de direction & de vîtesse , on entend du même lieu certaines cloches que l'on ne peut entendre dans d'autres tems. Ainsi connoissant la vîtesse du son accélérée par le vent , on pourra estimer la vîtesse propre du vent ; car ôtant de la vîtesse accélérée 173 toises par seconde pour celle du son , le reste sera celle du vent.

4°. La vîtesse du son est uniforme, c'est-à-dire , que dans des tems égaux & pris de suite , il parcourt toujours des espaces semblables.

5°. L'intensité ou la force du son
ne change rien à sa vîtesse : quoiqu'un
son plus fort s'étende plus loin qu'un
plus foible, celui-ci parcourt comme l'autre 173 toises par seconde.

Toutes ces connoissances, & les
épreuves par lesquelles on les a acqui-
ses, fournissent des moyens prompts
& commodes, pour mesurer l'étendue
des lieux où les opérations géométriques ne sont point nécessaires ou
pratiquables, comme la largeur des
lacs ou des riviéres à leur embouchure. Car puisqu'après avoir apperçu la lumiére d'une arme à feu, chaque seconde de tems répond à une
distance de 173 toises, c'est une chose fort aisée de sçavoir combien il s'est
écoulé de secondes, jusqu'au moment
où le bruit se fait entendre. Le même moyen peut être d'un grand secours dans un tems couvert, pour des
vaisseaux qui craignent de se briser
contre les côtes; car si au lieu d'un fal-
lot, qui en pareil cas ne se voit pas
de fort loin, on faisoit tirer de tems
en tems quelques boëtes ou quelques
coups de canon, cette lumiére, qui
est beaucoup plus active & plus per-

çante, indiqueroit bien mieux l'endroit que l'on doit aborder ou éviter, & le bruit qui fuccéderoit, en marqueroit la diftance à des navigateurs attentifs.

Nous avons dit ci-deffus, que les corps font d'autant plus fonores qu'ils ont plus de denfité, & en même-tems plus de reffort : il en eft de même de tous les milieux qui tranfmettent le fon ; & comme l'air eft celui de tous, qui nous eft le plus familier, nous nous y arrêterons par préférence.

V. EXPERIENCE.

PREPARATION.

A B Fig. 10. eft une planche fort épaiffe fur laquelle font élevés deux piliers *C*, *D*, qui reçoivent par en haut une traverfe *E F* ; cette derniére piéce eft affujettie par deux vis qui la font defcendre autant qu'il eft néceffaire, pour preffer fortement un récipient de verre fort épais. Ce vaiffeau repofe d'une part fur des cuirs mouillés, & il eft fermé par en haut avec une platine de métal, garnie auffi d'un cuir mouillé par deffous, de forte
que

que l'intérieur du récipient, lorfqu'il eſt ferré dans ſon chaſſis, ne communique qu'avec la pompe foulante G, par un petit canal où l'on a pratiqué un robinet. Cette pompe eſt tout-à-fait ſemblable à celle que nous avons décrite ci-deſſus * en parlant de la fontaine de compreſſion, c'eſt-à-dire, qu'il y a au bout, immédiatement avant le robinet, une petite ſoupape qui permet que l'air ſorte de la pompe, mais non pas qu'il y revienne du récipient lorfqu'on reléve le piſton : ainſi le robinet étant ouvert, on peut condenſer l'air dans le récipient, autour d'une ſonnette qui eſt ſufpendue de maniére qu'on peut la faire ſonner en balançant un peu le chaſſis.

* P. 229.

Comme l'air fortement condenſé fait un grand effort, c'eſt une ſage précaution à prendre que de revêtir le vaiſſeau d'une cage de gros fil de fer, afin que s'il vient à crever, les éclats ne cauſent aucun dommage.

Pour condenſer l'air en proportions connues, il faut enfermer dans le récipient, un petit ſcyphon renverſé dont la branche la plus longue ſoit

fermée , & qui contienne, à l'endroit
de sa courbure , un peu de mercure,
ou de liqueur colorée , *Fig.* 11. car
à mesure que l'air deviendra plus dense , en pressant par la branche la plus
courte qui est ouverte , il forcera la
liqueur de monter dans l'autre , &
condensera l'air *a b* autant qu'il le sera
lui-même : ainsi quand cette petite
colonne d'air sera resserrée dans un
espace d'un tiers ou de moitié plus
petit qu'auparavant, (ce qu'on ap-
percevra par les graduations marquées sur la planche ,) on jugera que
l'air du récipient est condensé d'un
tiers , ou une fois davantage.

EFFETS.

Quand l'air a été condensé dans le
récipient, le son que rend la sonnette
est sensiblement plus fort qu'il n'a
coutume d'être , lorsque l'air est dans
son état naturel ; car alors on l'entend
de plus loin.

EXPLICATIONS.

Puisque le son consiste essentiellement dans les vibrations de toutes les
parties qui composent le corps so-

nore , il doit y avoir plus de fon par-
tout où il fe trouve plus de parties
fonnantes , & un reffort plus actif :
or ces deux chofes fe rencontrent ,
lorfque l'air eft plus condenfé : fes
parties font plus ferrées ; il y en a un
plus grand nombre dans un efpace
donné , & le reffort de chacune de
ces parties eft plus tendu ; l'air, en
cet état , doit donc être plus fonore
que quand il eft plus rare.

Hauxbée , auteur de cette expérience * , ne s'eft point contenté d'apprendre en général que le fon devient plus fort , lorfqu'on augmente
la denfité & le reffort de l'air ; il a
porté fes recherches jufques fur les
proportions de cet accroiffement.
Avant que de condenfer l'air , il a
marqué la diftance à laquelle on cef-
foit d'entendre la fonnette enfermée
dans le récipient; puis l'ayant condenfé une fois plus que dans fon état ordinaire , il trouva que le fon s'étendoit à
une diftance une fois plus grande ; &
qu'après avoir triplé la denfité de l'air,
on entendoit la fonnette de trois
fois plus loin , &c.

Que falloit-il conclure de ces ef-

* Tranf-
act. phil.
n. 321.

N n ij

fets ? que le fon augmente en raifon directe de la denfité de l'air ? non, le rapport eft plus grand ; car quand on entend la fonnette à une diftance double, ilfaut qu'à une diftance de moitié moins grande, le même fon foit quatre fois plus fort, & en voici la raifon.

Le corps fonore communique de toutes parts fes vibrations à l'air qui l'environne ; fon action fe propage donc par des rayons de ce fluide qui vont toujours en s'écartant les uns des autres comme ceux d'une fphére, & l'oreille qui écoute devient la bafe d'un cône d'air animé par le corps fonore qui eft au fommet. *Voyez la Fig.* 12.

Or c'eft une chofe connue de tous ceux qui ont quelques notions de Mathématiques, que le cercle qui eft deux fois plus grand qu'un autre, renferme par fa circonférence un efpace qui a quatre fois plus d'étendue ; & pour exprimer cette proportion d'une maniére générale ; les cercles font entre eux comme les quarrés de leurs diamétres : ainfi le cône *a b c* a une bafe quatre fois plus étendue que *a d e*, qui eft une fois plus court ; car *d e*, dia-

métre de celui-ci , n'eſt que la moitié
de *b c* , diamétre de l'autre ; & par
conſéquent, ſi l'ouverture de l'oreille,
qu'on ſuppoſe circulaire , eſt d'un diamétre égal à *d e* , lorſqu'elle eſt placée à la 1ere. diſtance , elle reçoit quatre fois plus de rayons ſonnans qu'elle n'en reçoit à la 2de. diſtance.

Par la même raiſon elle en recevroit
9 fois moins à la 3me. 16 fois moins à
la 4me. & comme 16 eſt le quarré de
4 ; 9 le quarré de 3 ; 4 le quarré de
2 ; on peut dire généralement que *le
ſon décroît comme le quarré de la diſtance qui augmente.*

Mais puiſqu'ayant doublé la denſité
& le reſſort de l'air tout enſemble ,
on entend le ſon deux fois plus loin
qu'auparavant ; qu'avec un air 3 fois
plus denſe, & 3 fois plus élaſtique, on
l'entend à une diſtance 3 fois plus grande ; en ſuivant le principe que je viens
d'expliquer , il faut que l'intenſité du
ſon ſoit , ou comme le quarré de la
denſité , ou comme le quarré de l'é-
laſticité de l'air , ou bien comme le
produit de l'une multipliée par l'autre. M. Zanotti curieux de ſçavoir laquelle de ces trois loix étoit celle de

la nature, s'eſt enfin fixé à la troiſiéme, après des expériences autant ingénieuſes que délicates, & dont il
faut voir le détail dans ſes ouvrages,
ou dans les extraits * qu'on en a faits.

*De Bo-
nonienſi
Scient. &
Art. inſti-
tuto Com-
mentarii. p.
176.

APPLICATIONS.

Il ſuit de ces principes fondés ſur
l'expérience & ſur le raiſonnement,
que les corps ſonores doivent ſe faire
entendre plus fortement par un tems
froid que lorſqu'il fait fort chaud,
puiſqu'alors l'air eſt plus condenſé,
& qu'il a plus de reſſort : mais cette
augmentation de denſité n'eſt point
aſſez conſidérable apparemment pour
avoir un effet ſenſible à l'égard des
ſons, ou bien comme ces changemens ſe font par dégrés & lentement,
ce qui en réſulte pour l'augmentation ou pour l'affoibliſſement des
ſons, ne ſe fait point remarquer.

Tout le monde connoît l'effet des
trompettes parlantes, ou *porte-voix* :
le Chevalier Morland, & ceux qui
ſe ſont appliqués comme lui à per-
fectionner cet inſtrument, ſemblent
n'avoir eu en vûe que la direction des
rayons ſonores, & avoir rapporté à
cette ſeule cauſe l'augmentation du

fon : c'eft pourquoi M. Hafe veut
qu'il foit compofé de deux parties ,
dont une foit elliptique , & l'autre parabolique, *Fig. 13.* & qu'elles ayent un
foyer commun en *b* , afin , dit-il , que
les rayons partant de l'embouchure
a , premier foyer de la portion elliptique , & étant réfléchis de tous les
points *c* , *d* , *e* , *f* , &c. fe croifent au
foyer *b* , qui eft commun à la portion
parabolique , pour être enfuite réfléchis parallélement des points *b* , *i* , *k* ,
l , &c.

On ne peut nier affûrément que
cette forme ou quelque autre peut-
être encore plus avantageufe , ne contribue beaucoup à augmenter le fon
dans la direction *a g* , ou fuivant l'a-
xe de l'inftrument ; puifqu'il doit fe
trouver par ce moyen autant de mouvement dans la colonne d'air *i l m n* ,
qu'il y en auroit dans toute l'hémif-
phére , dont le centre feroit occupé
par la bouche d'un homme qui parle-
roit fans porte-voix. Mais doit-on être
fatisfait de cette raifon , quand on de-
mande pourquoi à côté & derriere l'inftrument , le fon paroît encore fi fort
augmenté? Comme la réflexion du fon

fuit les mêmes loix que celle de la lumiére, fuppofons que le porte-voix de M. Hafe foit poli intérieurement comme un miroir, & plaçons en *a* un point radieux comme une bougie ; que doit-il arriver ? la lumiére fera condenfée, & il fera certainement plus clair en *m n*, qu'il n'y feroit fans le fecours de l'inftrument ; mais tous les environs, au lieu d'être plus éclairés, feront dans une grande obfcurité. Il y a donc à l'égard du fon quelqu'autre chofe qu'un mouvement réfléchi en conféquence de la figure du porte-voix ?

Oui fans doute, & l'on peut dire en général que le fon augmente toutes les fois que le corps fonore imprime fon mouvement à un air qui eft appuyé ; la voix fe fait mieux entendre dans les rues d'une ville qu'en rafe campagne ; & mieux encore dans une chambre clofe que dans la rue : c'eft que les particules d'air qui ont été plus fortement pliées, font des vibrations plus grandes ; & l'air, comme tout autre reffort, fe comprime d'autant plus, qu'il fe déplace moins, pendant que la puiffance comprimante agit fur lui.   Mais

Mais cette augmentation du son caufée par l'immobilité de l'air eft encore
plus fenfible, quand c'eft un corps dur
qui arrête & qui foutient les parties
de ce fluide. Un Orateur fe fait mieux
entendre, quand il y a moins de monde
pour l'écouter, & que le lieu où il parle, n'eft pas meublé ; car alors le fon, au
lieu de s'amortir, comme il fait, en
frappant des corps mols & fans réaction, revient fur lui-même, ou fe
porte d'un autre côté, fuivant la maniére dont il eft réfléchi. Voilà pourquoi le bruit du tonnerre, celui du
canon ou d'un fufil, s'étend plus
loin dans les vallées & le long des
riviéres, que dans le pays plat ; & que
dans les aqueducs & dans les autres
fouterrains voûtés, la voix la plus
foible fe porte intelligiblement d'un
bout à l'autre. C'eft encore par la raifon d'un air immobile, (d'ailleurs fortement comprimé, & appuyé contre des parois fort dures) qu'un homme enfermé dans l'eau fous la cloche
du plongeur, penfa s'évanouir par l'é-
tonnement que lui caufa le fon d'un
cornet ou petit cor qu'il effaya d'em-
boucher. * On doit expliquer par le

O o

* Sturm.
Colleg. Cu-

Vioſ. Tom.
II. tentam.
2.

même principe ce qui ſurprend les curieux dans ces édifices, où la voix la plus baſſe ſe fait entendre d'un angle à l'autre, ſans que les aſſiſtans qui ſont placés par-tout ailleurs, puiſſent entendre un mot de ce qu'on dit ; car ces angles ſont ordinairement continués à la voûte, & ils contiennent une portion d'air qui ne ſe déplace point, & dans laquelle le ſon devient & ſe conſerve plus fort ; & la figure de la voûte occaſionne des réflections telles qu'il les faut pour le tranſmettre.

Enfin quand la maſſe d'air qui reçoit le ſon, ſe trouve contenue par des parois qui étant dures, ſont encore minces & élaſtiques, au premier effet, dont je viens de parler, il s'en joint un autre ; non-ſeulement le ſon augmente en-dedans, parce que l'air intérieur eſt ſolidement appuyé ; mais ce même ſon augmenté ſe tranſmet auſſi à l'air extérieur, parce qu'il frappe un corps élaſtique, & qu'il le met en jeu. Pour preuve de ceci, que l'on ſupprime, que l'on crève, ou qu'on lâche ſeulement l'une des peaux d'un tambour ; en frappant ſur celle qui reſte, on n'en tirera pas autant de ſon

qu'auparavant; d'où vient cette différence ? c'eſt que l'air contenu dans la
caiſſe n'a plus d'appui par en-bas , au
lieu que quand il eſt appuyé ſur une
peau bien tendue , il reçoit plus de
mouvement, parce qu'il réſiſte davantage ; & il le communique au-dehors ,
parce qu'il repoſe ſur un corps élaſtique.

Maintenant on voit bien pourquoi
le ſon augmente non ſeulement dans
la direction du porte-voix , mais auſſi
dans tous les environs ; car cet inſtrument , comme on ſçait , eſt fait de
feuilles de métal fort minces , & par
conſéquent très-propres à tranſmettre au dehors le ſon qui augmente
beaucoup au-dedans , parce que la
maſſe d'air que la voix frappe , eſt
contenue par des parois fort dures.

Ce que je dis du porte-voix peut
s'entendre de tout autre inſtrument ,
même de ceux qui ſont à cordes ; car
pourquoi faut-il, par exemple, qu'un
clavecin ou une baſſe de viole , ſoit
une caiſſe de bois mince & élaſtique ?
c'eſt que ſans cela le ſon des cordes
ſe communiqueroit à un air vague &
ſans appui , qui échapperoit, pour

ainſi dire , à leur choc ; au lieu qu'elles agiſſent ſur une maſſe qui eſt comme forcée de recevoir d'elles un plus
grand mouvement , & qui le tranſmet
au dehors par la réaction du bois.

Le ſon comme tout autre mouvement change de direction , lorſqu'il
rencontre des obſtacles qui ne l'abſorbent point : & alors il ſuit la loi
commune ; * l'angle de ſa réflection
devient égal à celui de ſon incidence.

Le ſon réfléchi que l'on nomme
communément *Echo*, ne ſe diſtingue
point du ſon direct, c'eſt-à-dire, de
celui qui vient immédiatement du
corps ſonore, quand la réflection ſe
fait de fort près ; l'un & l'autre ſe confondent. Mais lorſqu'il y a une diſtance ſuffiſante , comme le ſon qui vient
par réflection , fait plus de chemin
que celui qui vient directement , il
arrive plus tard à l'oreille , & y répéte la première impreſſion. Suppo-
ſons , par exemple , qu'une perſonne parle à voix haute , vis-à-vis
d'un rocher *O* éloigné de 173 toiſes , *Fig.* 14. elle s'entendra parler
dans le même inſtant ; mais le ſon qui
ira frapper en *O* , & qui reviendra à

* *Tom. I.*
p. 289.

élle par réflection , employera deux
fecondes de tems à caufe du double
trajet de 173 toifes. Et parce que le
fon qui va plus loin , met plus de
tems pour aller & pour revenir , s'il
y a des obftacles en *P* & en *Q*, qui
réfléchiffent les rayons fonores vers
le même endroit , on y entendra fucceffivement deux , trois , ou quatre
échos. C'eft encore par cette raifon
qu'étant placé en *r* , *Fig.* 12. on entend d'abord le fon de la cloche *a* par
le rayon *a r* , & enfuite l'écho de la
même cloche par les rayons *a s* , *s r*.

Les échos ne fe trouvent point en
rafe campagne , mais très-communé-
ment dans les bois , dans les rochers ,
& dans les pays montagneux , parce
que le fon y rencontre bien fréquemment des obftacles qui le réfléchiffent;
on en a obfervé qui répétent un grand
nombre de fois , comme celui de
Woftock , qui répéte diftinctement
17 fyllabes pendant le jour , & 20
pendant la nuit : * mais on a toujours
obfervé en même tems que les derniéres répétitions font plus foibles
que les premiéres , ce qui eft une
conféquence néceffaire ; car les fons

* *Rob. Plot.*
Hift. nat.
de la Prov.
d'Oxfort en
Anglet.

qui viennent les derniers , ont fait plus de chemin que les autres , & le son est un mouvement qui diminue comme le quarré de la distance qui augmente , à moins que l'obstacle qui réfléchit les rayons sonores , ne soit d'une figure propre à diminuer leur divergence.

Les échos deviennent quelquefois des phénoménes fort singuliers, par la rareté des circonstances qui les font naître : à 3 lieues de Verdun il y a deux grosses tours éloignées l'une de l'autre de 36 toises , lorsqu'on parle un peu haut dans la ligne qui joint ces deux édifices , la voix se répéte 12 ou 13 fois , toujours en s'affoiblissant ; les deux tours se renvoyent le son alternativement , comme deux miroirs qui se regardent , multiplient l'image d'une bougie placée entre eux : * on voit encore la description d'un écho plus singulier dans les Mémoires de l'Académie , imprimés avant 1700. ** On trouve assez facilement la cause de tous ces effets , en étudiant avec un peu d'attention , la nature & la position des lieux , ou la figure de tout ce qui est élevé sur le terrain.

* Hist. de l'Acad. des Sc. 1710. p. 18.

** Tom. X. p. 187.

Fig. 12.

Fig. 13.

Fig. 14.

Fig. 14.

Fig. 11.

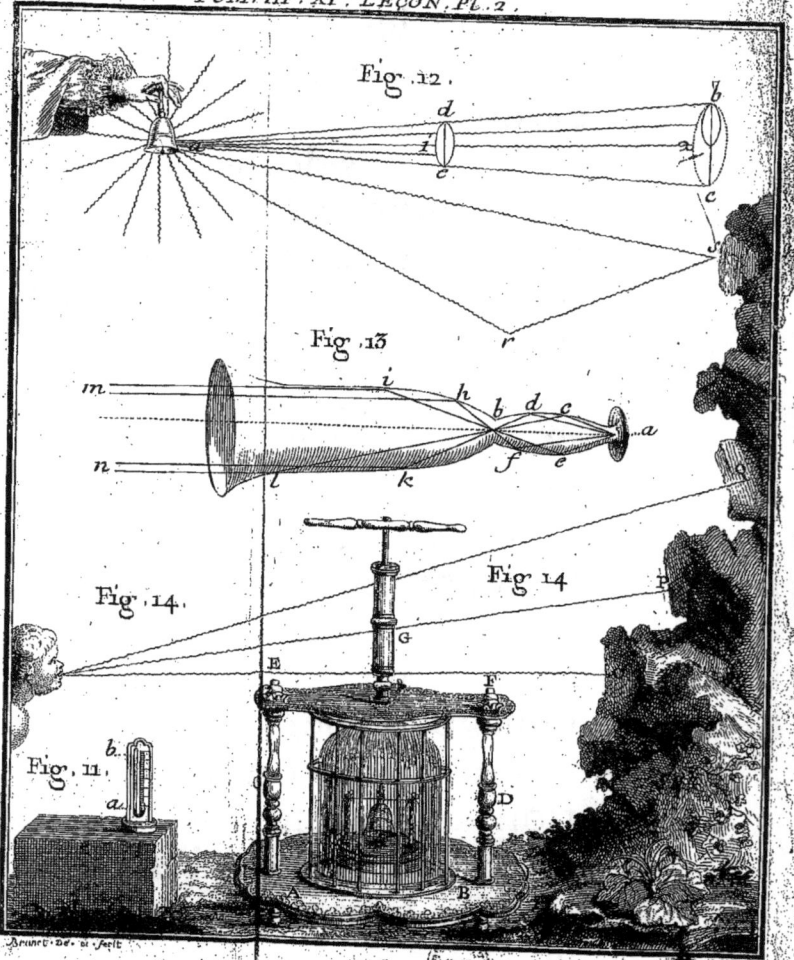

Brunet Del. et Sculp.

De l'Ouie, & de son Organe.

DANS le premier volume de cet ouvrage j'ai fait une digression sur les sens, où j'ai traité seulement du toucher, du goût & de l'odorat; on a dû voir par ce que j'en ai dit, que ces trois premiers sens ne nous mettent en commerce qu'avec les objets qui agissent immédiatement sur nous. Mais à quoi en serions-nous réduits, s'il n'y avoit rien de sensible pour nous, que par des actions immédiates; si nous n'appercevions une bête féroce ou vénimeuse, que par sa morsure, une pierre qui menace notre vie, que quand elle commence à nous écraser ? Quel tableau seroit-ce que celui du monde, si tous les hommes ressembloient à ces créatures imparfaites, qu'une surdité ou un aveuglement de naissance met hors d'état de participer à la plûpart des idées communes (*a*) , & qui seroient plus malheureuses encore, si plus favorable-

(*a*) Voyez l'Histoire d'un sourd & muet de naissance qui commença à entendre & à parler à l'âge de 24 ans. *Hist. de l'Acad. des Sciences,* *1703. p. 18.*

ment traités par la nature , nous n'é-
tions capables d'adoucir un peu la rigueur de leur fort. Par le fecours de
l'ouie & de la vûe nous fortons , pour
ainfi dire , de nous-mêmes ; nous allons au-devant des objets ; nous les
jugeons de loin ; & fur le rapport de
ces deux fens , le défir ou la crainte
nous fait prendre & les moyens & les
précautions néceffaires à notre bien-
être.

On auroit peine à dire ce qui nous
eft le plus néceffaire , ou de la vûe ou
de l'ouie. C'eft ordinairement en fuppofant la privation de l'une ou de
l'autre , que l'on effaye d'en juger ;
mais bien fouvent cette comparaifon
manque de jufteffe & conduit à un
faux jugement , parce qu'on ne met
pas les circonftances égales de part
& d'autre. Il y a une grande différence à faire d'un aveugle ou d'un fourd
de naiffance , à celui qui a vû ou entendu jufqu'à un certain âge , & qu'un
accident a privé de l'un de ces deux
fens ; je n'ai point affez médité fur les
regrets d'un homme qui fçait qu'on
peut voir , & qui n'a jamais vû , pour
les comparer à ceux d'un autre hom-

me qui fçait qu'on peut entendre, &
qui n'a jamais entendu ; j'ignore quelle eft leur peine, & de quel côté il y
en a davantage ; mais à préfent que
je fçais combien il eft difficile de faire naître des idées à quelqu'un qui
n'entend point, & de combien de
connoiffances divines & humaines eft
privé un homme qui n'a pû avoir aucune éducation, j'aimerois mieux être
né aveugle que fourd. Je choifirois
tout différemment, fi connoiffant l'é-
criture, & les autres fignes communs
à la fociété, il me falloit opter entre
l'ouie & la vûe ; de ces deux biens le
dernier me toucheroit davantage.

Cependant, dit-on, toutes chofes
égales d'ailleurs, un fourd eft toujours plus trifte qu'un aveugle.

Si vous appellez trifteffe, un air abfent & étranger à la converfation,
vous avez raifon ; il n'y prend aucune
part : mais en eft-il plus affligé qu'un
aveugle devant qui l'on difpute de
la beauté d'une étoffe ? je ne le crois
pas, à moins qu'il ne s'imagine qu'on
parle de lui, ou de ce qui l'inté-
reffe ; & alors ce n'eft plus fim-
plement à un aveugle devant qui

l'on difpute d'une étoffe, qu'il le faut comparer, mais à un aveugle à qui il importe de fçavoir, fi cette étoffe eſt belle ou laide : je veux dire que les regrets de l'un & de l'autre ſont égaux, quand l'intérêt eſt égal de part & d'autre ; mais je penſe que l'aveugle a plus d'occaſions de regretter, parce qu'on ne ſupplée point à la vûe, ni auſſi facilement, ni auſſi parfaitement qu'à l'ouie. On a vû des gens qui étant devenus ſourds à un certain âge, s'étoient fait une habitude d'entendre au ſeul mouvement des lévres, tout ce qu'on leur diſoit, & même de converſer ainſi avec d'autres ſourds. *

* Mém. de Trivoux Sept. 1701. p. 9. Tranfact. Philofoph. no. 312.

Au reſte pourquoi chercher quel eſt le plus avantageux de deux biens qui le ſont peut-être également ? il ſemble que la nature l'ait décidé ainſi, puiſque ne faiſant jamais rien de ſuperflu, elle a pourtant jugé à propos de nous donner deux oreilles, comme elle nous a donné deux yeux.

L'ouie a pour objet le bruit & le ſon, dont nous avons parlé précédemment ; la différence qu'il y a entre l'un & l'autre, c'eſt que le premier eſt un trémouſſement irrégulier,

ou peut-être un affemblage de plufieurs fons qui font enfemble fur l'organe une impreffion confufe, au lieu
que le fon proprement dit confifte
dans des vibrations réguliéres, homogénes, & qui fe font fentir plus diftinctement ; peut-être même les fons
n'affectent-ils qu'une certaine partie
de l'organe , & que le bruit les ébran-
le toutes en même tems.

L'oreille eft l'organe de l'ouie ;
c'eft par cette partie qui paroît extérieurement en forme d'entonnoir aux
deux côtés de la tête, que le fon s'introduit, pour aller toucher les fibres
nerveufes , où s'accomplit la fenfation. Je n'entreprendrai point une def-
cription anatomique & complette de
cet organe : c'eft aux gens de l'art à
entrer dans ce détail, qui feroit peut-
être déplacé ici ; le Lecteur qui en
jugera autrement, trouvera bon que
je le renvoye aux ouvrages qui ont
été faits exprès fur cette matiére ; &
nommément à celui de M. le Cat * , *Traité des
qui a comparé les deffeins des plus Sens,p.275.
grands Maîtres avec fes propres ob- Traité de
fervations. Je me contenterai donc l'Oreille, de
de nommer fuccinctement les princi- M. du Ver-
ney.

pales parties que la nature employe
pour faire fentir les fons , & de les in-
diquer par des figures gravées d'après
les meilleurs Anatomiftes ; car mon
deffein fe borne à faire comprendre
feulement , par quelle méchanique
nous entendons les fons.

A B , *Fig.* 16. repréfente la partie
extérieure de l'oreille , dont le fond
qui eft vers *C* , s'appelle la *Conque*;
C D eft le *Conduit auditif* vû extérieurement ; c'eft un canal qui part de la
Conque , & qui aboutit au *Timpan E* ;
cette membrane mince qui fe préfente obliquement , n'eft pas tout-à-fait
plane , mais un peu concave du côté
du conduit auditif ; immédiatement
après , en avançant vers l'oreille in-
terne , font quatre offelets qu'on appelle , à caufe de leur figure , *l'Os or-
biculaire* 1 , *l'Etrier* 2 , *l'Enclume* 3 , & le
Marteau : une partie de celui-ci que
l'on a nommée *Le Manche* 4 , aboutit au
centre du timpan , & fert à le tendre
plus ou moins ; la premiére cavité
qui eft fous cette membrane , fe nomme *la Caiffe du Tambour* ; elle eft pleine d'air & communique avec la bouche par un canal *F f* qui fe nomme *la*

Trompe d'Euſtache ; de ſorte que l'air
du tambour communiquant toujours
avec l'air extérieur, fait équilibre à
celui qui remplit le conduit auditif ;
à la caiſſe du tambour répond une
autre partie de l'oreille, qu'on nomme *Labyrinte*, compoſé du *veſtibule*
G, des trois canaux ſémicirculaires
H, I, K, & du *limaçon* L, que je
vais décrire féparément.

Le limaçon eſt un cône un peu
écraſé, *Fig.* 17. enveloppé d'un conduit qui, comme un pas de vis, fait
à peu près deux ſpires & demie, *Fig.*
18.

Ce conduit qui va toujours en é-
tréciſſant, eſt diviſé dans toute ſa
longueur par une cloiſon membra-
neuſe dont les fibres tendent à l'axe
du cône qui lui ſert de noyau, *Fig.*
19. C'eſt cette partie qu'on nomme
Lame ſpirale, & qui va toujours en
étréciſſant comme le conduit qu'elle
partage, depuis la baſe du cône juſqu'à la pointe. Ainſi les fibres qui
compoſent ſa largeur deviennent toujours de plus en plus courtes, en ap-
prochant du ſommet du cône.

Le conduit ſpiral partagé en deux

par la cloifon dont je viens de parler,
a néceffairement deux orifices *M* , *N*,
dont un aboutit au veftibule du la-
byrinthe , & l'autre à la caiffe du
tambour.

Enfin le nerf auditif *O* fe divife en
plufieurs branches qui paffent dans
le veftibule , & fe fubdivifent en
une infinité de petites fibres qui fe
diftribuent à toutes les parties du la-
byrinthe : voilà à peu près quelle eft
la ftructure de l'oreille ; en voici maintenant les fonctions.

La conque , parce qu'elle eft éva-
fée prefque en forme d'entonnoir,
reçoit les rayons fonores en plus
grande quantité , & leur action fe
tranfmet par le conduit auditif jufqu'à
la membrane du tambour où fe fait la
première impreffion. Si cette membrane eft lâche, les fons foibles s'y
amortiffent, & ne paffent pas outre ;
ou bien, s'ils paffent, leur impreffion
eft fi peu fenfible , que l'ame n'y fait
point attention. Voilà pourquoi ,
lorfque nous fommes occupés d'ailleurs , il peut fe faire auprès de nous
des petits bruits ou des fons médio-
cres qui nous échappent. Mais fi le

timpan eſt bien tendu , (& c'eſt ce
qui arrive quand on écoute ,) le moindre ſon ſe communique par cette
membrane élaſtique à la maſſe d'air qui
eſt dans la caiſſe du tambour; & de cet
air il paſſe à celui qui eſt dans le la-
byrinthe dont toutes les parties ſont
revêtues des petites fibres du nerf auditif.

Un trop grand bruit fatigue l'o-
reille , & va quelquefois juſqu'à rendre ſourdes pour un tems , & même
pour toujours , les perſonnes qui s'y
ſont expoſées : c'eſt qu'une impreſſion
trop forte ſur cet organe , comme
ſur les autres , engourdit les parties
qui ſont délicates , ou en dérange l'œ-
conomie. Après un grand bruit , les
ſons foibles ſont à l'oreille , ce qu'eſt
à l'œil une petite lumiére après une
grande illumination.

Tout le monde ſçait , & les enfans
mêmes n'ignorent pas qu'on entend
le ſon bien plus fortement , quand
on tient le corps ſonore dans les dents ,
ou qu'on a la bouche ouverte deſſus ;
c'eſt qu'alors les vibrations ſe communiquent à l'air du tambour par la
trompe d'Euſtache ; & cette action ,

qui est comme immédiate, doit se faire sentir bien plus fortement que celle qui se transmet par le timpan : c'est un moyen de mieux entendre, que l'on voit assez souvent mettre en usage par les gens qui ont l'ouie un peu dure ; ils ouvrent la bouche quand ils écoutent avec beaucoup d'attention.

Il suit de cette observation, que la membrane du tambour, ou le timpan, n'est point une partie essentiellement nécessaire pour la perception des sons, puisqu'ils pourroient se transmettre immédiatement à l'air qui est dans la caisse ; & l'expérience a prouvé que cette conséquence est juste ; car des chiens à qui l'on avoit ôté cette membrane, ne devinrent point sourds, aussi-tôt après cette opé- *Pervillis*ration * ; mais l'expérience même a *de l'ame* fait voir que sans cette espéce de bar-*des bêtes, chap.* 14. riére, les autres parties ne peuvent se conserver long-tems, puisque ces animaux, quelques semaines après, n'entendoient plus comme auparavant, la voix de ceux qui les appelloient.

On est parfaitement d'accord sur l'existence

l'exiftence du timpan , fur la place qu'il occupe , & même fur fes fonctions ; mais on ne l'eft pas de même , quand il s'agit de fçavoir , fi cette efpéce de diaphragme ferme abfolument le conduit auditif , ou s'il peut s'ouvrir fans fortir de fon état naturel; les uns * tiennent, pour cette derniére opinion & citent l'expérience de certaines gens qui font fortir par leurs oreilles la fumée du tabac qu'ils ont retenu dans leur bouche ; les autres foutiennent le contraire , & s'appuyent fur l'expérience d'un habile Anatomifte * , qui ayant rempli de mercure l'oreille d'un fujet mort , ne put jamais faire paffer ce minéral de la caiffe du tambour dans le conduit auditif. L'expérience des fumeurs doit-elle être regardée comme un effet contre nature , auquel cas elle ne prouveroit rien? ou bien la mort donne-t-elle au timpan une adhérence invincible qu'il n'auroit pas dans le fujet vivant , ce qui rendroit l'expérience faite avec le mercure auffi peu concluante? Tout l'embarras de cette décifion ceffe , quand on fçait que la fumée ne paffe point , comme on

* *Dionis demonftrat. anat. 8.*

* *Valfave de aure humanâ , ch. 2. §. 8.*

le dit, par l'oreille ; & que ce pré-
-tendu fait n'eſt au fond qu'une ſuper-
cherie, par laquelle certaines gens
en impoſent à ceux qui ſont aſſez cré-
-dules, pour ſe rendre aux premiéres
apparences, ou trop peu inſtruits pour
les approfondir, comme je l'ai appris
d'un de nos Anatomiſtes * dont les
lumiéres & la candeur ſont très-con-
nues, & qui m'a dit s'en être aſſuré, par
l'aveu même de pluſieurs ſoldats des
Invalides qui s'étoient vantés de rendre la fumée par les oreilles.

*M. Mo-
rand, de
l'Acad. des
Sc. & char-
gé par la
Compagnie,
de vérifier
le fait.

Comme la propagation des ſons ſe
fait ſelon les mêmes loix que celles de
la lumiére, on peut raſſembler les
rayons ſonores, & les condenſer comme ceux qui viennent d'un objet lumineux. Que l'on faſſe donc un cornet
de figure parabolique *Fig.* 20. au fond
duquel aboutiſſe un petit canal, dont
on placera le bout dans la conque de
l'oreille, alors tous les rayons paralléles, comme *a b*, *c d*, ſeront raſſem-
blés en *f*, foyer de la parabole, & au-
gmenteront conſidérablement la force du ſon dans le conduit auditif.

Mais comme ces inſtrumens acouſ-
tiques ne doivent avoir d'autre effet

que de renvoyer le fon à l'oreille de
celui qui s'en fert, il faut empêcher
qu'ils ne le tranfmettent autour d'eux,
comme le porte-voix ; c'eft pourquoi je voudrois qu'on les fît de métal bien poli , afin que par leur dureté , & par la régularité de leur furface , la réflection des rayons fût plus
complette , mais qu'on amortît leur
reffort, en les couvrant par dehors
avec une peau de chagrin , ou avec
quelque chofe d'équivalent.

M. Le Cat * , frappé de ce que la
nature a pratiqué dans l'organe de
l'ouie plufieurs cavités remplies d'air,
a imaginé, pour aider les perfonnes
qui ont de la peine à entendre, un
double cornet qui eft repréfenté par
la *Fig.* 21. & dont l'ouverture *C D*
peut avoir 2 pouces $\frac{1}{2}$ ou 3 pouces de
diamétre. Dans l'opinion où je fuis
que l'augmentation du fon , par ces
fortes d'inftrumens, vient autant de
l'immobilité de l'air, que d'une réflection bien ménagée des rayons fonores, je ne doute nullement qu'on
ne puiffe tirer avantage de cette nouvelle invention.

* *Traité des fens, p. 292.*

P p ij

Des Sons comparés.

CE que j'ai dit précédemment touchant la nature du son en général, doit faire comprendre que les corps fonores font capables d'exciter en nous différentes fenfations, non-feulement parce qu'étant plus denfes ou plus élaftiques les uns que les autres, ils peuvent agir plus puiffamment ou plus long-tems ; mais encore , parce que leur reffort étant plus ou moins tendu , doit être fufceptible de vibrations plus ou moins fréquentes : & en effet , tout le monde s'apperçoit que le fon d'une cloche , & celui d'une fonnette , différent beaucoup entre eux ; & pour le peu qu'on y faffe attention , on reconnoît aifément qu'il y a dans cette différence quelque chofe de plus que le degré de force ; car quand on feroit fort près de la fonnette , & très éloigné de la cloche , l'organe feroit encore affecté d'une maniére bien différente par ces deux fons. Il en eft de même d'une corde, quand on prendroit foin de la pincer toujours également fort , fi elle eft

plus ou moins tendue, le fon change, & l'on n'apperçoit d'autre caufe
de cet effet, qu'une roideur plus ou
moins grande dans les parties, d'où
il doit réfulter un frémiffement plus
ou moins prompt.

Ce font ces différentes nuances de
fon, qui procédent de la fréquence
plus ou moins grande des vibrations
dans les parties du corps fonore, que
l'on appelle *Tons*, & dont la combi-
naifon harmonieufe fait l'objet de la
mufique, de cet art merveilleux qui
a tant de pouvoir fur l'ame, & dont
tant de perfonnes font occupées aujourd'hui, foit par goût, foit par
profeffion.

On diftingue tous les tons en *graves*, & en *aigus* : on appelle grave celui d'un corps fonore, dont les parties
frémiffent plus lentement que celles
d'un autre à qui on les compare, ou
(ce qui eft la même chofe,) qui, dans
un certain tems, fait moins de vibrations que lui. On voit, par cette définition, que le ton n'eft grave ou aigu que par comparaifon à un autre
ton ; & que l'une ou l'autre de ces
deux qualités peut varier autant qu'il

peut y avoir de différences entre les nombres de vibrations que les corps fonores peuvent faire , dans un tems donné.

Mais quoique les tons puiffent varier prefque à l'infini , eu égard à la comparaifon des nombres , leurs différences fe renferment dans des bornes beaucoup plus étroites , fi l'on s'en tient au fenfible ; car l'oreille la plus délicate ne diftingue ces nuances, que quand il y a un intervalle affez confidérable entre les nombres qui les produifent. Par exemple , fi l'on tend une corde de clavecin , de maniére qu'elle faffe 200 vibrations dans une feconde , elle aura un certain ton ; fi elle fe trouve enfuite un peu plus tendue , & que dans un pareil tems elle faffe 201 , 202 , ou 203 vibrations , elle aura fûrement un ton plus aigu , phyfiquement , mais non pas fenfiblement, parce que le nombre des vibrations qu'elle fait en dernier lieu , n'eft point affez différent du nombre de celles qu'elle fait d'abord.

Lors donc que l'on touche deux corps fonores enfemble, comme deux cordes de clavecin ou de vielle , leurs vibrations ont néceffairement un certain rapport de nombres entr'elles, de forte qu'après un certain période, les deux cordes recommencent en même-tems ; & c'eft cette efpéce de réunion périodique, que l'on nomme *accord*, ou *confonance*.

Les accords font d'autant plus parfaits, que les vibrations rentrent ou fe réuniffent plus fouvent, ou que leurs nombres, pour chaque tems, différent moins entr'eux. On appelle *uniffon*, l'accord de deux cordes dont les vibrations fe font une pour une ; celle des deux qui fait deux vibrations contre une, donne *l'octave* au-deffus ; fi elle en fait trois contre deux, elle donne *la quinte* ; quatre contre trois, *la quarte* ; cinq contre quatre, *la tierce majeure* ; fix contre cinq, *la tierce mineure*.

Mais, comme on voit, tous ces accords d'une corde avec l'autre, n'ont rien d'abfolu ; le ton que je nomme octave, quinte, &c. deviendroit tout d'un coup toute autre chofe, fi je changeois le ton de l'autre corde, qui me fert d'objet de comparaifon. Il en eft de même du fon que je nom-

me grave ou aigu ; il change de dé-
nomination fans changer de nature,
toutes les fois que le fon auquel je le
compare vient à changer.

C'eft un inconvénient confidérable
en mufique de n'avoir pas un ton fixe
& invariable, que l'on puiffe toujours
retrouver, & auquel on rapporteroit
tous les autres. Cette efpéce de fifflet
dont on fe fert pour déterminer le ton
des voix & des inftrumens dans un
concert, ou ces flûtes que l'on dit
être au ton de l'Opéra, ne font point
des moyens fûrs pour éviter toute variation : l'expérience fait voir que
tous les inftrumens de cette efpéce,
comme les autres, ne gardent pas
conftamment leur état ; mais quand
ils pourroient le garder, s'ils viennent à fe perdre ou à fe caffer, comment retrouver leur véritable ton ?

De tous les Phyficiens, qui fe font
propofés de procurer à la mufique ce
ton fixe tant défiré, perfonne que je
fçache n'a travaillé avec plus de zéle
& plus de fuccès que M. Sauveur ;
quoiqu'à dire vrai, les moyens qu'il a
imaginés ne me paroiffent point encore marqués au coin de cette fimplicité

plicité qui annonce une invention de
pratique. C'eſt dans ſes propres écrits
ou dans les extraits qu'on en a faits *, * Hiſt. de l'Ac. des Sc. 1700, p. 134.
qu'il faut voir quelles ont été ſes re-
cherches à ce ſujet, & juſqu'à quel
point il a réuſſi. Je me contenterai de
dire ici que cet ingénieux & ſçavant
Académicien, pour déterminer & fixer un ſon au-deſſous duquel on prît
la ſuite des tons graves, & au-deſſus,
celle des tons aigus, mit à profit une
remarque qu'il fit, & qu'une oreille
un peu attentive peut faire, en enten-
dant accorder deux tuyaux d'orgues.
La rentrée ou la réunion de leurs vibrations ſe fait ſentir par un ſon plus
fort; & le tems qui ſe paſſe d'une
réunion à l'autre eſt quelquefois aſſez
ſenſible pour être meſuré. On ſçait,
par la nature des accords, combien
il faut qu'un des deux tuyaux faſſe
de vibrations dans le même-tems que
l'autre en fait un certain nombre; que
de deux tuyaux accordés à l'octave,
par exemple, l'un fait deux vibrations,
pendant que l'autre en fait une ſeulement. Si l'intervalle d'une rentrée à
l'autre étoit aſſez ſenſible, on pourroit donc ſçavoir combien de tems

employent celui-ci pour faire deux ;
celui-là pour faire une vibration. Ainſi
le tems pendant lequel ſe font les vibrations d'un certain ton étant déterminé par l'expérience, & le nombre des
vibrations qui font les autres tons pendant le même tems, étant connu d'ailleurs, M. Sauveur prend pour le ſon
fixe, celui qui fait 100 vibrations en
une ſeconde ; & il appelle *octave fixe
aiguë*, celle qui eſt au-deſſus, c'eſt-
à-dire, le ſon qui fait 200 vibrations
en une ſeconde ; & *octave fixe grave*,
celle qui eſt au-deſſous, ou le ſon
qui fait 50 vibrations en une ſeconde.

M. Sauveur, ayant trouvé par expérience qu'un tuyau d'orgues d'environ 5 pieds ouvert rendoit ce ſon
fixe dont je viens de parler, compa-
ra cette longueur à celles de deux
autres tuyaux dont l'un rendoit le
ſon le plus grave, & l'autre le ſon
le plus aigu que l'oreille humaine
pût diſtinguer ; & ayant examiné,
par la comparaiſon de leurs dimenſions, combien chacun pouvoit faire
de vibrations dans le tems d'une ſeconde, il trouva que le ſon le plus
grave que nous puiſſions diſtinguer
vient d'un corps ſonore qui fait 12 vi-

brations ½ par seconde, & que le son
le plus aigu fait en pareil tems 6400
vibrations; & comme 12 ½ est à 6400
à peu près dans le rapport de 1 à 512,
on peut conclure que l'oreille est suf-
ceptible de 512 degrés de sensations.

Si l'on a une fois un ton fixe par
le moyen des tuyaux d'orgues, on
peut l'avoir pour toutes sortes d'ins-
trumens ; car une corde de viole ,
une flûte , un haut-bois , &c. peut
se mettre à l'unisson avec le tuyau qui
donnera le ton fixe.

La grandeur des vibrations ne fait
rien au ton : quand le corps sonore
vient d'être touché , elles sont d'a-
bord plus étendues , & le son en est
plus fort; mais quoiqu'ensuite elles
deviennent plus petites , & que le
son s'affoiblisse en conséquence , le
ton subsiste le même jusqu'à la fin ,
parce que les vibrations , quoique
moins grandes à la fin qu'au commencement , sont toujours de la même
durée : c'est la propriété des corps à
ressort. Ceci ne doit pourtant s'entendre que du son principal , de celui que toute oreille entend , dès que
le corps sonore a été frappé ; car

Q q ij

lorſqu'on y fait plus d'attention, & à
meſure que le ſon principal s'affoiblit, on diſtingue aſſez ſouvent d'autres tons, dont nous eſſayerons de
rendre raiſon ci-après.

Une corde fait des vibrations d'autant plus fréquentes, & par conſéquent rend un ſon d'autant plus aigu,
qu'elle eſt plus courte, ou moins groſſe, ou plus tendue. Si l'on veut donc
en accorder deux qui ſoient de même
matiére, il faut avoir égard à ces
trois choſes, à leurs longueurs, à
leurs groſſeurs, & à leurs degrés de
tenſion.

1°. Si deux cordes également longues & groſſes ne différent que par le
degré de tenſion, leurs vibrations,
quant au nombre, ſont comme les racines quarrées des puiſſances ou des
forces qui les tiennent tendues;

C'eſt-à-dire, que ſi elles étoient tirées par des poids, & que l'une des
deux le fût par un poids d'1 livre,
& l'autre par un poids de 4 livres:
comme la racine quarrée de 4 eſt 2,
& que celle d'1 eſt 1; les vibrations
de ces deux cordes, quant au nombre, ſeroient dans le rapport de 2 à

1 : & , suivant le même principe, les vibrations seroient dans le rapport de 3 à 2, si les poids qui tendent les cordes étoient, l'un de 9 , & l'autre de 4 livres ; parce que la racine quarrée de 9 est 3 , & que celle de 4 est 2.

2°. Si les cordes également grosses , également tendues , ne différent qu'en longueur , le nombre de leurs vibrations en tems égaux , est en raison inverse de leur longueur :

C'est-à-dire , que celle qui est une fois plus courte , fait une fois plus de vibrations que l'autre , & que celle qui est comme 2 à 3 par rapport à l'autre , fait 3 vibrations contre 2 , &c.

3°. Si les cordes ne différent qu'en grosseur , elles font des vibrations dont les nombres font en raison réciproque des diamétres ;

C'est-à-dire , que si l'une des deux est une fois plus grosse , elle fait une fois moins de vibrations que l'autre , dans un tems donné. Si les diamétres font entr'eux comme 3 & 2 , la plus grosse des deux ne fait que 2 vibrations contre 3 , &c.

VI. EXPERIENCE.

PREPARATION.

La *Fig.* 22. repréſente un inſtrument qu'on peut nommer *Sonométre*,
parce qu'il ſert à meſurer & à comparer les ſons. C'eſt une caiſſe longue
montée ſur un pied qui eſt compoſé
de deux montans & d'une traverſe ;
la table qui eſt de ſapin peut avoir
trois pieds de longueur ſur 4 pouces
de largeur ; & elle eſt percée de trois
roſettes à peu près ſemblables à celle
d'une guitarre ou d'un tambourin. A
l'une des deux extrémités ſont deux
léviers angulaires, qui reſſemblent à
ceux dont on ſe ſert pour les ſonnettes dans les appartemens, & dont
les bras forment un angle droit. Aux
bras de ces léviers ſont attachés d'une
part deux poids *A*, *B*, que l'on peut
changer ; & de l'autre, deux cordes
de violon que l'on tend avec les chevilles *C*, *D*, qui ſont à l'autre bout
de la caiſſe. Ces deux cordes paſſent
ſur deux chevalets fixes *E*, *F*, qu'elles touchent à peine, & ſur leſquels,
lorſqu'elles ſont tendues, on les arrê-

te, par le moyen d'une vis qui pousse deffus une petite piéce de bois. Il y a encore un autre chevalet *G*, qui gliffe dans une couliffe d'un bout à l'autre de la caiffe, dont le bord eft divifé en pouces & en lignes ; de forte qu'en appuyant un peu le bout du doigt fur une des deux cordes, on peut la mettre en tel rapport de longueur que l'on veut avec l'autre, fans changer fenfiblement fon degré de ten-fion. Quand on veut tendre les cor-des dans des proportions connues, on attache des poids dont on fçait la valeur, en *A* & en *B*, & l'on tourne les chevilles *C*, *D*, jufqu'à ce que les bras des léviers faffent des angles droits, tant avec les cordes fonores, qu'avec celles qui fufpendent les poids.

EFFETS.

1°. Les deux cordes étant de mê-me groffeur, & tendues avec des poids femblables, donnent l'uniffon lorfqu'elles font également longues ; l'octave, quand l'une des deux eft moitié plus courte que l'autre ; la quinte, quand elles font l'une d'un tiers plus courte que l'autre.

2°. Les deux cordes étant de la même longueur, & de la même grosseur, s'accordent à l'octave quand l'une est tendue par un poids d'une livre, & l'autre par un poids de 4 livres : elles s'accordent à la quinte, quand les deux poids qui les tiennent tendues, font l'un de 4 & l'autre de 9 livres.

3°. Les deux cordes étant également longues & tendues par des poids égaux, font d'accord à l'octave, quand l'une est une fois plus grosse que l'autre ; à la quinte, quand le diamétre de l'une est à celui de l'autre, comme 3 à 2.

EXPLICATIONS.

On sçait par tout ce qui a été dit précédemment, que les tons dépendent d'un certain nombre de vibrations que fait le corps sonore, dans un tems déterminé ; & que les accords ne font autre chose que les différens rapports de ces nombres entre eux. Ainsi puisque je sçais que l'octave doit s'entendre, toutes les fois qu'il y a deux vibrations contre une ; la

quinte, quand il y en a 3 contre 2,
&c. je puis donc, en toute sûreté,
conclure ces rapports de nombres,
par les accords que j'entends ; ainsi
quand les deux cordes de mon sonométre font à l'uniſſon , quelle que
puiſſe être alors la longueur, groffeur, ou tenſion de chacune, il eſt
certain que leurs vibrations ſont iſo-
chrones ; c'eſt-à-dire, qu'elles en
font une pour une, ou un même
nombre en même-tems : & de même
quand elles ſont d'accord à l'octave,
ou à la quinte, &c. je puis dire, c'eſt
que les vibrations qu'elles font dans
un tems donné, font dans le rapport
de 1 à 2, de 3 à 2, &c.

Or, on a vû, par les réſultats précédens, qu'en réglant la longueur,
la groſſeur & le degré de tenſion des
cordes, comme nous avions dit * * p. 460.
& 461.
qu'il falloit faire, pour avoir certains
rapports dans les nombres des vibrations, il en réſulte des accords qui
dépendent eſſentiellement de ces
proportions, & qui ne vont point
ſans elles. Il eſt donc évidemment
prouvé, par notre expérience, que les
vibrations ſont, comme nous l'avons

dit, d'autant plus promptes que là corde fonore eſt plus courte, plus menue ou plus tendue, & que leur fréquence ſuit les rapports que nous avons établis.

Ce que dit l'expérience à cet égard ſe trouve parfaitement d'accord avec le raiſonnement. Car puiſque tous les corps à reſſort ont des vibrations d'autant plus promptes, que leurs parties ſont plus roides, une corde qui eſt plus tendue, & dont les parties ſont plus tirées, doit faire des vibrations plus promptes, & rendre par conféquent un ſon plus aigu : & au contraire, celle qui l'eſt moins, & dont les parties ſont plus lâches, doit avoir des vibrations moins fréquentes, ce qui lui donne un ſon plus grave. Or une corde eſt moins tendue qu'une autre, quoiqu'elle ſoit tirée par un même degré de force, ſi elle eſt plus longue ou plus groſſe, parce qu'alors cette force qui la tend agit ſur un plus grand nombre de parties, qui partagent ſon effort ; & par conféquent chacune d'elles, conſidérée comme un petit reſſort ſe trouve moins tendue qu'elle ne le ſeroit, ſi

elle faifoit partie d'une corde, ou plus
fine ou plus courte.

APPLICATIONS.

L'expérience précédente nous apprend pourquoi dans tous les inftrumens de mufique, la partie fonore,
c'eft-à-dire, celle qu'on touche pour
exciter les fons, eft toujours difpo-
fée de maniére qu'on en peut changer facilement ou les dimenfions, ou
le degré de tenfion. Car c'eft par ces
deux moyens qu'ils font propres à exprimer la compofition du Muficien.
Les chanterelles d'une vielle, par
exemple, montées à l'uniffon, figu-
rent les airs, parce que les touches
que l'on pouffe les accourciffent plus
ou moins, pour former les tons. Au
violon, ce font les doigts qui font
l'office de touches en ferrant les cordes fur les divifions du manche. Au
clavecin, où chaque corde eft fixée
à un feul ton, l'étendue du jeu vient
d'un plus grand nombre de cordes,
& de leurs différentes longueurs &
groffeurs.

Dans un inftrument à vent, c'eft
encore en changeant les dimenfions

du corps fonore, que l'on acquiert une
fuite de tons plus graves ou plus aigus les uns que les autres. Une flûte
ou un flageolet contient une colonne
d'air qui eft, à proprement parler, la
partie fonore de cet inftrument, comme je l'ai déja dit ci-deffus. Mais cette
colonne d'air change en quelque façon de longueur, felon le nombre des
trous que l'on débouche ou que l'on
tient fermés : puifque chacun de ces
trous faifant communiquer l'air extérieur avec celui du tuyau, empêche
que ce dernier ne reçoive dans toute
fon étendue, ou d'une maniére complette, les vibrations qui viennent de
l'embouchure. *

Voyez
l'explic. de
M. Euler.
Tentamen.
nov. theor.
mufica.

L'organe de la voix pourroit être
comparé aux inftrumens à vent,
pourvû néanmoins qu'on n'y cherchât
point une fimilitude fort exacte ; car
nous ne voyons pas que l'art en ait encore produit aucun qui imite d'affez
près la nature. La *trachée-artére G g
Hh, Fig.* 23. ce canal par où l'air qu'on
refpire entre dans les poulmons, eft terminé vers la bouche par une petite fente ovale *k* qu'on nomme *la Glotte.* La
reffemblance qu'elle a avec une flûte

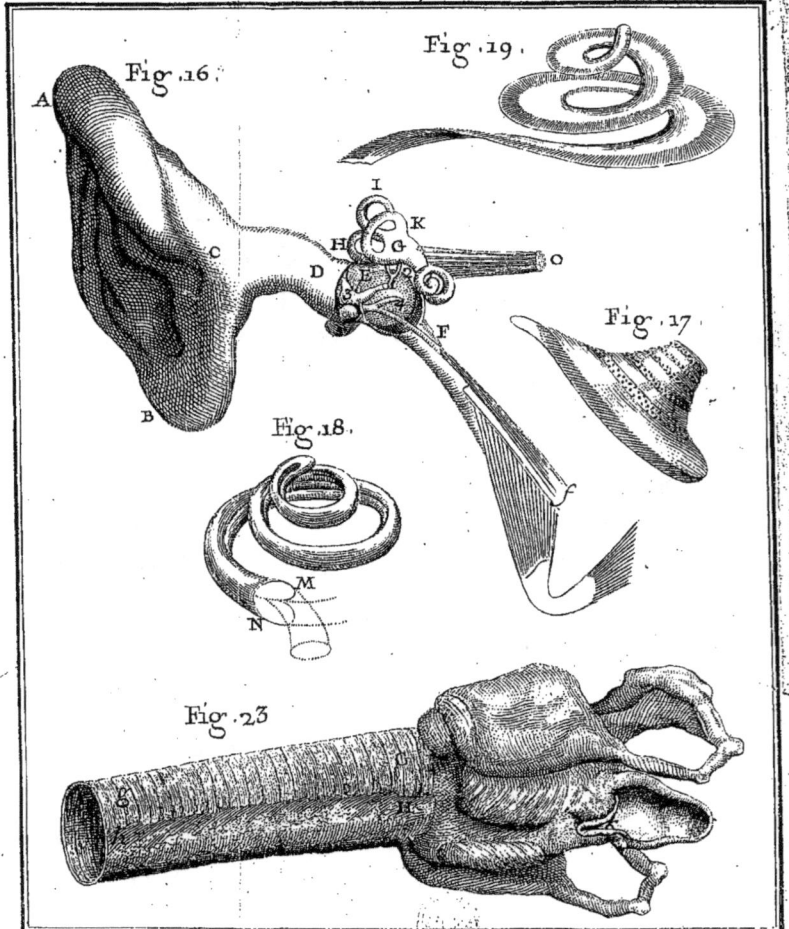

Fig.16.

Fig.19.

Fig.17.

Fig.18.

Fig.23.

avoit fait croire anciennement, que la
voix fe formoit dans cette partie comme le fon dans ces fortes d'inftrumens.
Mais M. Dodard confidérant que le
fon d'une flûte eft excité par l'air qui
entre dans le tuyau, au lieu que la
voix l'eft communément par celui
qui fort de la trachée, fe détermina
à croire, avec toute forte de vraifemblance, que la glotte eft l'organe principal, & que le canal qu'elle
termine ne fait que l'office de porte-
vent.

Selon le fyftême de cet habile Phyficien *, l'air fortant avec plus ou
moins de vîteffe par la glotte, qui a
pour cet effet la faculté de fe dilater
& de fe retrécir, forme des fons
plus ou moins graves. Le fon formé
de cette maniére va retentir dans la
cavité de la bouche, & dans celle
des narines; & en fortant il s'articule
par le mouvement de la langue & des
lévres. Ainfi la trachée fournit l'air,
la glotte forme la voix, & en régle
le ton, la langue & les lévres en font
des paroles.

Voilà, dit-on, comme les chofes fe
paffent pour l'ordinaire; mais on peut

* Mém.
de l'Acad.
des Scienc.
1700. pag.
244.

cependant parler & chanter en afpi-
rant; & il y a des gens qui, par habitude, ou par une certaine difpofition
d'organes, font entendre une voix
fourde & étouffée qui fe forme par
l'air qui entre dans la trachée : on les
appelle *Ventriloques* ; c'eft-à-dire, qui
parlent du ventre. On les regardoit
autrefois comme magiciens & comme
poffédés du démon ; il fe trouve même de bons Auteurs * à qui il paroît
que cette façon de parler en a impofé
auffi-bien qu'au peuple.

*Si l'on doit attribuer les différens
tons de la voix ou du chant aux différentes ouvertures de la glotte, il faut
que fon petit diamétre qui n'a au plus
qu'une ligne, puiffe changer 9632
fois de longueur, felon le calcul de
M. Dodard, pour fournir à toutes
les différentes nuances de tons dont
la voix humaine eft fufceptible. Une
telle divifion peut-elle avoir lieu dans
une fi petite étendue ? c'eft ce qu'on
a peine à concevoir. La glotte feroit-
elle donc l'office d'une anche de haut-
bois ou de mufette, qui, comme l'on
fçait, n'eft chargée que de produire
le fon, & non pas les tons ; & le ca-

* Lranus
in cap. 18.
Deuteron.
Cafferius de
vocis orga-
nis.

nal de la bouche qui s'allonge, se re-
trécit, & se dilate suivant la qualité
des tons, feroit-il celui d'un chalu-
meau qui contient plus ou moins
d'air, & qui devient capable par là
d'un son plus ou moins grave ? ou
bien ces deux parties concourroient-
elles ensemble à la formation des tons,
l'une comme une anche qui deviendroit plus ou moins grande, plus ou
moins élastique, l'autre comme un
tuyau qui changeroit de dimensions ?

M. Ferrein vient de répandre un
grand jour sur cette question, en
prouvant, par des expériences aussi
décisives qu'elles sont ingénieuses &
délicates, que les deux lévres de la
glotte ne battent point l'une contre
l'autre à la maniére d'une anche ; mais
que chacune d'elles frottée par l'air
qui vient des poulmons, résonne
comme une corde sur laquelle on
traîne un archet. Ses observations lui
ont fait connoître, que les bords de
ces deux lévres sont des cordons tendineux attachés de part & d'autre à
des cartilages qui servent à les tendre plus ou moins : il trouve dans ces
différens degrés de tension dont ces

parties font fufceptibles , une explication naturelle de tous les tons dont la voix humaine eft capable ; car on fçait en général, qu'une corde plus ou moins tendue rend un fon plus ou moins aigu.

· Mais comment M. Ferrein a-t-il pû fçavoir que les deux lévres de la glotte ne battent point l'une contre l'autre ; que le feul retréciffement de cette partie ne fuffit pas pour faire monter la voix des tons graves aux tons aigus ; & que l'air lancé des poulmons par la trachée-artére donne un mouvement de vibration à ces cordons tendineux qu'il a nommés pour cela *Cordes vocales ?* ne faudroit-il pas avoir vû l'action même de ces parties, pour juger de la maniére dont elle fe fait ? & comment porter la vûe fur un méchanifme que la nature n'a point mis à la portée de nos yeux ?

L'ingénieux auteur de ces découvertes , ne pouvant point tenter ces expériences fur des fujets vivans , imagina de rendre la voix aux morts. Il adapta un foufflet à des trachées toutes fraîches ; l'air qu'il fit paffer avec précipitation par la glotte rendit des fons ;

fons , & fes conjectures devinrent des conoiffances. *Voyez les Mém. de l'A-cadém. des Sc. année* 1741. *p.* 409.

Quand une fois la voix eft formée, & que fon ton eft réglé , il faut , pour être agréable , qu'elle forte & par la bouche & par le nez ; elle eft tout-à-fait différente de ce qu'elle a coutume d'être , lorfqu'elle ne réfonne que dans l'une de ces deux cavités ; on n'aime point à entendre quelqu'un qui parle ou qui chante ayant les narrines bouchées : on dit communément qu'il parle du nez ; expreffion tout-à-fait impropre , comme on voit , puifque c'eft juftement quand on n'en parle point , qu'on s'attire ce reproche.

On conçoit , fans aucune difficulté , comment deux corps fonores exécutent féparément leurs vibrations , comment l'un des deux , par exemple , en achéve 4 pendant que l'autre n'en fait que 2 ou 3 ; parce que la fréquence de ces vibrations dépend d'un certain degré de reffort que chacun poffède féparément. Mais comment eft-ce que deux tons différens fubfiftent en même-tems dans le même air ?

fi les tons ne font dans l'air, que ce qu'ils font dans le corps fonore, une fréquence déterminée de vibrations ? comment la même maffe d'air peut-elle rendre diftinctement & en mê-me-tems les fons de deux cordes qui font à l'octave l'une de l'autre, fi cel-le-ci exige 100 vibrations, & celle-là 200 par feconde ?

Ce n'eft encore là que la moitié de la difficulté ; car quand bien même ces deux mouvemens pourroient fe communiquer, & fe conferver fans confufion dans le même air, il refte encore à fçavoir par quel moyen l'or-gane qui reçoit en même-tems les deux impreffions, n'éprouve point une fenfation mixte ou compofée de l'une & de l'autre, comme l'œil voit du vert, quand il eft frappé en même-tems par deux rayons, dont l'un eft jaune, & l'autre bleu.

On ne s'eft jamais mis trop en pei-ne de répondre à la derniére de ces deux queftions ; quant à la premiére, on a prétendu le faire, en comparant le mouvement de l'air qui tranfmet les fons aux ondulations circulaires qu'on fait naître dans une eau tranquille

lorfqu'on y jette des pierres. Car de
même, dit-on, que ces ondulations
s'entre-coupent fans fe confondre, &
s'étendent féparément jufques au bord
du baffin, de la même maniére auffi
l'air fe charge de différens tons enfemble, & les tranfmet fans confufion jufqu'à l'oreille.

Mais, outre que ce n'eft point expliquer un phénoméne que de le comparer à un autre ; cette comparaifon
même eft défectueufe, & l'on voit
évanouir prefque toute fimilitude,
quand on fait attention à la nature des
mouvemens de part & d'autre.

Lorfqu'une pierre tombe dans l'eau,
elle abbaiffe la partie du fluide qui fe
trouve fous elle, & en même-tems
elle éléve les parties voifines;chacune
de ces parties foulevées retombe avec
accélération plus bas que fon niveau,
& fait monter celle qui eft immédiatement après, ce qui continue jufqu'à
ce que tout ait repris fon équilibre.
Ces balancemens fe faifant dans une
infinité de rayons qui partent d'un
centre commun, reprefentent à l'œil
ces ondulations circulaires dont il s'a-
git, qui fe ralentiffent à mefure qu'el-

les s'étendent, & qui deviennent d'autant plus lentes qu'elles sont plus foibles, soit par la cause qui les a fait naître, soit par le trajet qu'elles ont déja fait. Mais le mouvement du son dans l'air est toute autre chose ; ce sont les vibrations d'un fluide élastique qui se transmettent avec une vîtesse uniforme, & qui ne deviennent ni plus promptes, ni plus lentes, quand leur grandeur vient à varier.

D'ailleurs quand les ondulations de l'eau s'entre-coupent, on ne peut nier qu'à l'endroit du choc, le mouvement ne se compose des masses & des vîtesses des parties qui se rencontrent, & qu'un corps placé à cette intersection ne dût recevoir le mouvement composé. Il n'en est pas de même de deux sons qui agissent sur le même organe ; chacun fait son impression comme s'il étoit seul, & l'oreille les distingue par deux sensations différentes, quoique simultanées. Ainsi la comparaison des ondes n'explique rien, & laisse subsister en leur entier, les deux difficultés que j'ai exposées.

M. de Mairan, après avoir donné

des preuves évidentes de cette difpa-
rité, propofe fur la propagation des
fons un fyftême fi fimple, mais en
même-tems fi heureufement imaginé,
qu'on oublie bien-tôt que c'eft une
hypothéfe, quand on l'applique aux
phénoménes ; il a cela de commun
avec celui des couleurs, comme fon
auteur reffemble à Newton par bien
des endroits.

S'il étoit queftion de décider, fi
les molécules qui compofent la maffe
de l'air font toutes égales entr'elles,
ou s'il y en a de plus petites les unes
que les autres à toutes fortes de degrés, & qu'il fallût adopter l'une de
ces deux fuppofitions, quel parti fau-
droit-il prendre ? lequel des deux pa-
roîtroit le plus vraifemblable ? comme ces molécules font des affemblages fortuits de parties plus fubtiles,
qui fe joignent & fe défuniffent par
mille caufes différentes, ne feroit-on
pas porté à croire qu'elles différent
de grandeur à l'infini, plutôt que de
fuppofer gratuitement, qu'elles fe reffemblent toutes parfaitement ?

Cette penféé fur laquelle eft fondé tout le fyftême de M. de Mairan,

est la seule qui ne soit que vraisemblable ; toutes les autres font des conséquences si nécessaires de ce principe, (si une fois on l'admet,) qu'on ne peut point s'y refuser.

Si les molécules de l'air font de différentes grandeurs, elles doivent différer aussi par leurs degrés de ressort, comme une même lame d'acier feroit des ressorts plus roides les uns que les autres, si elle étoit divisée en portions inégales. Par-tout où l'on place un corps sonore, il doit donc trouver dans la masse commune, des particules d'air dont le ressort est analogue au sien, & capables par conséquent de recevoir, de conserver, & de transmettre ses vibrations. Ainsi deux cordes de différens tons se font entendre par la même masse d'air, mais par différentes parties de cette masse. Suivant cette explication, on conçoit facilement, comment les tons ne se confondent point dans le fluide qui les transmet ; car de cette manière, ce fluide, eu égard à ses différentes parties, peut se prêter à des vibrations plus fréquentes les unes que les autres.

Quant à l'impression des sons sur
l'organe, il faut se souvenir que la
lame spirale, qu'on doit regarder comme la partie principale, est un assemblage de fibres qui vont toujours en
diminuant de longueur, depuis la base
jusqu'à la pointe du limaçon, à peu
près comme les cordes d'un psalte-
rion ou d'un clavecin ; chacune a une
élasticité proportionnelle à sa longueur, ce qui la rend propre à être
ébranlée par des vibrations d'une certaine fréquence seulement. Ainsi quand
deux tons parviennent à l'organe en
même-tems, chacun d'eux fait son
impression sur la fibre dont le ressort
est analogue à la fréquence de ses vibrations ; & ces deux sensations sé-
parées font naître deux idées distinc-
tes : en un mot, il arrive aux fibres
de la lame spirale ce qu'on remarque
aux cordes d'un clavecin, ou à tout
autre corps sonore dont on prend le
ton ; si l'on touche une corde, on
fait raisonner celle qui est à l'unisson,
non-seulement sur le même instrument, mais même sur un autre qui
seroit placé à côté ; si l'on parle à
voix haute dans un magasin de verre-

ries , dans une boutique de Chau-
dronnier , dans un office où il y a
beaucoup de vaiſſelle creuſe , on entend toujours réſonner quelque piéce , tandis que les autres reſtent en
ſilence ; & ſi l'on change de ton, c'eſt
une autre piéce qui répond.

Mais , dira-t-on , comment ſe peut-
il faire qu'une corde que l'on met en
jeu , choiſiſſe préciſément les molécules d'air qui lui conviennent ; &
que l'air intérieur de l'oreille , qui reçoit ſon mouvement à travers la membrane du tambour , attaque avec un
pareil choix les fibres qui ne ſont propres à ſentir qu'un certain ſon ?

Cette corde ne choiſit point en
effet , & l'air de l'oreille frappe indifféremment toute la lame ſpirale ; mais
les effets ſont les mêmes que s'il y
avoit du choix : car quoique pluſieurs
corps qui ont différens degrés de reſſort , commencent leurs vibrations
en même-tems, ſi la cauſe qui les entretient eſt fixée à un certain degré
de fréquence , ces vibrations ne peuvent continuer que dans ceux dont
le reſſort eſt analogue à cette fréquence ; car ceux qui ſeroient de na-
tureᵉ

ture à faire, par exemple, une vibration & demie contre une, ne se trouveroient point à tems comme les autres, pour recevoir la seconde impul-
sion ; & leur mouvement devroit se
ralentir ou cesser. Le corps sonore
agit donc d'abord sur toutes les molécules d'air qui l'entourent ; mais il ne
continue efficacement son action que
sur celles qui sont propres à se mouvoir précisément comme lui. C'est la
même chose, pour les fibres de la
lame spirale : & comme nos sensations
ne s'accomplissent que par un ébranlement d'une certaine durée, la premiére secousse qui attaque toute la
partie indistinctement, est déja pas-
sée, lorsque l'ame s'apperçoit de l'impression qui continue, sur les fibres
qui sont propres à cette espéce de
mouvement.

Il ne faut pas croire cependant,
qu'une corde que l'on pince, ne mette & n'entretienne absolument en jeu
que les particules d'air qui ont une
analogie précise avec son ressort, elle
agit aussi sur celles qui sont *harmoniques* ; c'est-à-dire, dont les vibrations
recommencent avec les siennes après

un certain nombre , & elle agit plus fortement fur celles qui font plus harmoniques ou plus prochainement rentrantes. La même corde fait donc réfonner d'abord & beaucoup plus fortement que les autres , les particules d'air qui font propres à faire autant de vibrations qu'elle , & c'eft ce qui fait le ton principal ; enfuite , & avec moins de force , celles qui ne font qu'une vibration contre deux ; après ces derniéres , & encore plus foiblement , celles qui ne font que deux vibrations contre trois , &c. de forte qu'on peut dire qu'un feul & même corps fonore fait toujours un petit concert: à la vérité , ces fons harmoniques font couverts par le fon principal ; mais quand celui-ci vient à s'affoiblir , une oreille un peu délicate n'a pas de peine à les diftinguer.

On pourroit demander ici , 1ment , pourquoi nous n'entendons qu'une fois le même fon , quoique nous ayons deux oreilles auffi fenfibles l'une que l'autre : 2ment , par quelle raifon parmi tant de différens tons, il y en a qui fe font mieux entendre que d'au-

tres à certaines gens qui ont l'ouïe
dure : 3^ment, comment les bruits ou
les fons d'une certaine efpéce, ou
d'une certaine force, nous remuent les
entrailles, nous font du plaifir ou de
la peine.

L'unité de fenfation, quoique pro-
duite par deux impreffions diftinctes,
vient fans doute de ce que le fon attaque des parties parfaitement pareilles, & qui ont un point de réunion
commun dans le cerveau ; & il eft à
préfumer qu'on n'entendroit point de
l'une des deux oreilles, le fon qui frap-
peroit d'un côté la 4e fibre de la lame
fpirale, par exemple, & de l'autre
la 6e de la membrane du même nom.
Ce n'eft point le feul exemple qu'il y
ait dans la nature, de deux organes
femblables qui ne repréfentent qu'u-
ne fois leur objet, quoiqu'ils agiffent
également. Ordinairement nous ne
voyons point double, quoiqu'il foit
conftant que l'image fe peint également dans les deux yeux ; & c'eft par
une raifon affez femblable à celle que
je viens d'expofer, & que je détaille-
rai en parlant de la vifion.

L'efficacité de certains fons préféra-

blement à d'autres qui font même
quelquefois plus forts, pourroit être
attribuée à quelque vice de la lame
fpirale qui ne l'occuperoit pas toute
entiére. Si, par exemple, les deux extrémités de cette partie étoient devenues moins fenfibles que le milieu, par
quelque accident que ce pût être, la
perfonne qui auroit cette maladie n'entendroit facilement que les tons mi-
toyens entre les plus graves & les plus
aigus ; & dans la quantité de monde
qu'elle verroit, il fe trouveroit infailliblement quelqu'un dont le ton
de la voix fe porteroit à cette partie
faine, & qui fe feroit entendre fans
parler plus haut que de coutume.

Enfin les mouvemens que nous
reffentons au-dedans de nous-mêmes,
lorfque nous entendons des fons ou
des bruits d'une certaine efpéce, s'expliquent encore avec facilité, (fi l'on
ne cherche que la caufe générale,) par
différentes impreffions qui fe font fur
le genre nerveux, qui s'étend à toutes
les parties de notre corps. Car les
nerfs font comme des cordes élaftiques différemment tendues, plus
groffes & plus longues les unes que

les autres. Or parmi toutes ces efpéces de tremouffemens que les corps
fonores peuvent imprimer à l'air qui
nous touche de toutes parts, il eft
prefque impoffible qu'il n'y en ait
quelqu'une, dont les fibres nerveufes de certaines parties ne foient fufceptibles. Lorfque l'impreffion eft
douce & modérée, nous la reffentons avec plaifir; mais quand elle eft
trop forte, qu'elle tend à détruire
ou à déranger l'oeconomie des parties,
l'ame qui veille à la confervation du
corps qu'elle anime, la défapprouve,
s'inquiéte; & c'eft ce qu'on nomme
déplaifir ou *douleur.*

Voilà en gros comment les fons, felon leur efpéce, excitent nos paffions;
certains airs infpirent la molleffe &
l'amour de la volupté; d'autres la
hardieffe & le courage; ceux-ci la
trifteffe, ceux-là la gayeté, &c. mais
s'il falloit défigner les caufes pro-
chaines, & dire déterminément pourquoi telle mufique affecte de telle
maniére, l'entreprife, je crois, feroit
téméraire; il faudroit connoître plus
à fond ce que nous fommes, & la
liaifon qu'il y a entre nos différentes
facultés.   S fiij

L'hiftoire de la Tarentule que l'on a regardée affez long-tems comme fufpecte, & qui n'eft prefque plus défavouée de perfonne, eft un exemple fort fingulier des effets de la mufique fur le corps humain : la piquûre de cet infecte, qui eft une groffe efpéce d'araignée affez commune en Italie, envenime le fang, & caufe des accidens très-fâcheux, qui vont quelquefois jufqu'à la mort. Quand on s'apperçoit que quelqu'un a cette maladie, on effaye en fa préfence différens airs, & différens inftrumens, jufqu'à ce qu'on ait trouvé celui qui convient pour la guérifon ; on s'en apperçoit à certains geftes & à certains mouvemens cadencés par lefquels le malade s'agite : on dit alors qu'il danfe, peut-être auffi improprement que les anciens difoient qu'on meurt en riant quand on a mangé de la ciguë, à caufe de quelques grimaces qu'ils voyoient faire en expirant, à ces fortes d'empoifonnés. Quoi qu'il en foit, ces agitations & ces fauts excitent ordinairement une tranfpiration falutaire, qu'on a foin de réitérer de tems en tems par le même

moyen , jufqu'à ce que les fymptô-
mes ceffant, annoncent que tout le
venin eft diffipé.

Ce n'eft pas feulement dans cette
maladie que la mufique peut avoir de
bons effets ; on a vû des gens atta-
qués de fiévres chaudes, être touchés
d'un air de violon , fe lever , fauter ,
fuer de fatigue , & être guéris *.

Enfin on attribue auffi au bruit du
tonnerre nombre d'effets merveilleux , & dont plufieurs femblent avoir
de la réalité ; mais eft-ce le tremouf-
fement feul que ce météore excite
dans l'air qui en eft la caufe ? ou bien
doit-on s'en prendre aux exhalaifons
qui régnent très - communément
dans les tems d'orage ? c'eft ce qu'il
n'eft pas facile de décider.

*Hift. de
l'Academ.
des Scienc.
1708. pag.
22.

Des Vents.

Le Vent n'eft autre chofe qu'un
air agité , une portion de l'atmofphére qui fe meut comme un courant
avec une certaine vîteffe , & avec
une direction déterminée.

Ce météore , eu égard à fa direction , prend différens noms felon les

différens points de l'horizon d'où il vient. On appelle vent de Nord, de Sud, d'Eft, ou d'Oueft, celui qui fouffle de l'un de ces quatre points cardinaux. Vent de Nord-Eft, de Sud-Oueft, &c. celui qui tient le milieu entre le Nord & l'Eft, entre le Sud & l'Oueft, &c. vent de Nord-Nord-Eft, de Sud-Sud-Oueft, &c. celui qui tient une fois plus du Nord que de l'Eft, une fois plus du Sud que de l'Oueft, &c. Communément cette divifion des vents va jufqu'à trente-deux. *Voyez la Fig.* 24. elle pourroit aller plus loin, s'il étoit poffible d'ob-ferver toutes leurs variations.

On peut diftinguer principalement trois fortes de vents : les uns qu'on appelle *généraux* ou *conftans*, parce qu'ils foufflent fans ceffe dans une certaine partie de l'atmofphére ; tels font ceux qu'on nomme *allifés*, & qui régnent continuellement entre les deux tropiques, & à quelque diftance aux environs : les autres, qui font *périodiques*, qui commencent & finiffent toujours dans certains tems de l'année, ou à certaines heures du jour, comme les *mouffons* qui font

Sud-Eſt, depuis Octobre juſqu'en
Mai, & Nord-Oueſt depuis Mai juſqu'en Octobre entre la côte de Zan-
guebar & l'Iſle de Madagaſcar, ou
bien le *vent de terre* & le *vent de mer*
qui s'élévent toujours, celui-ci le matin & l'autre le ſoir. D'autres enfin
qui ſont *variables*, tant pour leur direction, que pour leur vîteſſe & pour
leur durée.

L'hiſtoire des vents eſt aſſez paſſa-
blement connue, par les obſervations
de pluſieurs Phyſiciens qui ont voya-
gé, ou qui ſe ſont appliqués dans leur
pays pendant nombre d'années à la
connoiſſance de ce météore. M.
Muſchenbroek en a fait une diſſertation fort curieuſe *, où il a fait entrer non-ſeulement ce qu'il a obſervé lui-même, mais encore tout ce
qu'il a pû recueillir des écrits de MM.
Halley, Derham, &c. ſon ouvrage
ſe trouve par-tout; j'y renvoye le lecteur. Mais il s'en faut bien que nous
ſoyons autant inſtruits touchant les
cauſes; j'entends les plus éloignées,
celles qui occaſionnent les premiers
mouvemens dans l'atmoſphére : car
on ſçait en général que les vents vien-

*Eſſais de
Phyſ. tome
2. p. 878.
Voyages de
Dampier,
tom. 2.*

nent immédiatement d'un défaut d'é-
quilibre dans l'air ; parce que toutes les fois que certaines portions de
l'atmosphére deviennent plus char-
gées, plus denses, plus élevées ou
plus pressées que les autres, étant alors
plus pésantes, elles doivent s'échapper, s'écouler, par où il y a moins
de résistance, & pousser devant elles
les autres parties qui sont plus foibles,
à peu près comme l'eau d'un canal,
soulevée dans un endroit par une pierre qu'on y jette, se meut par ondes
d'un bout à l'autre; mais qui est-ce qui
a jetté la pierre, quand nous voyons
l'atmosphére s'agiter ? Voilà ce qu'on
Voyez ne sçait que fort imparfaitement. *
les Oeuvres
de Marist-
Ne, p. 340. sur cette matiére, conviennent tous
que les vents peuvent être occasion-
nés par plusieurs causes différentes :
le froid & le chaud qui ne régnent
que dans une portion de l'atmosphére y changent la densité de l'air, &
par conséquent son volume, soit en
plus, soit en moins; & alors les parties voisines sont poussées plus loin,
ou bien elles se rapprochent davantage. Si la cause qui raréfie l'air est

Les Physiciens qui ont raisonné

réglée & continuelle, on conçoit
bien que cette régularité influe fur le
vent qu'elle produit ; ainfi c'eft avec
vraifemblance qu'on attribue les vents
qui régnent de l'Eft à l'Oueft dans
la Zone torride, au mouvement jour-
nalier de la terre : car cette portion
de l'atmofphére qui eft renfermée entre les deux tropiques, préfentant
fucceffivement toutes fes parties au
foleil, fouffre par la chaleur de cet
aftre des raréfactions qui changent
continuellement, & avec régularité,
l'équilibre de l'air ; & comme le mouvement apparent du foleil s'étend en
fix mois de l'un à l'autre tropique, ces
vents généraux doivent fouffrir quelques variations périodiques, & relatives aux différens afpects du foleil,
comme on l'obferve effectivement.
Des exhalaifons qui s'amaffent & qui
fermentent enfemble dans la moyenne
région de l'air, peuvent encore occa-
fionner des mouvemens dans l'atmofphére ; c'eft la penfée de M. Homberg, & de quelques autres fçavans :
& fi les vents peuvent naître de cette
caufe, comme il eft probable, on ne
doit point être furpris qu'ils foufflen

par fecouſſes & par bouffées, puiſque
les fermentations aufquelles on les
attribue, ne peuvent être que des
explofions fubites & intermittantes.

Ces fermentations arrivent très-
fréquemment dans les grottes fou-
terraines, par le mélange des matiéres graſſes, fulfureuſes & falines
qui s'y trouvent ; auſſi pluſieurs Auteurs ont-ils attribué les vents ac-
cidentels à ces fortes d'éruptions va-
poreuſes. Connor rapporte * qu'é-
tant allé vifiter les mines de fel de
Cracowie, il avoit appris des ouvriers
& du maître même, que des recoins
& des finuofités de la mine, il s'éléve
quelquefois une fi grande tempête,
qu'elle renverfe ceux qui travaillent,
& emporte leurs cabanes: Gilbert, Gaf-
fendi, Scheuchzer, &c. font mention
d'une grande quantité de cavernes
de cette efpéce, d'où il fort quelquefois des vents impétueux, qui prennant
leur naiſſance fous terre, fe répandent
& continuent quelque tems dans l'atmofphére.

On cite encore l'abbaiſſement des
nuages, leurs jonctions, & les groffes pluies, comme autant de cauſes

* Diſſert.
Medico-
phyſ. Art.
III. p. 33.

qui font naître, ou qui augmentent le vent ; & en effet une nuée eſt ſouvent prête à fondre par un tems calme, lorſqu'il s'éléve tout-à-coup un vent très-impétueux ; la nuée preſſe l'air entre elle & la terre, & l'oblige à s'écouler promptement.

Enfin, s'il eſt permis de hazarder des conjectures après ces probabilités, ne pourroit-on pas encore attribuer l'origine du vent à la grande quantité d'air qui ſe dégage des mixtes, en certains lieux & en certaines ſaiſons ; car nous avons fait voir à la fin de la leçon précédente, que cet air, lorſqu'il eſt dégagé, tient beaucoup plus de place dans l'atmoſphére, qu'il n'en occupoit dans les matiéres dont il faiſoit partie. Or en automne, par exemple, s'il fait un tems humide & chaud qui procure une prompte & abondante putréfaction des plantes, & des feuilles qui ſont tombées des arbres, l'atmoſphére doit s'enfler au-deſſus des endroits où ces effets arrivent ; elle doit refluer ſur les parties voiſines ; celles - ci ſur d'autres, & peut-être aſſez ſenſiblement, pour faire ce qu'on nomme du vent.

On pourroit pouffer cette idée plus loin, en la prenant par le côté oppofé ; s'il étoit vrai que la décompofition des mixtes, pût rendre affez promptement une quantité d'air capable d'interrompre l'équilibre de l'atmofphére, on pourroit penfer auffi qu'au printems & dans les endroits où la nature travaille le plus à toutes fes productions, il doit s'abforber beaucoup d'air, & qu'il peut fe trouver telles circonftances, où l'équilibre de l'atmofphére en pourroit être altéré. Mais ne nous livrons point avec trop de confiance à une imagination, qui n'eft rien moins que fondée en preuves folides.

Plufieurs Phyficiens ont effayé de mefurer la vîteffe des vents, en lui donnant à emporter des petites plumes, & d'autres corps légers ; & en examinant combien il leur faifoit faire de chemin dans un tems déterminé. Mais quoique ces fortes d'expériences paroiffent très-fimples & d'une extrême facilité ; ceux qui les ont faites, font fi peu d'accord entr'eux fur les réfultats, qu'on n'en peut rien conclure de certain. M. Mariotte con-

clut la vîteffe du vent le plus impétueux de 32 pieds par feconde , &
M. Derham la trouve de 66 pieds
d'Angleterre en pareil tems , c'eft-à-
dire , environ une fois plus grande ;
d'où peut venir cette différence ?
c'eft que ces deux Sçavans n'avoient
point de régle pour juger précifément,
quel eft le vent le plus impétueux; &
apparemment le premier a pris pour le
plus fort de tous , un vent qui pouvoit l'être une fois plus.

Les girouettes ordinaires , comme
on fçait , enfeignent la direction du
vent : mais elles ne l'enfeignent qu'à
ceux qui peuvent porter la vûe au
haut des édifices où elles font placées ,
& qui fe font orientés , c'eft-à-dire ,
qui connoiffent les points principaux
de l'horifon du lieu. Pour rendre l'u-
fage de cet inftrument plus commode, au lieu de faire tourner la giroüet-
te fur fa tige , on l'y attache de maniére qu'elle la faffe tourner avec elle ;
& à l'autre bout de cette tige , qui répond, fi l'on veut, dans un apparte-
ment, on pratique un pignon qui méne une roue dentée , & cette roue une
aiguille qui marque les vents fur un

cadran. *Voyez les Récréations Mathématiques d'Ozanam. Tom. 2. pag. 45. Edit.* 1694.

La force du vent, comme celle des autres corps, dépend de sa vîteffe & de sa maffe, c'est-à-dire, de la quantité d'air qui se meut : ainsi le même vent fait d'autant plus d'effort que l'obstacle sur lequel il agit, lui préfente directement plus de furface ; c'est pour cette raifon qu'on déploye plus ou moins les voiles d'un vaiffeau, qu'on habille plus ou moins les aîles d'un moulin à vent, & que les arbres font moins fujets l'hiver que l'été, à être rompus par la violence des vents, parce que dans la première de ces deux faifons, n'étant point garnis de feuilles, ils leur donnent moins de prife.

On peut connoître la force relative des vents par le moyen d'un petit moulin, dont l'arbre est garni d'une fufée conique, fur laquelle on enveloppe une corde qui tient un poids fufpendu ; car en expofant cette machine à l'air libre, & dans une direction convenable, le petit moulin tourne d'abord, & s'arrête enfuite, quand le poids qui tire fur la fufée, lui fait équilibre ;

équilibre ; or comme les rayons de
cette fufée font connus, ou faciles à
connoître, on peut aifément comparer les forces qui ont fait équilibre
aux vents en différens tems.

Parmi toutes les machines propres
à mefurer les vents, & que l'on nomme pour cette raifon, *Anémométres*,
je n'ai rien vû de plus ingénieux &
de plus complet que celle de M. le
Comte d'Ons-enbray, qui eft décrite
fort au long dans les Mémoires de
l'Académie des Sciences pour l'année
1734. Non feulement elle marque la
vîteffe & la direction du vent ; mais
elle en tient compte pour l'obferva-
teur abfent, & l'on voit après 24
heures, quels vents ont régné, &
quelles ont été pendant cet efpace
de tems la durée & la vîteffe de
chacun.

La nature qui ne fait rien d'inutile, fçait mettre les vents à profit : ce
font eux qui tranfportent les nuages
pour arrofer & fertilifer les différentes
parties de la terre ; ce font eux qui
les diffipent pour faire fuccéder le calme à l'orage ; c'eft par ces mouvemens & par ces agitations que l'air fe

renouvelle & fe purifie , & que le
chaud & le froid fe tranfmettent d'un
pays à l'autre. Il arrive auffi quelquefois que l'on perd au change : car fi
le vent vient d'un lieu mal fain , il en
apporte les mauvaifes qualités , & fert
de véhicule à la contagion ; mais ce
font des cas particuliers & affez rares ,
qui ne l'emportent point fur une infinité d'autres avantages que nous ti-
rons du vent.

On eft furpris de voir naître certaines plantes au fommet d'une tour ,
fur le tronc d'un arbre , &c. où l'on
n'a pas lieu de croire que perfonne
ait pris la peine de les femer ; c'eft
l'ouvrage du vent qui éléve la terre
en pouffiére, & enfuite les femences,
que l'eau du ciel fait germer. C'eft par
la même caufe que le gramen & toutes les herbes des champs fe multiplient & croiffent dans une quantité
d'endroits , où l'on voudroit fouvent
qu'elles ne vinffent point.

L'art imitant la nature , a trouvé
dans les vents de puiffans moteurs ,
qui nous procurent de grandes com-
modités , & qui étendent prodigieu-
fement notre commerce : combien la

navigation ne feroit-elle pas bornée,
fi les vaiffeaux n'alloient qu'à force
de rames, comme les galéres? les
voyages de long cours feroient im-
praticables par leur lenteur, & par
les frais d'équipages : au lieu qu'à l'aide des vents, & des voiles qui en reçoivent l'impulfion, un petit nombre de matelots, au fait de la manœuvre, conduit avec beaucoup de dili-
gence, une petite armée de foldats,
ou un magazin énorme de marchan-
difes, d'un bord à l'autre de l'Océan.

Quels fecours ne tirons-nous pas
des moulins à vent, pour moudre
le grain, extraire l'huile des femences, fouler les draps, fcier les planches, broyer les couleurs, ou autres matiéres, &c. combien d'hommes, ou de chevaux ne faudroit-il
pas employer, pour faire toute la
farine que le vent prépare à Montmartre, ou ailleurs aux environs de
Paris? Tous ces travaux s'opérent à
peu de frais, par le moyen de quatre
aîles qui font l'office de leviers, &
qui préfentent leur plan d'une manière oblique à la direction du vent : la
puiffance qui agit continuellement

T t ij

fur ces quatre plans inclinés , les oblige de reculer fans ceffe ; ce qu'ils ne
peuvent faire qu'en tournant , & en
faifant tourner l'arbre auquel ils font
fixés.

C'eft par une méchanique affez femblable que les enfans trouvent le
moyen d'enlèver ces efpéces de chaffis couverts de papier, qu'ils appellent
cervolans ; car la corde avec laquelle
ils les retiennent , eft toujours attachée de façon que ce plan fe préfente obliquement à la direction du vent,
& alors l'impulfion de l'air tend toujours à le faire monter , en décrivant
l'arc d'un cercle qui a pour rayon la
ficelle que tient en fa main celui qui
gouverne le cervolant. Mais comme
il faut que l'axe *A B* foit toujours incliné au vent *C D* d'une certaine quantité, au deffous & au-delà de laquelle
l'impulfion n'auroit plus l'effet qu'on
en attend, on a foin de faire filer la
corde ; & par ce moyen le cervolant
fe trouvant à l'extrémité d'un arc femblable , mais d'un plus grand cercle,
fon axe *a b* eft toujours également
incliné au vent *c d* ; & le degré d'élévation eft plus grand. *Voyez la Fig. 25.*

Fig. 24.

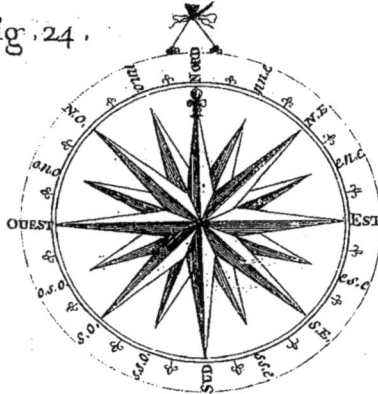

Fig. 21.

Fig. 20.

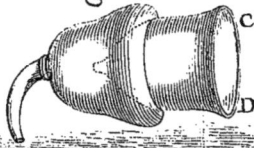

a

c

b

d

C

D

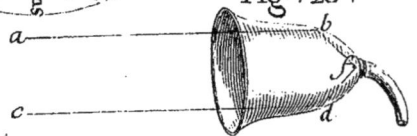

Fig. 25.

Fig. 22.

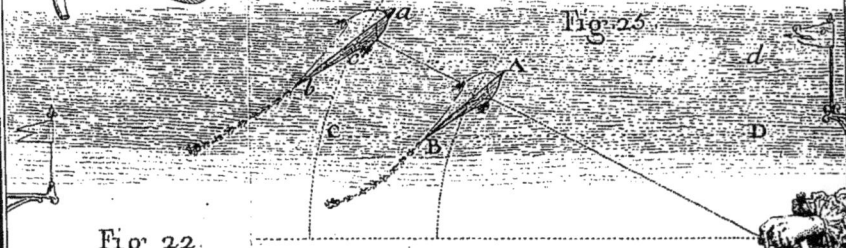

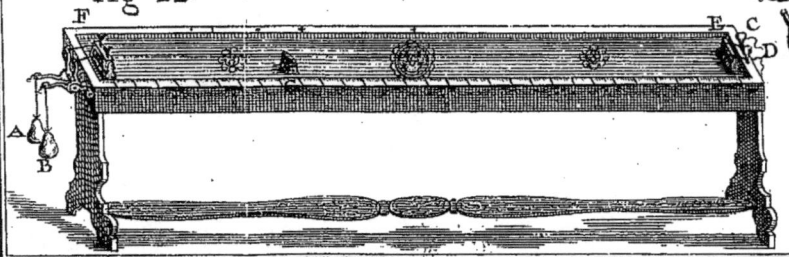

Brunet. Del. et. fecit.

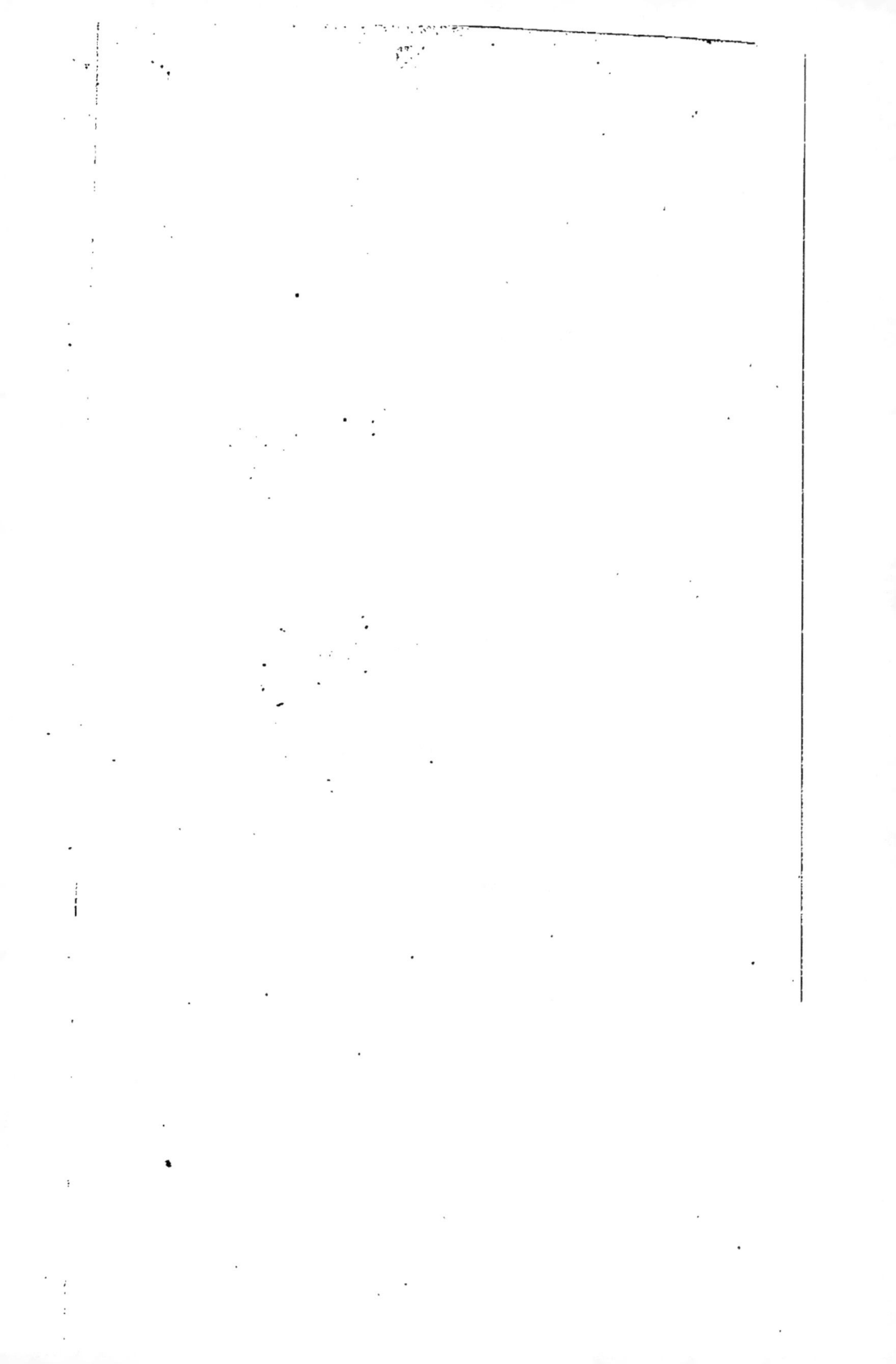

Le secours du vent est si commode,
& ses avantages sont si bien connus
de tout le monde, que quand il n'en
fait pas, ou que nous ne sommes pas
à portée d'en profiter, nous prenons
la peine de nous en procurer artificiellement : on agite l'air avec un
éventail, ou autrement pour se donner du frais ; le forgeron se sert d'un
soufflet pour animer son feu ; & le
boulanger nettoye son bled, en le
faisant passer devant une espéce de
roue garnie de quatre volans qu'il
fait tourner pour jetter l'air dessus,
& emporter la poussiére : ce crible
qui vient originairement d'Allemagne, a été perfectionné, & connu à
Paris & aux environs, par les soins
de M. d'Hecbourg, ancien Officier
d'Artillerie ; je sçais par moi-même,
& par le grand débit que je lui ai vû
faire de cette machine, combien elle
est utile à ceux qui ont beaucoup de
grain à nettoyer & à conserver.

Fin du troisiéme Volume.

TABLE
DES MATIERES
Contenues dans le troisiéme Volume.

IX. LEÇON
Sur la Méchanique.

Tome III.   V y

X. LEÇON.

Sur la Nature & les Propriétés de l'Air.

XI. LEÇON.

Suite des propriétés de l'air.

Fin de la Table des Matiéres du Tome troifiéme.

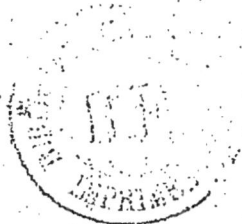

www.ingramcontent.com/pod-product-compliance
Lightning Source LLC
Chambersburg PA
CBHW031351210326

41599CB00019B/2733